HZ BOOKS

华 章 图 书

一本打开的书，一扇开启的门，
通向科学殿堂的阶梯，托起一流人才的基石。

www.hzbook.com

测试架构师
修炼之道

从测试工程师到测试架构师

刘琛梅◎著

GUIDE TO SOFTWARE TEST ARCHITECT

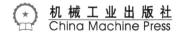

机械工业出版社
China Machine Press

图书在版编目（CIP）数据

测试架构师修炼之道：从测试工程师到测试架构师 / 刘琛梅著 . —北京：机械工业出版社，2016.3（2021.10 重印）

ISBN 978-7-111-53241-5

I. 测⋯　Ⅱ. 刘⋯　Ⅲ. 软件 - 测试　Ⅳ. TP311.5

中国版本图书馆 CIP 数据核字（2016）第 053605 号

测试架构师修炼之道：从测试工程师到测试架构师

出版发行：机械工业出版社（北京市西城区百万庄大街 22 号　邮政编码：100037）

责任编辑：孙海亮	责任校对：董纪丽
印　　刷：北京建宏印刷有限公司	版　　次：2021 年 10 月第 1 版第 12 次印刷
开　　本：186mm×240mm　1/16	印　　张：19.75
书　　号：ISBN 978-7-111-53241-5	定　　价：69.00 元

凡购本书，如有缺页、倒页、脱页，由本社发行部调换

客服热线：（010）88379426　88361066　　　　投稿热线：（010）88379604

购书热线：（010）68326294　88379649　68995259　　读者信箱：hzjsj@hzbook.com

为什么写这本书

先讲两个故事吧。

一次我面试了一位有 8 年名企测试经验的候选者。面试中，我能感受到他对他现在做的业务很熟悉，但他熟悉的这些业务和他现在申请的职位中涉及的业务相差甚远，于是我就问了个问题："如果我们有幸能够邀请到您加入我们的团队，您可以给我们团队带来些什么呢？"这位候选者竟然语塞——尽管他拥有 8 年的测试经验，但是除了业务知识，对测试本身，他却几乎没有任何思考和总结。一旦离开了熟悉的业务领域，他就又回到了"新人"的状态，之前的经验很难复用，需要重新积累。

不过这件事情更触动我的是在面试结束后和我一起面试的另一位面试官（这是一场"二对一"的面试）的话，她说她感到有点害怕，害怕 8 年后她也会陷入这位面试者这样的状况……

第二个故事也是面试中的故事。一位有 4 年名企测试工作经验的候选者，已经开始在大公司里面做测试管理了。我们谈到了对测试技术的理解，他开始谈当前公司的流程，谈得很好。我接着他的话题，提了个问题："您会在什么时候、从哪些角度去识别测试项目中的风险？以及如何处理这些风险？"这位候选者的答案是："我们的风险就是项目延期，其他没有风险，流程上写得很清楚什么时候要识别风险，到了那个时候我们就把这个问题提出来，发邮件给大家，包括各个领导，请他们来解决。因为这个问题我们也解决不了。"显然，他一直在被所谓的厉害的"流程"牵着鼻子走，流程中蕴藏的测试理念、方法和实际工作已经无法落地了。

这两个故事，引出了一个值得我们思考的问题：什么是测试的核心？

作为测试人员，掌握"业务知识"是必须的，但是"业务知识"并不能和"测试能力"画等号。"测试流程"或者说"测试管理"对测试来说很重要，但是否只要严格遵循它们就能做好测试了？如果上述答案是否定的，那么什么才是测试的核心？我们又该如何去积累沉淀这方面的技能？这就是我写这本书的初衷——想和大家来分享我对"测试核心"的思考，分享这其中的技术总结。

1. 测试的核心是什么?

我认为测试的核心不是业务、测试方法、测试设计、自动化、测试管理、测试流程等，而是**"测试策略"**。

我们该如何理解测试策略呢？测试策略通俗来说就是"测什么"和"怎么测"，大致包含了如下内容：

❏ 测试的对象和范围是什么？
❏ 测试的目标是什么？
❏ 测试的重点和难点是什么？
❏ 测试的深度和广度如何？
❏ 如何安排各种测试活动？（先测试什么，再测试什么）
❏ 如何评价测试的效果？

这就需要我们基于"产品的质量目标"，基于"风险"，在充分考虑"产品研发状况"的前提下来安排各种测试活动，在有限的时间里进行"刚刚好"的测试。这也正是本书想要讨论的主要内容。

2. 这本书的价值是什么?

本书讨论的主要内容是"测试策略"，虽然现在已经有很多优秀的测试类书籍，但是讨论测试策略方面的书籍却比较少，本书可以为读者在测试策略的制定上提供很有价值的参考。

本书也讨论了测试设计、测试方法、缺陷分析、质量评估等大家熟悉的测试技术，本书还使用了大量的篇幅来讨论如何在工作中使用这些技术，制定出如何适应实际情况的策略，来使测试更为有效。

另外本书还提供了一些有很强实用性的模型模板和 checklist，读者可以直接在产品中使用。

本书的主要内容

本书以"软件测试架构师"为线索，分为三个部分。

第一部分，瓶颈：软件测试工程师该如何进行职业规划。从当前软件测试行业的普遍困惑入手，对中国的软件测试行业、软件测试职业现状进行分析，给出软件测试的职业规划建议。特别指明了软件测试工程师在技术上的发展方向——**软件测试架构师**。为软件测试架构师画像，讨论作为软件测试架构师在测试过程中需要关注和不需要关注的内容。

第二部分，突破：向软件测试架构师的目标迈进。这部分又可以分为两部分，即软件测试架构师需要掌握的基本测试技术和软能力。

其中需要掌握的基本测试技术包括：

❑ 软件产品和质量模型
❑ 测试类型
❑ 测试方法
❑ 测试设计
❑ 探索式测试
❑ 自动化测试

软能力包括：

❑ 沟通和协商
❑ 写好测试用例的技法

第三部分，修炼：软件测试架构师的核心技能。在这一部分，我们首先介绍了与测试策略相关的技术：

❑ 四步测试策略制定法
❑ 产品质量评估模型
❑ 测试覆盖度评估
❑ 测试过程评估
❑ 缺陷分析技术

❑ 风险分析技术

❑ 分层测试技术

然后具体讲解，如何运用这些测试策略编写技术和基本测试技术，包括我们的测试软技能，来制定**总体测试策略**、**阶段测试策略**；如何制定**版本测试策略**和对**产品质量进行评估**，以及在质量评估中发现问题时，该如何修正测试策略。

本书的核心思想

❑ 中国软件测试行业整体起点较高，但对软件测试却普遍缺乏理解和认识。认为软件测试没有或者缺乏技术含量的居多，其中不乏领导或决策者。

❑ 软件测试在技术上可以向软件测试架构师发展，成为产品测试专家。软件测试架构师是产品测试的灵魂。

❑ 软件测试架构师需要像系统架构师一样理解产品的商业目标和用户的使用场景，要从整体上来把握测试节奏，为团队的关键测试活动（如测试设计、测试执行）提供辅导。要保证测试策略能够在整个团队中落地，而不是自己挽着袖子上。

❑ 软件产品质量模型是测试的基础。测试类型、测试方法都是在此基础上衍生出来的。

❑ 测试点不等于测试用例。测试点通过测试设计来得到测试用例。

❑ 软件测试架构师虽然是测试团队的技术官，但是也不应该忽视沟通协商和文档写作方面的能力。

❑ 测试策略是测试的核心。

❑ 测试应该基于质量目标、基于风险，围绕研发流程，通过分层来进行"刚刚好"的测试。

本书的独特之处

目前已经有很多优秀的软件测试书籍，其中不乏精品，但是我发现这些书籍大多只是单方面地讲授软件测试理念和基础，或是单方面地讲授某种测试技术。本书则规避了这一点，并不单方面讲授理念或技术，而是通过"测试策略"把理念和技术串起来了，教大家该如何来确定测试目标，确定测试范围，确定测试深度和广度、重点和难点……你可以很容易将书中的内容运用到实际工作中去。

本书的另外一个特点是书中使用了 5 个高度概括模型：四步测试策略制定法、软件质量评估模型、四步测试设计制定法、测试方法车轮图和两份 checklist（风险分析 checklist 和老功能分析 checklist）。有了这套模型工具，我们就可以对软件测试工作进行系统思考了，这样有利于我们对自己的工作进行总结，突破"瓶颈"。

不同于一般的测试书籍，本书在行文安排和编写视角上也别具特色：从测试的职业发展规划入手，为软件测试架构师画像，为测试者指出测试技术上的奋斗方向；然后介绍软件测试架构师需要掌握的测试技术（除了我们熟悉的测试设计技术、缺陷分析技术外，本书还特别编写了沟通交流、文档编写等软技能）；最后介绍如何使用这些技术来编写测试策略，在整个测试过程中需要设计、安排哪些测试活动以进行"刚刚好"的测试。可见本书并不是以技术为主线来编写的，而是围绕"软件测试架构师"，即"人"来展开的，我希望这样的设计能够让读者在阅读本书的时候感到更为生动和实用。

本书适合谁看

本书比较适合有一定经验的软件测试工程师，以及希望在测试技术上有所发展的测试人员阅读。

当然，如果您是一位初涉测试的朋友，本书在测试职业规划方面的描述、测试技术方面的总结和叙述对您来说也会是不错的参考。

如何使用本书

如果您是一位有一定测试经验的软件测试工程师，目前感到在测试技术或测试发展中出现了"天花板"，有些迷茫，那么本书就再适合您不过了。建议您不要跳过一些章节，而是按顺序阅读，相信本书一定能帮您答疑解惑，使您找到自己新的发展方向，而且本书也能帮您找到突破点并在测试领域能够有突破。

如果您已经是一位软件测试架构师，那么本书的第一部分，特别是第 1 章和第 2 章，建议您直接略过，推荐您重点阅读本书的第三部分。对于本书的第二部分，您可以选择感兴趣的章节参考阅读。

如果您是一位初涉测试的朋友，建议您重点阅读本书的第一部分和第二部分，参考阅读第三部分。

勘误和支持

我由衷热爱自己所从事的职业——软件测试。很高兴我已经为此奋斗了 10 年，并很愿意再为此奋斗第 2 个 10 年、第 3 个 10 年……我写这本书的目的很简单，就是想分享我的经验、我的思考和我的总结。但由于我的水平有限，编写时间仓促，书中难免会出现一些错误或不准确的地方，恳请各位读者批评指正。当然，如果您在阅读本书时有任何问题，也欢迎提出来，我将尽量为您提供最满意的解答。

我的常用邮箱是：76994738@qq.com。

微信：meizi0103。

致谢

首先要感谢的是我工作时的第一位导师赵金明先生，谢谢赵先生将我带上了软件测试这条路。感谢我在软件测试之路上遇见的几位前辈，谢谢你们对我的指导和培养。还要感谢我的小伙伴、大伙伴们，谢谢你们对我的支持和帮助。

当然，我最要感谢的是我的妈妈、我的爱人和那些默默关怀我的人。在决定写这本书之前，我从来绝不会想到写书是一项如此艰难的工作，在我多次想放弃的时候，是你们让我变得勇敢、坚强，敢于坚持自己的理想，谢谢你们对我因为写作而无法陪伴你们的理解。

当然还有机械工业出版社的杨福川和孙海亮，感谢你们在我自己都快放弃的时候，还能对我不抛弃、不放弃，感谢杨福川策划对本书编写提供的非常专业的建议，感谢孙海亮编辑在我写作陷入困境时的悉心帮助和指导，真心地感谢！我唯有回馈努力、感恩和祝福！

Contents 目　　录

前　言

第一部分　瓶颈：软件测试工程师该如何进行职业规划

第二部分　突破：向软件测试架构师的目标迈进

第三部分　修炼：软件测试架构师的核心技能

瓶颈：软件测试工程师该如何进行职业规划

在中国，软件测试其实很年轻，但是软件测试行业的发展却非常迅速，不仅软件测试工程师的数量与日俱增，而且各种和软件测试相关的技术也层出不穷。在软件开发项目中，软件测试也越来越受到重视，开始扮演越来越重要的角色。

但是我们也需要注意另外一个现象：软件测试工程师工作两三年后，会逐渐发现自己遇到职业发展的"瓶颈"，我们姑且称之为"三年之痒"。具体表现为：软件测试工程师觉得自己基本的测试技术已经掌握了，对产品也比较熟悉了，但是不知道该如何深入，工作开始缺乏挑战性和成就感。

本来在职业发展的过程中，遇到"瓶颈"也是很正常的事情，但是对软件测试工程师来说，似乎更难突破。和各种"痒"一样，当前行的动力只剩下了"惯性"时，软件测试工程师就容易变得迷失、焦虑和痛苦，"痒"就变成了"坎"。很多优秀的软件测试人员在这个时候选择了离开或者准备离开；各种技术论坛、博客上也不乏"软件测试无技术""软件测试无前途"的论调，软件测试似乎成了一个没有多少发展前途的行业。

这是一个很奇怪的现象，一方面软件测试的队伍迅速扩大，一路高歌猛进；另一方面在软件测试面前又似乎横亘着一个迈不过去的坎。我认为，在这个现象背后有一个重要原因，就是软件测试在中国的发展过于迅速，反而导致从事软件测试工作的人们对软件测试的理解存在偏差，即使是软件工程师，对软件测试的优势、劣势认识也不足。当软件测试工程师遇到职业发展"瓶颈"时，就变得难以进行有效突破。

本书的第一部分将和大家一起更深入地去理解软件测试，探索软件测试的优势和劣势，理清软件测试的发展方向，并对软件测试工程师该如何进行职业规划提出建议。

软件测试工程师的"三年之痒"

1.1 软件测试发展简史

其实从软件开发一开始，就有软件测试了。不过最初的软件测试其实只是"调试"，还算不上真正的软件测试，一般是由开发人员自己完成的，投入极少。

随着软件行业的发展，混乱无序的软件开发过程已经不能适应软件功能日益复杂的现状，从而出现了"软件危机"[⊖]。1968 年秋季，NATO（北约）的科技委员会召集了近 50 名一流的编程人员、计算机学家和工业界巨头，讨论和制定摆脱软件危机的对策。在那次会议上提出了"软件工程"的理念。随着软件工程的发展，软件测试也开始逐步发展起来。

1975 年，两位软件测试先驱 John Good Enough 和 Susan Cerhart 在 IEEE 上发表了《软件数据选择的原理》，将软件测试确定为一种研究方向。此时软件测试普遍被定义为**"证明软件的工作是正确"**的活动，这个理念被简称为"证实"。

1979 年，Glenford J. Myers 的著名的《软件测试艺术》一书出版（此书到现在已经第三版，依然被大多数软件测试人员奉为经典）。该书结合测试心理学，对测试重新进行了定义，认为测试是为了**"发现错误而执行的活动"**，这个理念又被称为"证伪"。"证实"和"证

⊖ 1968 年，北大西洋公约组织的计算机科学家在联邦德国召开的国际学术会议上第一次提出"软件危机"，概括说来，包括两方面的问题：如何开发软件，以满足不断增长、日趋复杂的需求；如何维护数目不断膨胀的软件产品。

伪"至今依然是软件测试领域重要的理念，对软件测试工程师有着深远的影响。

1983 年，另一本软件测试的重量级著作——《软件测试完全指南》（Bill Hetzel 著）横空出世。这本书指出：**"测试是以评价一个程序或者系统属性为目标的任何一种活动，测试是对软件质量的度量。"** 至此，人们已经开始意识到，软件测试不应该仅是事后用来证明软件是对的或是不对的，而应该走向前端，进行缺陷预防。

20 世纪 90 年代，软件测试开始迅猛发展。软件测试工具开始盛行，极大地提升了软件测试的能力，同时自动化测试技术也开始迅猛发展，各种对软件测试系统的评估方法也开始被提出，如 1996 年提出的 "测试成熟度模型（TMM）" "测试能力成熟度模型（TCMM）" 等。软件测试体系日益成熟完善。

2002 年，Rick 和 Stefan 在《系统的软件测试》一书中对软件测试做了进一步定义：**"测试是为了度量和提高被测软件的质量，对测试软件进行工程设计、实施和维护的整个生命周期过程。"** 这一定义进一步丰富了软件测试的内容，扩展了软件测试的外延。

阅读软件测试的简史你会发现，软件测试的发展史其实就是一部探索 "什么是软件测试，我们该如何理解它、发展它" 的历史。软件测试从软件开发中的 "调试"，到 "证明软件工作是对的"，再到 "证明软件工作存在错误"，再到 "预防"，早已不再蹒跚学步、懵懂无知。软件测试已经逐渐形成了自己的一套体系，拥有自己的成熟度评价方法。随着软件开发的发展，敏捷、迭代等各种软件开发实践也给软件测试带来很多新的挑战，产生了更多软件测试的新技术和新理念。但是我们又发现，这份软件测试的发展简史，是一份 "西方" 的软件测试史，尽管各种软件测试技术层出不穷，但在软件测试方面，中国还是西方的跟随者。那么中国的软件测试行业又有哪些特点呢？下面我们将进行分析。

1.2　中国的软件测试行业

概括来说，中国的软件测试行业有个很重要的特点，就是它的起点很高。但是中国软件测试的高起点似乎没有能够很好地持续下来。软件行业对软件测试的不理解（或是片面的理解）让软件测试陷入困境和迷局，下面我们将分别进行分析阐述。

1.2.1　软件测试整体起点较高

随着中国软件行业的发展，在产品复杂度提升、软件产品工程化需求和对产品质量更高追求等内因的推动下，国内一些公司也开始成立独立的测试部，中国开始出现第一代软件测试人员。

中国的第一代软件测试人员走的并不是一条"一穷二白"的路，此时西方软件测试领域已经建立了较为完整的软件测试体系架构，各种软件测试理念和方法都可供中国软件测试人员学习参考，所以中国的软件测试在理论上的起点是很高的。

Marine L.Hutcheson 在她的 *Software Testing Fundamentals: Methods and Metries*（《软件测试基础：方法与度量》）一书中提到，在西方一些企业，"一个出色的分析人员在具有 5 年代码评审和编写设计规格说明经验之后被提升为编程人员，在具有 5 年的开发经验后，非常优秀的开发人员有希望提升到系统测试组中"。可见，在西方一些软件企业中，对软件测试人员的要求是非常高的，这些人员都有开发经验。这其实和中国的第一代软件测试人员的经历较为吻合：他们中有很大一部分都是从软件程序员直接转岗的，有一定的编码能力，对系统的实现细节理解深入。所以总体来说，中国的软件测试开了个好头儿，起点是较高的。随着测试行业的进一步发展，这批软件测试人员大都发展成了软件测试行业的领军人物。

1.2.2　软件测试的困境和迷局

中国的软件测试虽然起点较高，但是软件测试的发展似乎没有想象中那么顺利。

其实每个行业除了有自身领域外，还有属于自己的"生态系统"。属于软件测试的生态系统主要包括后备软件测试人员、软件开发人员和软件管理决策者。后备软件测试人员是软件测试的生力军，为软件测试提供新鲜血液；软件开发人员是软件测试人员最紧密的合作者；软件测试并不是一个独立的行业，决定软件测试人员发展的并不仅仅是软件测试的管理者，软件管理决策者也参与其中。这构成了一条属于软件测试的生物链，如图 1-1 所示。

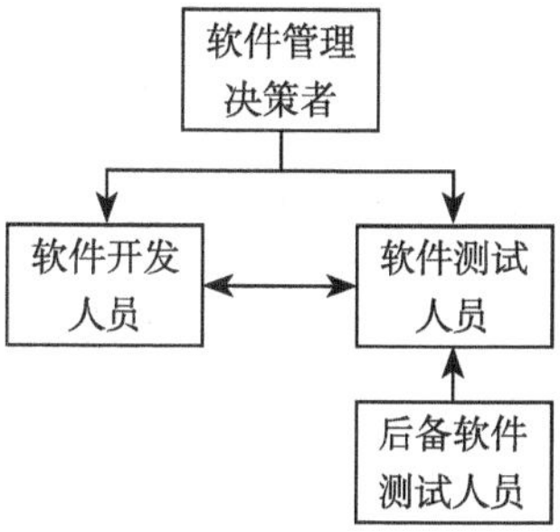

在中国，这条软件测试生物链似乎存在一些困境。

1. 后备软件测试人员对软件测试不了解

图 1-1　软件测试领域的生物链

随着软件测试行业的发展，通过校园招聘，从计算机科学等相关学科的大学毕业生中招聘软件测试工程师成了招聘软件测试工程师的主要途径。但是国内能够提供专业的软件测试课程的高校并不多，大部分毕业生甚至从来没有听说过"软件测试"这个职位。在缺乏引导的情况下，学生们对软件测试的理解比较片面，他们甚至直接认为软件测试是不重要的。

根据我的了解，很多毕业生在校园招聘的时候，并不会主动选择软件测试岗位；一些同学在得知会被分配到测试部后，十分沮丧，有的还会为此毁约。

虽然也有一些毕业生会主动选择软件测试，但是也并非完全是出于对软件测试的了解，有的是因为性别（比如女性会被告知做软件测试比较合适，因为女性常常被认为不适合从事逻辑性强的编程工作，而且女性给人的感觉比较细心，细心确实是软件测试需要的品质）；有的是因为编程能力不强，自觉无法胜任软件开发的职位，于是将软件测试作为"备胎"，先凑合着干。

抱有上述心态的"后备军"进入软件测试行业后，如果缺乏正确的引导，他们就很容易偏离软件测试本身的角色。他们中的一些软件测试工程师可能有很强的编码情节，认为只有写代码才是最有技术含量和最有前途的事情，但目前的测试工作可能不仅不需要编码，甚至连看代码的权限都没有。相比开发，他们会逐渐觉得自己从事的测试工作没有什么技术含量，没有前途。另一些软件测试工程师可能又会走向另外一个极端，将产品质量问题和编码的软件开发人员直接对应起来，总是觉得软件开发人员的水平很差，对软件开发人员抱着一种"哀其不幸、怒其不争"的态度，不能很好地和软件开发人员沟通合作，最后无法真正做好软件测试工作。

2. 软件管理决策者对软件测试缺乏正确理解

同时管理着软件开发和软件测试的软件管理决策者，常常会在资源、晋升通道上偏向软件开发，而忽略软件测试。

这是因为，在市场驱动下，软件管理决策者往往会认为软件测试是一种"开销"，而并不是"价值创造者"，有时候软件测试甚至被认为是对产品按时发布有负面影响的障碍，不愿意给测试足够的资源。例如，在产品测试中，开发发布版本延迟，但是测试结束时间并没有顺延，而是压缩测试时间，来保证研发项目进度。

除此之外，很多管理决策者对"软件测试"的理解其实都不够深入，认为测试的价值就是在不断测试中找 bug，认为 bug 发现得越多产品质量就会越好，不理解测试策略、测试设计、测试总结等测试活动对产品的作用和意义。软件测试人员并没有在正确的阶段做正确的事，软件测试人员更多的"价值"（如缺陷预防）无法体现，而是陷入过早测试或者盲目追求软件测试自动化率中，虽然整个项目组看起来很忙，但是效率低下，投入产出比很低。

3. "喜忧参半"：软件测试外包

托马斯·弗里德曼有一本著名的书叫《世界是平的》，书中将"外包"作为 21 世纪"铲平"世界的十大动力之一。外包的好处是显而易见的：站在运营的角度，外包可以让你更加关注核心业务，可以帮助你建立弹性的人力资源构成。

软件测试外包让软件测试"火"了起来。在很多网页上都可以看到软件测试外包公司或者培训机构打出"年薪 10 万""进 500 强企业"等广告，诱惑力十足。

但是"外包"同样也暗示着，对很多公司来说，在公司发展策略上并没有将"软件测试"作为核心、重要的业务去发展。所以我认为软件测试外包对软件测试行业来说是"喜忧参半"。

"喜"的是软件测试外包扩大了软件测试队伍；"忧"的是公司在执行软件测试外包或软件测试执行外包策略后，极有可能削弱在软件测试方面的投入，减少对非外包软件测试员工的培训和职业发展方面的考虑。

对软件测试外包员工来说，他们虽然可以在软件外包公司得到较为专业、系统的测试技术方面的培训，但是"外包"行业本身的特点就决定了软件测试外包人员会较为频繁地更换测试产品，对产品实现的理解不会太深入。而对产品测试经验持续的积累、对产品实现不断深入的理解又正是深入软件测试的两大必要条件。加上"外包"行业本身存在着缺乏归属感、缺乏晋升空间等问题，软件测试外包人员就更难在软件测试领域深入发展了。

1.2.3　迷茫的软件测试工程师

软件测试工程师在工作中常常扮演着用户的角色，但是大家千万不要一看到"用户"就马上联想到"上帝"，认为软件测试工程师的工作很舒服。在实际工作中，每个产品在发布前都会有很多版本，软件测试工程师在每个版本中都要模拟用户使用的各种场景，遍历用户可能会使用到的各种输入参数，通过系统输出来判断这些操作结果是否能够满足预期。其中很多操作都是重复的，这就需要软件测试工程师有一份"外在"的细致和耐心。

除了"外在美"，软件测试还要求软件测试工程师有"内涵"——懂用户。他们不仅要保证产品满足用户明确提出的功能需求，还需要理解在这些功能背后隐藏的"潜在"需求，如性能、可靠性、易用性、可操作性、可移植性等。可见，要想内外兼修，真正做好做深软件测试，绝对不是一件容易的事情。

软件测试在"入门"上相对软件开发的确要容易些，但是软件测试和软件开发不同的是，软件开发人员只需要理解自己负责的模块就可以胜任工作，而软件测试则需要对整个系统都要有整体的把握，需要站在用户的角度去理解需求，所以软件测试比软件开发更难深入。

但现实是，测试"深入难"的这个特点往往被忽视，"门槛低"却被放大。"门槛低"

的另一层意思就是"谁都能做"，技术含量不高。在这种背景下，软件测试工程师在职业发展上自然很难受到重视。

国内某知名软件测试网站《中国软件测试从业人员调查报告》（2011 年）中的调查数据指出，2011 年软件测试从业人员所在公司中，52% 的公司对测试人员的职业规划不明确，26% 的公司对测试人员没有职业规划，只有 22% 的公司对软件测试人员有明确的职业规划。而且纵向对比 2010 年和 2011 年的调查数据可发现，这两年的数据并没有明显变化。

对那些工作了两三年的软件测试工程师来说，他们在产品和软件测试技术上都有了基本的认识，足以胜任每天的日常工作后，很自然就会开始寻找新的发展方向和目标。

一个发展方向是软件测试管理。但软件测试的管理职位其实并不多，即使是有独立测试部门的大中型公司，也只会到高级测试经理级别，更别提那些没有独立测试部门的小企业了。所以**软件测试工程师在测试管理方面想要有所发展，不仅需要能力，还需要机遇**。

软件测试在技术方面又有哪些发展呢？

要想在技术方面有所发展，"深入"是必需的。这本来就不是一件容易的事情，而软件测试技术在"深入"上又比其他领域更难一些，可谓"难上加难"。当软件测试工程师开始进入软件测试职业发展的平台期，变得迷茫、困惑，看不清自己未来的发展方向，需要指引时，又往往找不到方向。我的一位前辈曾经拿"布朗运动"来形容他自己在平台期的感觉，我觉得这个比喻是非常贴切的。正如《奥德赛》中描述的一样，还有什么比徘徊不前更让人感到难受的呢？

职业发展遇到"瓶颈"本来是一件非常正常的事情，但是如果这种情况得不到改善，老是处于平台期的状态，却是"致命"的。在我身边，就有很多从事测试工作 3 年左右的同事离职或者转岗。《中国软件测试从业人员调查报告》（2011 年）也指出，中国软件测试行业有超过七成的从业人员工作年限是 0 ～ 3 年，只有 18% 的人是 3 ～ 5 年。需要注意的是，这个比值从 2009 年开始就没有发生过变化。这说明中国软件测试人员在工作经验的分布上并不合理，缺乏持续性。我们在不断"丢失"工作 3 年左右的、有经验的测试工程师，如果这种情况一直持续下去，很难说中国的软件测试不会"青黄不接"。

所以我想对中国的软件测试来说，引进测试技术，提升产品知识，追求更完美的测试流程，或许都不是最重要的。我们需要讨论"发展"，在软件测试工程师职业发展出现困惑迷茫的时候，可以为他们解惑。

1.3　认识软件测试的优势和劣势

我们需要先对软件测试进行一场"再"认识。

从"成熟度"来讲，软件开发行业的整体成熟度更高，人们对软件开发的理解也更为全面深入。正因为这样，人们也更习惯将软件测试和软件开发放在一起比较。虽然软件开发和软件测试都属于产品研发，但是人们的关注点是不同的。软件开发偏向"创造"，而软件测试却偏向"验证"和"确定"，所以软件开发和软件测试对技能要求也是不同的。

人们将软件测试和软件开发放在一起比较的时候，容易陷入"用软件开发的要求来评价软件测试"的思维中，只看到软件测试和软件开发相比的弱势，却看不到软件测试自身的优势。

那么作为软件测试，和软件开发相比，又有哪些优势呢？

1.3.1　软件测试的优势

虽然软件测试存在不少困境和迷局，但是这并不能掩盖软件测试自身的优势。

和软件开发相比，**软件测试入门相对更容易些**。这是软件测试行业的一大特点，其实也是软件测试的优势之一。较低的"门槛"给了软件测试行业和软件测试从业者更多的选择余地。一些企业在招聘软件测试人员的时候，不一定只招聘有计算机、通信相关经验的人，他们可能会根据产品的特点，招聘一些更能理解产品和用户需求的人员，如金融、财会专业的人等，所以软件测试从业者可以是"杂家"，或者说对某些领域来说，"杂家"反而更适合软件测试。从软件开发相对"封闭"的行业特点来说，软件测试就要"开放"多了。另外对想改行从事软件研发工作的人来说，**选择"软件测试"作为转型的切入点也是比较合适的**。

在软件开发项目中，大多数软件开发工程师都会被分配一个或几个"模块"来编码实现，几个软件开发工程师合作才能完成一项功能是非常普遍的现象。这种割裂式的开发工作模式，让其中的软件开发工程师很难理解产品的全貌，甚至不知道最终用户会如何使用自己的产品。相对来说，软件测试人员是产品研发团队中最理解产品全貌、最理解用户的人，这是由软件测试的工作内容决定的。

软件测试人员不必关心产品究竟是如何编码实现的，不必关心用的是 C 语言还是 C++，不必关心这部分代码是软件开发人员从网上复制下来的还是自己原创的；他们需要关注的是"产品的实现是否和开发承诺要实现的功能是一致的"，这让测试人员自然会去关注"功能"，理解产品的全貌，而不会陷入实现细节。

软件测试人员还会对产品进行"黑盒测试"，这种看似"摸瞎"的系统测试方法，需要站在用户的角度分析用户使用场景，所以软件测试人员必须想办法去全面理解用户，不仅要理解用户明确的需求，还要理解用户"隐形"的需求，如用户的使用习惯、用户行业潜在规则等。所以在产品研发领域，测试人员才是最理解用户的人。

在大多数人的印象中，软件开发整天面对着电脑，两耳不闻窗外事，十指翻飞只为编写程序，是一个很"宅"的职业。你千万不要以为软件测试也是一样的，和软件开发相比，软件测试人员需要有一定的沟通交流能力，这不仅有助于就产品测试中发现的 bug 和开发人员进行沟通，更重要的是，在很多企业，软件测试人员都会作为产品研发的接口，在用户出现问题的时候和用户进行沟通。除此之外，想要做好测试，协调能力、风险评估能力、数据统计分析能力和报告撰写能力都是必不可少的"软技能"。所以和软件开发要求"深度"不同，软件测试更注重"广度"，要求软件测试人员是"多面手"，有很强的综合能力。

软件测试的这一特点，让软件测试人员可以有更多的职业外延可供选择。换句话说，即使一名软件测试工程师在从事了几年软件测试工作后转行，无论他是改行做销售、客服或其他工作，都可以很快上手，得到认可。这是因为软件测试人员对产品理解，在研发领域可能不够"深入"，但是在非研发领域却做得很好。在广度方面，软件测试人员不会输于其他非研发领域的从业人员；对用户需求的理解，软件测试人员也不会逊色；而沟通协调、分析总结、风险意识等软能力也能帮助软件测试人员很快掌握新领域的知识技能。所以相对来说，软件测试人员其实更能适应这个复杂多变的社会。

1.3.2 软件测试的劣势

客观来讲，和软件开发相比，软件测试也存在很多劣势。

"入门低"虽然给软件测试行业和软件测试从业人员带来了更多的选择机会，但是也会导致软件测试在软件研发领域的认可度降低，认为软件测试是一项相对简单、没有技术含量（或技术含量低）的工作。这个"印象"直接导致了软件测试当前的困境和迷局。

虽然软件测试的"出口"看起来很广阔，但是和同在软件研发领域的软件开发人员相比，软件测试在软件研发领域的发展却比软件开发人员有限得多，至少这是现状。我们很少看到软件测试人员去做产品研发管理工作，成为开发代表、产品线经理或研发总监；很少看到软件测试人员去做系统架构师（SE）。很多企业，软件测试在管理上的职位，最高就是测试代表或测试经理，在技术上甚至没有职位，没有发展方向。

如果从业者的职业发展目标本就不在产品研发，而只想熟悉产品，那么软件测试无疑是获得这项经验一种很好的实践；但是如果从业者的目标就是软件测试，最后却"被迫"转岗，这样的"宽出口"就不是"优势"，而是当前软件测试的无力之处了。

软件测试工程师的职业规划

我的一位同事曾经很认真地问过我一个问题。他说他现在从事软件测试工作已经 4 年了，但是他不知道现在的工作和自己在工作 3 年时有什么不同，他想旁观者清，也许我能回答他的问题。此外他还想知道他做软件测试工作到第 5 年或第 6 年会怎么样。后来他在工作到第 5 年的时候转岗了。虽然他已经转岗了，但是最近联系时，他依然问我这个问题，似乎这个问题困惑他很深、很久了。

这件事情对我的触动很大，我相信这个问题是带有一定普遍性的，我也开始系统思考这个问题。

软件测试是一个缺乏发展空间、做到一定阶段后只能通过"转岗"来寻找发展机会的职业吗？

肯定不是。

Martin Pol，欧洲业界公认的"Test Guru"（大佬，精神领袖），1998 年欧洲第一届杰出测试贡献奖获得者，并获得英国骑士勋章。Martin 在测试领域已经几十年，最后在测试工作上名利双收。而且，据说他的大女儿和小女儿都是做测试的，这是名副其实的"测试世家"。

但是 Martin 的例子并不能解决"软件测试本身有哪些发展"这个问题。作为"精神领袖"，Martin 只能让我们看到最美好的结果，让我们知道这条路是能走通的。有人已经成功了，这给了我们信心和希望。

那么软件测试的职业发展方向有哪些？作为软件测试工程师，又该如何为自己制订职业发展规划？本章将就这两个问题展开讨论。

2.1 软件测试的职业发展方向

软件测试在职业发展上，概括说来可以分为"管理"和"技术"两大类。除此之外，软件测试还可以在质量领域发展。

2.1.1 软件测试在管理上的发展

软件测试管理是大家比较熟悉的软件测试职业发展路线之一，比较流行的设置包括测试组长、测试经理、测试代表、测试主管、测试总监、测试部长等。不同的公司中相同职位的工作范围可能会略有不同，按照管理级别的高低，大致又可分为以下三级。

1. 初级软件测试管理者：测试组长

测试组长一般由有两年左右工作经验的测试工程师担当。

由于企业的规模和产品复杂度存在差异，测试组长可能会管理 2～5 名软件测试工程师。一般来说，测试组长不会负责整个产品，只是负责其中的一个或多个特性。

测试组长并不是完全的管理者。他们从事的管理工作大多仅集中在测试计划的制订和执行上；在产品测试上，他们常会负责产品重点、难点的测试；除此之外，他们还要负责带新员工，让测试工作可以顺利进行下去。

2. 中级软件测试管理者：测试经理、测试代表、测试主管

测试经理、测试代表、测试主管排名不分先后，都属于中级软件测试管理者，一般由有 4 年左右工作经验的测试工程师担当。

中级软件测试管理者负责的对象为产品，可能会管理 10～20 名软件测试工程师（其中包括测试组长）。

中级软件测试管理者最重要的工作还是运作测试项目，制订并执行测试计划，测试结束后还需要对产品质量进行评估，给出产品发布建议。要做好这些，需要他们掌握更多的项目管理知识，深入理解项目价值，做好项目范围管理、质量管理、成本管理、时间管理、风险管理和人力管理。除此之外，他们还要和开发人员、市场人员、服务人员等密切配合、紧密合作，其间，沟通协调能力必不可少。

他们依然是产品测试的骨干，还是会负责产品测试的重点、难点工作，所以他们也不是纯粹的管理者。

3. 高级软件测试管理者：测试总监、测试部长

测试总监、测试部长是软件测试的高级管理者，一般都有 10 年以上软件测试工作经验，负责的对象是产品线或公司。

高级软件测试管理者需要理解产品的商业目标，直接对产品成功负责。他们需要对测试团队的发展负责，进行人员招聘和培养，留住关键人才，提高或更新不合格人员，提升团队的胜任力和职业能力；负责项目财务管理（预算和控制）；负责资源的计划与分配；持续改进测试能力，提升效率和产品质量，从测试的角度对交付产品的成本、周期和质量负责。

我认为，即使是高级软件测试管理者，也不可能是纯粹的管理者。他们依然需要保持对软件测试各种技术的领先性，因为软件测试技术是上述工作能够顺利开展的基础。

2.1.2 软件测试在技术上的发展

软件测试在技术上的发展方向，似乎不像软件测试在管理上的发展方向那么明确。一种观点是按照测试资历和能力分为助理软件测试工程师（或者是实习软件测试工程师）、初级软件测试工程师、中级软件测试工程师、高级软件测试工程师和主任软件测试工程师（或是资深软件测试工程师）。但是我认为这种分类方式并没有突出"软件测试技术"，所以我个人更倾向于一种简单的分法——产品测试技术和专项测试技术。

产品测试技术是指把某个具体（或一类）产品测试得更好的技术；专项测试技术并不是针对具体的产品，而是测试领域普遍适用的技术。

1. 产品测试专家：软件测试架构师

软件测试在技术上可以向产品测试技术专家方向发展。

有些公司称产品测试技术专家为软件测试系统架构师（本书简称为测试架构师），我认为这个称谓是非常贴切的。

测试架构师和系统架构师在职责上是有一定对应关系的。

系统架构师在业务（需求）向开发技术转换的过程中起到了桥梁作用，负责产品开发的整体架构设计；测试架构师是在业务（需求）向测试技术转换的过程中起桥梁作用，负责产品测试的整体架构设计。

系统架构师负责对产品开发中的技术重点和难点进行研究与攻关；测试架构师负责对产品测试中的测试重点和难点进行研究与攻关，为测试组织提供最优的测试方法。

系统架构师协助开发项目经理制订项目计划和控制项目进度；测试架构师负责协助测试经理制订测试项目计划和控制测试项目进度。

系统架构师负责组织开发项目团队内部的技术培训工作；测试架构师负责组织测试团队内部的技术培训工作。

系统架构师需要有一定的战略规划能力、业务建模能力、数据分析处理能力、面向产品生命周期的质量保证和持续改进能力；测试架构师同样需要这些能力。

有人评价系统架构师是产品开发的"灵魂"，那么测试架构师就是产品测试的"灵魂"。

2. 专项测试工程师

软件测试在技术上，还可以向专项测试工程师方向发展，成为软件测试某领域的专家。

从测试体系的角度来看，软件测试发展至今，已经形成了一套完整的测试体系。测试体系中的任何一个环节，测试策略、测试分析设计、测试执行、测试评估、测试流程等每个领域的内涵都很丰富，包含了很多可以深入发展研究的技术，比如自动化测试技术、测试工具（包括产品测试模拟工具和测试流程管理工具）开发、缺陷分析和测试评估技术等。

从产品质量属性的角度来看，专项测试技术还可以包含性能测试技术、可靠性测试技术、安全性测试技术等。

实际上，产品测试专家（软件测试架构师）也需要精通上文提到的各项测试技术，如测试分析和设计、自动化测试技术、性能测试技术。但是，产品测试专家使用的任何技术都是为产品服务的，他需要针对当前测试的特定产品选择最合适的测试技术，并针对不同的产品对测试技术进行适配调整。而专项测试技术专家并不关注具体产品，而是偏向技术共性方面的研究。

表 2-1 和表 2-2 概括了一些常见的专项测试技术发展方向，供大家参考。

表 2-1 测试技术类专项测试技术

测试技术名称	发展方向举例	测试技术名称	发展方向举例
测试分析、设计技术	测试设计技术专家	测试评估	缺陷分析技术专家
测试执行	探索性测试技术专家 自动化测试技术专家	测试流程	测试流程专家

表 2-2 质量属性类专项测试技术

质量属性名称	发展方向举例	质量属性名称	发展方向举例
功能性	安全性测试技术专家 兼容性测试技术专家	易用性	易用性测试技术专家
效率	性能测试技术专家	可维护性	稳定性测试技术专家 可测试性技术专家
可靠性	可靠性测试技术专家	可移植性	可安装性技术专家

2.1.3 "角色"和"段位"

我在做测试绩效辅导的时候，曾经有一个困扰我很深的问题：要想一个测试团队始终保持一个良好的状态，对团队成员的有效激励是必不可少的，但是除了"升职加薪"，我想不出其他的方法。但是我不是老板，"升职加薪"并不是我能把控的（其实即使我是老板，能够做主，也不可能总是用升职或加薪来激励团队）。对一位软件测试工程师来说，他从一位普通的测试工程师新晋升为测试组长的时候，可能会干劲十足。但是一段时间后（或许是一年，或许是半年），他可能又会进入一个新的"平台"。如果此时既没有升职的可能，也没有加薪的机会，我该如何帮助他度过平台期呢？

如果换一个角度想这个问题，其实就是本章开头的那个问题：如果职位没有变化，工作两年的测试工程师和工作 3 年的测试工程师差别在哪里？工作 3 年的测试工程师和工作 4 年的测试工程师差别又在哪里？

直到有一天，当读到了姜汝祥的《请给我结果》这本书中一个关于"秘书九段"的故事后，我突然找到了这个问题的答案。

"秘书九段"的故事

总经理要求秘书安排次日上午 9 点开一个会议。这件事需要通知所有参会人员，秘书自己也要在会议中做服务工作，这是"任务"。但我们想要的结果是什么呢？下面是一段至九段秘书的不同做法。

一段秘书的做法：发通知——用电子邮件或在黑板上发个会议通知，然后准备相关会议用品，并参加会议。

二段秘书的做法：抓落实——发通知之后，再打一通电话与参会的人确认，确保每个人被及时通知到。

三段秘书的做法：重检查——发通知，落实到人后，第二天在会前 30 分钟提醒与会者参会，确定有没有变动，对临时有急事不能参加会议的人，立即汇报给总经理，保证总经理在会前知悉缺席情况，也给总经理确定缺席的人是否必须参加会议留出时间。

四段秘书的做法：勤准备——发通知，落实到人，会前通知后，去测试可能用到的投影、电脑等工具是否工作正常，并在会议室门上贴上小条"此会议室明天几点到几点有会议"。确认会场安排到哪，桌椅数量是否够用；音响、空调是否正常；白板、笔、纸、本是否充分；自己的准备，在物品上、环境上，可否满足开会的需求。

五段秘书的做法：细准备——发通知，落实到人，会前通知，也测试了设备，还需了解这个会议的性质是什么，议题是什么，议程怎么安排。然后给与会者发与这个议题相关的资料，供他们参考（领导通常都是很健忘的，否则就不会经常对过去一些决定了的事，或者记不清的事争吵）。目的是让参会者有备而来，以便开会时提高效率。

六段秘书的做法：做记录——发通知，落实到人，会前通知，测试了设备，也提供了相关会议资料，还在会议过程中详细做好会议记录（在得到允许的情况下，做一个录音备份）。

七段秘书的做法：发记录——会后整理好会议记录（录音）给总经理，然后请示总经理会议内容没有问题后，是否发给参加会议的人员或者其他人员，要求他们按照会上内容执行。

八段秘书的做法：定责任——将会议上确定的各项任务一对一地落实到相关责任人，然后经当事人确认后，形成书面备忘录，交给总经理与当事人一人一份，以纪要为执行文件，监督、检查执行人的过程结果和最终结果，定期跟踪各项任务的完成情况，并及时汇报总经理。

九段秘书的做法：做流程——把上述过程做成标准化的会议流程，让任何一个秘书都可以根据这个流程复制优秀团队，把会议服务的结果做到九段，形成不依赖于任何人的会议服务体系。

这个关于"秘书九段"的故事给了我很大的启发。测试组长、测试经理、测试架构师、测试总监等，都是被赋予了不同责任的"角色"，"角色"的转变可以在一定程度上反映职业的发展，但是不能说"发展"一定要"角色"发生变化。从"秘书"变成了"老板"，是"发展"没错，同样从"一段秘书"升级为"二段秘书"也是"发展"。

所以虽然我控制不了升职和加薪，但我可以通过"提升段位"来激励团队成员。这是我可以做到的。

反过来，每个测试人员，是不是都该自问一下，在当前的测试工作中，自己属于哪一段，以及如何才能进入下一段？

我和我的同事曾经讨论出了一个普通测试工程师的"测试六段"，这不是一个所谓的"标准答案"，仅供大家参考：

测试一段：能根据测试用例的描述步骤来执行测试用例，能对照用例的预期结果发现产品的问题，能够清晰准确地将问题记录下来后反馈给开发，开发能够读懂问题描述的含义；

测试二段：对产品需求有一定的了解，能够根据产品需求分析、设计产品的测试用例，发现问题后能够进行初步定位；

测试三段：对产品的需求和实现都有较为深入的理解，设计用例时会注意用例的有效性，测试用例时会考虑使用自动化测试等方法提升测试执行的效率；

测试四段：深入理解产品需求和实现，理解产品质量，理解产品的隐形需求，对产品性能、可靠性、易用性等非功能属性的测试均有所涉及，并掌握其中的测试方法，会使用测试缺陷分析技术，会评估产品质量；

测试五段：不断追求最适合产品的测试技术，关注测试过程改进，推动产品测试技术的进步；

测试六段：走向前端，做缺陷预防，能将测试方法标准化，并固化为测试工具和流程。

读到此处的朋友，请你不妨也为自己量身定制一个"测试段位"，并在测试的职业生涯中不断地修正、丰富它。相信这个"段位"，会在测试职业发展中给你带来意想不到的帮助。

2.1.4　软件测试在质量领域的发展

软件测试还可以向"质量管理"领域发展。

很多人可能会认为"软件测试"和"质量管理"是可以画等号的。我们在讨论软件测试发展简史时，提到的软件测试理念，无论是"证实"还是"证伪"，其实都是为了"验证软件是否能够满足用户的需求"。而"质量"是什么？Crosby 认为"质量就是满足需求"，从这个角度来看，"质量"和"测试"在内部确实有很强的关联。除此之外，测试理念中的"缺陷预防"和质量管理的思想也是一致的。所以称"软件测试"是一种"质量"活动，是没有问题的。

但是，我们不能因此就认为"质量"活动就是"软件测试"。"质量"并不是软件领域独有的，早在工业革命时期，"质量"就开始发展了。当时的质量叫"质量检验"（QI），就是关注"产品能否符合工厂制定的标准"。随着社会生产力的发展，产品生产环境、生产能力的提升，质量也有了新的定义。"质量控制"（QC）的提出，标志着开始从用户的角度来评价质量。在 ISO9000（1986，1994）中，又进一步发展为"质量保证（QA）"，"质量是设计出来的""质量就是满足用户的需求""客户满意度"成为新的质量发展方向。现在，质量进一步发展为"卓越运营"，质量已经被提到了企业战略的角度，"质量管理"也成了现代企业管理中非常重要的一个环节。

从上面这段论述中可以看出，"质量"是贯穿产品全过程的大质量，而软件测试关注的是"产品质量"的小质量。对企业而言，"产品质量"只是质量管理中的一个方面，除此之外，质量管理还需要关注"交付质量"和"经营质量"，最终目标是要达到"卓越运营"。

既然软件测试可以认为是质量领域的一个子集，软件测试自然也适合在质量领域发展。主要参考方向如下：

1. 产品流程设计
负责企业在产品开发、市场、交付等全流程体系建设。例如，著名的集成产品开发（Integrated Product Develop，IPD）流程。

2. 企业质量管理者
企业质量管理已经成为企业管理的一个重要组成部分。

质量大师朱兰把"质量策划""质量控制"和"质量改进"称为质量管理三部曲。每一个步骤的具体含义如下：

质量策划：致力于制订质量目标并规定必要的运行过程和相关的资源以实现质量目标；

质量控制：致力于满足质量要求；

质量改进：致力于增强满足质量要求的能力。

企业质量管理者通过这三部曲系统地对企业的质量进行管理。质量管理体系方法可以概括如下：

❑ 建立一个以过程方法为主体的质量管理体系；
❑ 明确体系内各过程的相互依赖关系，使其相互协调；
❑ 控制并协调质量管理体系各过程的运行，关注其中的关键过程，规定关键活动的运作方法和模式；

❑ 理解为实现共同目标所必需的作用和责任，减少因为职责不明导致的障碍；

❑ 在行动前确定所需资源的需求；

❑ 设定系统目标以及各个过程的分目标，通过分目标的实现，确保实现预期的总目标；

❑ 通过监控和评估，持续改进质量管理体系，不断提高组织的业绩。

当然，这里的质量是我们前面提到的"大质量"的概念，不仅仅是指产品质量，要达到的效果是企业整体质量的提升。

3. 客户满意度管理专家

"客户满意"是产品成功的关键因素，没有之一。关注客户的声音，让客户满意，无疑对产品质量提升有非常重要的意义，"客户满意度管理"也受到越来越多的关注，成为质量管理的一个重要内容。

对"客户满意度管理"来说，重点是要识别关键用户的满意要素和做好与用户接触点相关的质量保证。

"关键用户满意度要素"是指通过对特定细分市场进行市场调查后，分析得出这类客户对特定的产品质量要求和服务属性，并把关键客户满意度要素作为企业产品与服务战略的输入，使企业最大限度地保持产品竞争力；而"用户接触点相关的质量保证"是指包含客户可以感知到的产品和服务，其中服务包括产品推广、投标达标、供货保障、工程交付、技术支持、备件支持和客户培训等。客户对任何接触点都会产生好或者不好的感知，所以需要定义各接触点的关键、标准动作，并确保执行到位，提升客户感知质量。

客户满意度管理，前提还是需要对用户有很好的需求和理解。和软件测试不同的是，这里的客户需求，已经不仅仅局限于产品，而是客户可感知的方方面面，涉及面会更广。对于软件测试工程师来说，往客户满意度管理方面发展，也是不错的选择。

2.2　软件测试工程师职业规划建议

上一节讨论了软件测试工程师有哪些可供参考的职业发展方向。本节主要针对软件测试在制订职业规划时可能会遇到的一些问题，提出个人的处理建议，供大家参考。

2.2.1　做管理还是做技术

软件测试在职业发展上可以概括为"管理"和"技术"两大类，这点大家已经比较明确了。现在的问题是，该走管理路线，还是该走技术路线呢？

也许是受到中国传统思想观念"学而优则仕"的影响，面对这个问题，很多人会不假思索地选择做管理，甚至会认为一个30岁的软件测试工程师还在做技术是一件丢人的事情。其实我们可以先抛开其他问题不谈，单纯从时间上来推断，本科生正常情况下23岁毕业，到30岁有7年的时间；研究生25岁毕业，到30岁只有5年的时间，对软件测试这种深入难、且对从业者综合要求很高的职业来说，5年、7年其实并不算太长，对软件测试的理解，只能算是"管中窥豹"而已。所以我建议软件测试工程师在计划职业发展里程碑时，可以把时间放得更长一些，5年一个小台阶，10年一个大台阶，也许对软件测试行业来说，更合适一些。

另外，软件测试在"技术方向"和"管理方向"上又是可以相互转换、交叉发展的，测试管理者可以转岗为测试架构师，测试架构师也可以转岗为测试管理者。图2-1是这种转换关系的示意图。

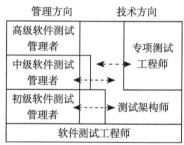

为什么软件测试具有这样的特性呢？这是因为软件测试是一门基于实践的学科，对软件测试来说，"管理"不可能是"绝对的管理"，软件测试的管理者首先要是产品测试技术专家，这是"做正确的事"的基础，很难想象一个不懂测试技术、不理解各项测试活动的软件测试管理者如何评估软件测试的重点、难点，如何做计划，如何评估风险控制项目进度；与此同时，"技术"也不能是"绝对的技术"，不理解"价值""目标"和"成本"的技术人员

图 2-1 软件测试在"管理方向"和"技术方向"上的相互转换

容易犯的错误就是陷入"唯技术论"中，缺乏"管理"思想会让他们制定的测试策略不切实际，一纸空文的测试策略是没有意义的。

一个理想的测试团队，具有测试经理（测试代表）和测试架构师两个角色。测试经理负责管理，测试架构师负责技术，但并不意味着测试经理只管管理，只懂管理，测试架构师只管技术，只懂技术。相反，测试经理（测试代表）和测试架构师要熟悉彼此领域的关键活动，能够评审关键的交付件，相互能够提供各自领域关键活动的决策参考，可以相互备份。测试经理和测试架构师之间有分工，更多的是合作。

所以，我建议测试管理者一定不要过早地放弃技术，走所谓的"纯管理"路线，把自己陷入各种管理会议、沟通协调中。不要认为读了几本书，参加了几个沙龙论坛、几次培训就能掌握关键的测试技术方法，只有在产品测试中不断地实践、总结、再实践、再总结，才能不断地提升自己。如果测试技术有短板，测试管理水平也不可能真正上去，随着测试资历的加深，职业能力和资历会变得越来越不匹配，个人的职业发展道路反而会越来越窄。

对测试架构师来说，除了产品测试技术外，还需要更深入地理解产品的价值，要围绕如何让产品成功去做测试策略，学会取舍，而不能只站在测试技术的角度去做策略。只有产品成功了，产品测试才有资格去谈是否成功。失败的产品，测试得再好，又有什么用呢？

2.2.2　对测试工作"跳槽"的建议

在"跳槽"这个问题上，对软件测试，我有以下几点建议。

第一，不要轻易跳槽，学会"韬光养晦"。

100 个人心中有 100 个哈姆雷特，100 个人心中也有 100 个想跳槽的理由。但是跳槽原因概括起来无非就是两类：一是遇到难以解决的问题；二是现有职业和自己的职业规划不符。

对第一种情况，我的建议是：理性、慎重，再理性、再慎重。世界上没有一个完美的公司，我们在职场遇到的很多问题可能是"共性"问题，比如加班、绩效考评不公平等，很难说通过跳槽就可以彻底解决了。如果是因为人事方面的问题，我也建议先试着解决，实在解决不了再离职。

对第二种情况，职业发展不能达到预期，我的建议是：如果通过跳槽可以获得更好的职业发展机会和更广阔的职业发展舞台，比如新公司比以前的公司更规范，职业发展通道更明确，或是职位上有所提升（如从普通测试工程师跳槽到其他公司后晋升为测试经理），等等，当然是要跳槽的。

但是我不建议大家做"平级"之间的跳动，如 A、B 两个公司在公司规模实力上差不多，原来在 A 公司做软件测试工程师，跳槽后在 B 公司还是软件测试工程师，我认为这样操作的意义是不大的。当然，如果 B 公司提供了比 A 公司高很多的薪水，也许可以考虑一下。这是因为对大多数公司来说，相同的职位，做的事情其实是差不多的，这种"平级"的跳槽不会对个人能力提升带来明显的益处，而且我们要考虑适应新环境、新制度和新的人际关系这类隐形成本，考虑熟悉产品的成本，更重要的是，很多公司的 HR 对频繁跳槽的候选者会有"稳定性差"的印象，当机会真正降临的时候，可能就抓不住了。

所以在这个问题上，上策是要学会"韬光养晦"。软件测试不仅需要实力，更需要机遇。也许你现在是一名普通的软件测试工程师，你觉得你已经可以胜任工程师的角色，希望可以进一步做"测试管理"，但是目前你所在的公司又暂时提供不了"测试管理"的机会，对任何人来说，这都是一件痛苦的事情。此刻与其自怨自艾，还不如在日常工作中寻找各种做"测试管理"的机会，如指导新同事工作、组织分享测试技术、改进测试流程等，用心去做这些看似"额外"的工作，因为这些工作对你来说可是有"高附加值"的。另外你还可以观察那些优秀的测试管理者是如何处理测试项目事务的，琢磨他们解决问题的思路和方法，这样同样可以积累自己的经验，提升相关的能力。机会只会垂青有准备的人。有了这些准备，当机会真正来临的时候，你才能抓得住。

第二，跳槽时除了考虑公司，还要考虑测试产品的持续性。

要想做好软件测试，对测试产品的深入理解是一个重要的先决条件。不同的产品，用户需求、用户的关注点都会发生变化，之前积累的测试重点和难点、测试方法、失效规律（哪些地方容易出问题）等经验可能会变得不再适用了。当一切积累又要重新开始时，对软件测试工程师来说，是一件非常可惜的事情，也是自身实力的"掉价"。

所以我建议软件测试工程师在跳槽时除了考虑公司、薪水、职位之外，还要考虑测试产品的持续性，让之前的经验尽可能多地"复用"。相似的产品，不同的公司，还给了你一个站在新的角度理解产品、审视产品测试的机会。有时候不同的公司在相同的事务处理上可能会完全不同，这可能会让你感到矛盾，也可能会让你豁然开朗，拓展了思路，加深你对产品、对测试的理解和认识，让你的测试更加游刃有余。

2.2.3 软件测试创业

软件测试行业其实也是可以自主创业的。本节将给出一些软件测试在创业方面的参考。

1. 软件测试咨询

随着软件开发技术的发展、大批程序员的涌现，软件产品开发的门槛变得越来越低，软件产品日益同质化，用户可选择面变宽了很多，自然对软件产品的质量提出了越来越高的要求。在这种背景下，产品管理团队中对软件测试的重视程度也越来越高。

但是对很多软件公司来说，软件测试依然是其中最薄弱的环节之一。《软件测试的艺术》一书的作者 Glenford J. Myers 在第三版的序言中写道："读者可能会以为软件测试发展到现在不断完善，已经成为一门精确的学科。而实际情况并非如此。事实上，与软件开发的任何方面相比，人们对软件测试仍然知之甚少。"如何改进软件测试，提升软件测试的能力和水平是摆在产品管理团队面前的一道难题。

所以在可以预见的未来，对软件测试咨询的需求将会越来越多，如：

❑ 测试技术培训；

❑ 测试团队成熟度评估及改进；

❑ 测试流程建设；

❑ 测试项目改进；

❑ 测试工具开发；

❑ ……

2. 软件测试高端外包

现在软件测试外包主要的运作思路是将公司认为非核心的部分外包出去进行测试，主要走"低端"。

随着对产品质量要求的提升，人们开始关心产品在非功能属性方面的表现能力，产品的非功能方面的测试也开始变得越来越重要。

众所周知，产品的非功能属性包括性能、安全、可靠性、易用性、兼容性等领域，每个领域又有若干子领域，每个领域几乎都有自己的测试方法和测试工具，雇用或培训测试人员掌握相关的技能，购齐相关的测试工具，再搭建测试环境进行测试，对任何一个测试团队来说，都是一笔不菲的开销。

软件测试高端外包内容针对的就是软件测试中的这些重要的非功能属性进行的专项测试。软件公司选择这部分测试内容进行外包，不是因为这部分内容不重要，恰恰相反，而是因为这部分内容恰好是用户关心的内容，是产品质量重要的组成部分，这部分测试的专业性和复杂性，需要找更专业的测试人员，使用更专业的方法，来对产品进行测试评估。

产品测试专家和专项测试工程师，都可以考虑在软件测试高端外包这个领域一展身手。

3. 测试工具开发

软件测试工具，形象地说，就是测试人员的"武器"，虽然不能说拥有了好的测试工具，就拥有了卓越的测试能力，但是拥有卓越测试能力的团队一定拥有大量实用优秀的测试工具。所以团队测试能力和测试工具是相辅相成、相得益彰的。随着软件测试的发展，对专业测试工具的需求也将日益剧增。

软件测试工具也可以分为和产品相关的测试工具、和测试技术相关的测试工具及和测试管理相关的测试工具。

和产品相关的测试工具一般都是为了解决产品测试的具体问题而开发的，针对性都很强。如产品性能测试工具 Avalanche、IXIA、LoadRunner；产品安全性测试工具 Metasploit、

BackTrack 等。当然也可以根据产品的测试难点有针对性地定制开发一些工具，如对一些私有协议开发协议异常测试工具、开发模拟用户大量呼入的测试工具等。

和测试技术相关的测试工具有针对产品特点的自动化测试平台（或二次开发）、用例设计工具等。

和测试管理相关的测试工具有测试缺陷分析管理工具，测试需求、用例跟踪管理工具，等等。

突破：向软件测试架构师的目标迈进

软件测试工程师是第一个直面产品的"用户"，通过产品测试，对产品质量进行评估，为决策者提供参考。千万不要小觑软件测试工程师的测试结论，因为测试结论不仅会影响产品的命运（是继续研发下去？发布？还是终止项目？），还会影响整个团队的士气（总也测不完的 bug 和总也改不完的 bug，对任何一个团队来说都不是一件愉快的事情），所以软件测试并不是一项简单的技术工作，而是一门需要结合产品领域、管理、心理学和经济学等综合性的技艺。这让我想起 Glenford J.Myers 曾在他的经典著作中将软件测试称为一门"艺术"，也许真的只有"艺术"这个词才能真正概括软件测试。

　　对一个艺术团体来说，有位出色的"团长"能够管理好这个团队固然重要，但是"团长"可能仅是位职业管理者，在这个团队中还需要有精湛艺术造诣的"台柱"，他们用自己对艺术深刻的理解、创新，赋予团队特有的生命力，好像团队的"灵魂"。既然软件测试也是一门艺术，那么在软件测试中，谁（指角色）是这个团队的"灵魂"呢？

　　第 2 章在描述软件测试工程师有哪些职业发展方向时谈到了"软件测试架构师"。通过第 2 章的叙述，我们了解到"软件测试架构师"是产品测试专家，但是只懂测试，或者只懂产品，都无法成为卓越的软件测试架构师。软件测试架构师的精髓是"找到最合适产品的测试技术"，"最合适"这个词本身就有很强的辩证意味，需要在理解产品的商业目标、成本、技术的基础上，找到产品和测试最合适的平衡点，以此为标准来确定测试策略（这里我们可以先将测试策略理解为测试方法，后文将为大家详细描述测试策略相关的内容）。举例来说，"平台性的产品"（不会直接发布给用户）和"会发布给用户的产品"使用的测试策略是不一样的；"快速开发的产品"和"战略性产品"的测试策略也是不一样的；"继承性的产品"和"全新开发的产品"使用的测试策略又是不一样的。如果对各种不同的产品，使用一套测试策略，这样的产品测试无疑是刻板、是缺乏生命力的，也不会是最成功的。除此之外，"最合适"还含有持续改进的意思，"最合适"永远不会是终点，永远都有可以提升的空间。针对产品不断改进产品的测试技术，也是测试团队不断成熟的过程。

　　写到这里，前面问题的答案已经跃然纸上了：对软件测试来说，"软件测试架构师"正是这个团队中的"灵魂"。那么对于一名普通的软件测试工程师来说，需要如何去做，才能进一步向软件测试架构师的目标迈进呢？

　　本书的第二部分，将和大家深入探讨作为一名软件测试架构师，需要关注哪些内容，需要哪些知识技能，为大家向软件测试架构师目标迈进提供参考。

软件测试架构师应该做和不该做的事情

虽然目前国内很多软件公司已经设置了"软件测试架构师"这个职位,但是总的来说"软件测试架构师"这个角色现在还不够普遍。通过第 2 章的描述,我们知道"软件测试架构师"是"软件测试工程师"在软件测试技术上一个重要的发展方向,但是我们可能对"软件测试架构师"在产品测试活动中具体会做哪些事情、关注哪些方面理解得还不够全面。

本章以产品测试流程中的主要测试活动为线索,为大家介绍软件测试架构师需要关注的内容。需要特别说明的是,本章并不会对其中涉及的测试技术的细节展开讨论,这些内容会在本书的第 4 章和第 5 章为大家详细呈现;此外本章也不会探讨如何在产品测试中,根据产品的实际情况来选择最合适的测试技术(即制定测试策略),这部分内容将在本书的第 6 章至第 8 章为大家详细描述。

3.1 软件测试架构师需要关注和不需要关注的事情

对产品测试来说,无论是传统的集成产品开发模式,还是迭代、敏捷,测试活动都可以概括为测试需求分析、测试分析和设计、测试执行和测试质量评估。产品测试不应该是产品研发末端的活动,而应该是"端到端"的,在产品研发的开始阶段,测试就需要投入。和"好的产品是设计出来的"一样,测试分析不仅能够帮助测试更好地认识产品,准备测试,还能反过来帮助开发确认需求,确认产品在非功能属性(如性能、可靠性、易用性等)方面的设计。测试的意义,不仅在于测试发现 bug,为产品发布提供信心,还在于缺陷预防，切实提升产品质量。

作为测试团队的技术领头人，软件测试架构师在整个"端到端"的测试过程中，需要重点关注哪些事情呢？接下来我就为大家一一进行描述。

3.1.1 测试架构师在需求分析中

测试的源头是需求。软件测试架构师在需求阶段，需要重点完成的工作是：

❑ 理解需求。
❑ 制定一份总体测试策略，来明确测试范围、测试目标、测试重点和难点、测试深度和广度。

此时测试架构师不应该陷入产品的实现细节中去，这时正确的方向和清晰的目标比细节更重要。

如何才算"理解需求"？参与每一场需求的讨论，熟读每一条需求规格这样就够了吗？此时花一些时间来理解产品的商业目标，梳理用户的使用场景，往往会为后面的工作带来事半功倍的效果。

1. 理解产品的商业目标

产品的商业目标是测试架构师需要理解的首要问题。

理解产品的商业目标的重要性在于，从产品层面来说，只要产品不能满足商业需求，即便产品使用的是最先进的开发技术，也是无用的，不能称其为成功的产品。

Dave Hendrichson 在他的著作 *12 Essential Skills for Software Architects*（《软件架构师的 12 项修炼》张菲译，机械工业出版社出版）中提出"系统架构师在考虑构想软件架构的真正价值时，不能只是关注系统构造的技术方面，更要对客户价值和商务价值——你能帮助客户真正解决怎样的问题？你怎样帮助公司赚钱？——有深刻的认识"。这点对于软件测试架构师来说同样适用。

在这本书中，Dave Hendrichson 用一个气泡图形象地概括了商务知识和软件架构的交错关系，如图 3-1 所示。

和系统架构师一样，软件测试架构师同样需要理解下述问题：

❑ 公司中的营销和销售人员如何细分客户？
❑ 每个细分市场的关键价值主张是什么？

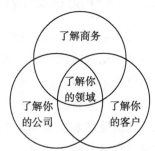

图 3-1　Dave Hendrichson 的气泡图

❑ 公司试图增长哪些细分市场？如何增长？

❑ 每个市场是谁做出购买决策的？

❑ 每个细分市场的主要竞争对手是谁？

❑ 公司对此产品的策略主张是什么？所在的产品是如何融入这一战略的？

并能够围绕下述内容展开测试活动：

❑ 如何验证待测试的产品正确体现了市场价值？

❑ 所做的测试策略是否和公司的财务、销售、营销目标一致？

当软件测试架构师对这些内容进行深入思考，并通过沟通交流和决策者、系统架构师、市场等角色达成一致，统一目标时，测试很自然地就能融入其中，成为公司的伙伴，而不是阻碍软件按时发布的"拦路虎"。测试也能更容易获得决策者和产品开发的认可，测试的深度、广度会更透明，利于测试更好地把握测试进度，而不是总被压缩测试时间来换取项目进度的零偏差（很多时候都存在压缩测试时间来保证项目进度的问题，其中很大一部分的原因是决策者根本不认可测试的内容和方法，认为测试过度或者冗余过多，并没有准确评估测试真正的工作量）。

2. 梳理用户的使用场景

梳理用户的使用场景是软件测试架构师在这阶段需要重点关注的另外一项内容。

所谓"用户的使用场景"，简单来说，就是指用户将会如何使用这个产品。用户场景将直接体现产品的价值。因此，在测试之前，了解你的用户至关重要：

❑ 产品有多少种类型的用户，这些用户的业务又是什么，他们如何从你的产品中获得价值（比如通过你的产品赚钱，获得某种资源）？

❑ 产品的竞争对手对用户提供了哪些有价值的解决方案？你们之间的差异是什么？

❑ 产品所在领域有哪些基本的规范和要求，行业背景有哪些，用户的习惯是什么（如完成各种活动的顺序、对活动完成的判断标准和可能的重要决定等）？

然后软件测试架构师需要把梳理的用户使用场景，归纳为测试场景：

❑ 针对不同类型的用户，分别确定这些用户的行为习惯和关注点。

❑ 逐一分析这些用户会如何使用产品，根据分析结果建立产品的拓扑模型、配置模型和流量模型等，抽象出典型场景。

❑ 确定各个典型场景下的输入和输出（包括正常输入和异常输入、攻击，还需要考虑模拟测试的时间长短，等等）。

对测试场景的分析，也可以放在测试分析和设计阶段进行。这部分的输出将会成为验收测试时的重要输入。关于这部分测试策略和测试方法的描述，可以参见 7.4.4 节。

3. 输出产品总体测试策略

输出产品总体测试策略是软件测试架构师在这一阶段的重要输出。它的作用，就好像测试的总纲，帮助整个测试团队明确测试的范围、目标，测试的重点和难点，测试的深度和广度，以及如何安排各种测试活动（及测试分层）。

测试重点和测试难点是完全不同的两个概念。

测试重点是由产品价值、质量目标、产品实现（新写代码、开源代码或是继承代码）和历史测试情况（主要针对继承类产品）等多项因素综合决定的。"测试难点"是从测试技术的角度来说的，是对产品测试验证难易程度的分析。

测试深度和测试广度也有所不同。测试广度是从覆盖的角度来对产品测试进行描述；而测试深度是从测试方法（如单运行测试、多运行测试、边界值或错误输入等）来对测试进行描述。

当我们对每个特性确定了测试重点和测试难点、测试深度和测试广度之后，测试的总体思路也就随之明确了。后面的自动化策略、探索测试策略、测试分析和设计的策略也变得明确了。

测试分层帮我们将一个大的测试目标分解为若干小的测试目标。这样我们可以逐层测试，逐层评估测试结果，并根据测试结果不断修正测试策略，不仅让测试目标变得可以达到，还让整个测试过程变得可控。

上述内容构成了测试的整体框架。我们可以在这个框架下不断细化，再输出阶段测试策略和版本测试策略等。如果把测试需求分析、测试分析设计、测试执行、测试质量评估等测试活动比作珍珠，测试策略就是那根穿珍珠的线，贯穿始终。

本书将在 7.1 ～ 7.3 节中为大家详细介绍总体测试策略的制定过程，在第 6 章中为大家介绍和测试策略相关的测试技术。

3.1.2 测试架构师在测试分析和设计中

软件测试架构师作为测试团队的技术带头人，肯定是测试分析设计的好手，但软件测试架构师不应该陷到具体的测试分析和设计中去，对他们来说，更重要的工作是制定阶段测试策略，落实测试设计策略，对测试团队进行测试分析和设计方面的辅导，从整体上来把握测试设计的质量。

1. 制定阶段测试策略

阶段测试策略是指按照测试分层来确定每个测试层次的测试策略，阶段测试策略也是总体测试策略的进一步分解。

测试分层是一个十分重要的测试概念，它是指将一些具有相同测试目标的测试活动放在一起作为一个测试的层次。"V 模型"下的单元测试、集成测试、系统测试和验收测试就是测试分层的一个例子，如图 3-2 所示。

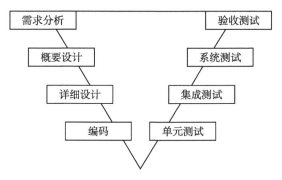

图 3-2　"V 模型"下的测试分层举例

我们将在 6.8 节中，对"测试分层"和"分层测试"进行详细的叙述，在 7.4 节中详细介绍阶段测试策略的制定方法。总结来说，阶段测试需要关注的内容包括：

❑ 每个阶段的测试对象、目标。
❑ 每个阶段的出入口准则。
❑ 如何选择测试用例。

出入口准则其实是确定这一阶段的质量目标和验收标准。有时候，测试阶段也是环环相扣的，例如我们要想进行性能测试，就需要将功能稳定作为前提，这时功能稳定就是性能测试的一个入口条件。

出入口准则并不是限制测试的，其实是测试和开发的约定，这就需要开发能够认可这份准则，沟通、协商必不可少。当然，除了和开发之间的沟通，测试团队之间的沟通也变得非常重要——我们需要通过沟通，让测试能够充分理解测试策略，理解每个测试阶段的测试目标，以及要如何才能达到这个目标，使得整个测试团队能够"力出一孔"。本书在 5.1 节中就讨论了一些沟通和协商方面需要注意的问题。

2. 落实测试设计策略，保证测试设计的质量

测试设计策略是指软件测试架构师能够按照总体测试策略中确定的测试深度和广度、

重点和难点，来组织整个测试团队进行测试设计，使得测试用例的输出能够和测试策略保持一致。

方法上，软件测试架构师可以使用《测试分析设计表》来保证测试设计符合测试策略。关于这部分的内容，请参见 7.4.1 节。

一般来说，我们会安排有经验的测试工程师来进行测试设计，但现实往往是我们的团队刚组建，大部分测试设计的工作还是由新手来进行的。除了掌握必要的测试设计方法（详见本书 4.4 节）外，掌握一些用例编写的技巧，让测试用例更易读、易于执行、易于维护也很重要。如何写出漂亮的测试用例，我们将在 5.2 节中进行讨论。当然，对软件测试架构师来说，必要的沟通辅导也是不可少的，我们将在 5.1.3 节中讨论如何和测试团队成员沟通的问题。

3.1.3 测试架构师在测试执行中

对软件测试架构师来说，测试执行也一定不会难倒他，找 bug 的能力必然也是出类拔萃的，但是软件测试架构师却不应该把找 bug 作为测试执行阶段的重要目标，更不应该陷到测试执行中，而应该把精力投入到制定版本测试策略、跟踪测试执行和版本质量评估中，如图 3-3 所示。

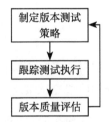

图 3-3　软件测试架构师在测试执行中的主要工作

1. 制定版本测试策略

版本测试策略和阶段测试策略、总体测试策略是一脉相承的，软件测试架构师需要在每个版本测试开始之前，制定出这个版本的测试策略，主要内容包括：

❑ 测试范围和计划相比的偏差。
❑ 本版本的测试目标。
❑ 需要重点关注的内容。
❑ 测试用例的选择。
❑ 测试执行顺序。
❑ 试探性的测试策略。
❑ 接收测试策略。
❑ 回归测试策略。
❑ 探索测试策略。
❑ 自动化测试策略。

关于这部分的详细内容，我们将在 8.1 ～ 8.2 节及 8.4 节中为大家描述。

2. 跟踪测试执行

跟踪测试执行是软件测试架构师在测试执行中最主要的工作，具体内容包括：

❑ 跟踪测试用例执行的情况。
❑ 每日缺陷跟踪。
❑ 调整测试策略。

对这部分的详细描述，请参见 8.3 节。

跟踪测试执行，其实也是一种质量保证工作。通过每日的缺陷跟踪，我们可以实时评估当前版本的质量，为测试策略的调整提供依据。

3. 版本质量评估和建立版本质量档案

版本质量评估是对每个测试版本的质量总结。方法上，我们可以使用软件产品质量评估模型来进行质量评估。对软件产品质量评估模型的介绍，请参见 6.3 节；如何进行版本质量评估，请参见 8.4 节。

对软件测试架构师而言，可能无法凭一己之力完成所有特性的质量评估。这时我们可以整理一个"特性版本的质量档案"（见表 3-1，详见 8.4.4 节），由整个测试团队来记录和维护。

表 3-1　特性版本的质量档案

特性	质量目标（期望值）	目标分解（期望值）	分类	优先级	Build1			
					当前质量	覆盖度	测试过程	缺陷分析
特性 1	完全商用	测试覆盖度 测试过程 缺陷	老特性变化	高				
特性 2	完全商用	测试覆盖度 测试过程 缺陷	全新特性	高				
特性 3	受限商用	测试覆盖度 测试过程 缺陷	老特性加强	中				
特性 4	测试、演示或小范围试用	测试覆盖度 测试过程 缺陷	全新特性	中				
……	……	……	……	……				

3.1.4　测试架构师在测试质量评估中

和版本质量评估不同，此时的质量评估是指阶段质量评估或者发布时的质量评估，需要给出"能否进入下一阶段的测试"或者"发布"的结论。

方法上，阶段质量评估依然使用软件产品质量评估模型来进行评估，需要重点关注的内容包括：

❑ 确认总体测试策略中重要的质量目标是否达到。

❑ 对总体测试策略中未达标的一般性的质量目标，确定应对措施。

❑ 进行遗留缺陷分析。

这部分的详细内容，请参见 8.6 节。

在进行阶段测试质量评估时，软件测试架构师还需要特别注意此时的缺陷修复策略和对非必然重现 bug 的处理。对这部分的叙述，请参见 8.6.5 ～ 8.6.6 节。

3.2 像软件测试架构师一样的思考

有些公司可能并没有软件测试架构师这样的职位，很多读者可能也是第一次听说这样的称谓。其实，是否叫"软件测试架构师"这个称谓并不重要，重要的是在测试团队中，能有人像软件测试架构师那样，通盘考虑测试策略，考虑如何才能测试成功。在测试团队中，无论你是谁，都请像软件测试架构师一样作如下思考。

❑ 测试的目标是什么？

❑ 测试的范围是什么？

❑ 测试的深度和广度是什么？

❑ 测试的重点和难点是什么？

❑ 如何安排测试？

❑ 如何评估测试结果？

这些问题，可能就是一个思考过程，没有输出，但是只要你愿意去思考这些问题，就一定能为产品测试带来积极的效果，同时自己的测试水平，特别是对测试整体的控制力会大大加强。

也许对一个测试团队来说，最好的情况就是人人都是软件测试架构师吧。

3.3 软件测试经理可以替代软件测试架构师吗

软件测试经理（有些公司又称为测试代表、测试项目经理等）是我们非常熟悉的角色，软件测试经理能够替代软件测试架构师吗？

软件测试经理的重点工作是制订测试计划，并在测试团队中执行测试计划，为决策者对产品能否发布提供建议和证据。因此软件测试经理需要熟练掌握的是项目管理方面的知识，包括各种沟通、协调等，以项目运作的方式保证产品测试的顺利进行。

而软件测试架构师的工作重点是通过制定产品的测试策略，为产品找到最适合产品的测试方法，因此软件测试架构师需要熟练掌握与产品相关的知识和各种测试技术，并有能力找到其中的平衡点。

将软件测试经理和软件测试架构师的工作重点放在一起进行比较，很容易发现他们分别关注的是"测试计划"和"测试策略"这两项不同的测试活动。这两项活动有什么相关联的地方吗？如何理解这两项活动之间的差异呢？测试策略解决的是产品"测试目标"（why），以及"测什么"（what）和"怎么测"（how）的问题；而测试计划是在明确了"目标""测什么"和"怎么测"后，确定由"谁"（who）在"何时"（when）花费多长时间来进行相关的测试。软件测试架构师如何保证制定的测试策略在测试团队中落地？其实他是无法直接保证的，需要软件测试经理把"产品测试策略"转化为"产品测试计划"，通过项目运作的方式将产品测试策略真正在项目中付诸实践。两者的内在关系，还从产品测试的角度回答了为什么软件测试架构师要关注产品的商业目标、理解产品价值、理解项目管理，因为测试策略其实就是直接为测试计划服务的。

那软件测试经理为什么不能制定产品测试策略呢？软件测试经理当然可以制定产品测试策略，而且由测试经理直接根据测试策略来制订测试计划，还可以省掉和测试架构师的沟通成本。那么产品测试策略由软件测试架构师来做是否多此一举呢？答案当然是否定的。形象地说，产品测试策略就是在为产品测试找一条到达测试目标的"路"。达到同一测试目标的道路一定不止一条，软件测试架构师就是通过系统的分析，找到最合适的那条路，这个过程需要耗费大量的时间和精力。但遗憾的是，什么才是"最合适的路"是很难直接度量和评价的：不可能对同一个项目运行两套方案来判定方案的优劣，而时光又不能倒流，正因为如此，虽然这项活动很"重要"，但是却容易被忽略，特别是当测试经理陷入各种沟通协调会议，需要处理各种复杂关系的时候，往往没有更多的精力去系统地分析、确定测试策略。所以并不是说软件测试经理不能或者没有能力去制定测试策略，而是软件测试经理也是人，不是超人，在心有余而力不足的情况下做出来的测试策略，质量上很难保证，难免有失偏颇，再落实成测试计划在测试项目中执行，对整个产品测试团队，乃至产品研发团队来说，都是一件可怕的事情。所以软件测试经理需要一个"贤内助"——软件测试架构师来系统地进行分析，以保证产品测试策略的质量。

可见软件测试经理和软件测试架构师都是软件测试中的重要角色，他们之间的关系是合作，而不是替代（也没法替代）。

3.4 系统架构师可以替代软件测试架构师吗

系统架构师也是我们非常熟悉的角色之一。第 2 章介绍软件测试在技术上的发展方向时（2.1.2 节），就是通过将软件测试架构师和系统架构师进行对比的方法来表述的。可见软件测试架构师和系统架构师有一定的对等性，但是软件测试架构师服务的对象是产品测试，而系统架构师服务的对象是产品开发。

产品测试和产品开发本来就不是独立的两个活动，其中最简单的关系就是，产品开发出来的产品，会作为产品测试的输入，产品测试的输出结果（如发现的产品缺陷，产品质量评估），又会反过来影响产品开发（修复缺陷，甚至是新需求的提出）。所以软件测试架构师和系统架构师也有很多交集的地方：

- ❑ 对产品价值的理解。
- ❑ 对产品场景的理解。
- ❑ 对产品系统框架的理解。
- ❑ ……

但是拥有很多交集并不代表系统架构师可以取代软件测试架构师。就像产品开发人员不能取代产品测试人员一样。Glenford J.Myers 在他的著作《软件测试艺术》中，曾经从心理学的角度对上述问题的本质进行了分析。这是因为，产品开发的工作是"生成性"的，是从无到有去创建一个产品；而产品测试找 bug 的过程却是"破坏性"的。很少有人可以做到客观地去创造一个东西，然后再客观地去毁坏一个东西。系统架构师和软件测试架构师也有以下类似的状态。

系统架构师理解产品的价值，是为了正确地创造并实现产品；软件测试架构师理解产品的价值，是为了验证产品是否真的实现了应有的价值，是否存在错误。

系统架构师理解产品场景，是为了分析出产品的特性和功能，为产品实现做准备；软件测试架构师理解产品场景，是为了验证产品是否满足用户在该场景中的使用需要，在该场景下产品是否存在质量缺陷。

系统架构师理解产品的系统框架，是为了产品最终能够顺利实现；软件测试架构师理解产品的系统框架，是为了测试设计和测试执行能够更有效，验证产品实现是否和架构的设计是一致的，是否存在问题。

可见，不同的关注视角使得软件测试架构师和系统架构师即使是在同一件事物的同一个领域，也会出现巨大的不同。所以系统架构师并不能替代软件测试架构师，而是应该在以下方面相互协作。

系统架构师可以和软件测试架构师一起对产品价值进行讨论，相互理解。

系统架构师需要和软件测试架构师一起整理用户使用场景，软件测试架构师对用户的潜在需求的理解，对友商同类产品的使用经验和曾经与用户沟通接触的经历都可以帮助系统架构师更好地确定用户使用场景，确定产品需求。

系统架构师还需要和软件测试架构师就产品的系统设计进行交流，其实只有软件测试架构师对产品的实现理解得越深和越透，才能越准确地把握测试的重点，减少无效的测试，而系统设计正是对产品实现理解的第一步。软件测试架构师也可以根据产品的失效规律，为系统架构师在产品架构设计上提供参考，进行缺陷预防。

所以，系统架构师和软件测试架构师应该成为产品研发中最亲密无间的挚友。

软件测试架构师的知识能力模型

通过第 3 章的叙述，我们知道软件测试架构师从事的并不是一项纯测试技术的工作，而是一门需要结合产品、沟通协调、书面表达等综合性的艺术，如图 4-1 所示。

接下来我们将分别从测试技术和沟通协调、书面表达等"软能力"方面，来详细讨论软件测试架构师需要具备的各种能力。先讨论测试技术。

从测试技术来说，软件测试架构师需要掌握的知识能力如图 4-2 所示。

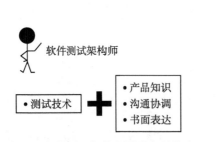

图 4-1　软件测试架构师需具备的能力　　图 4-2　软件测试架构师需具备的测试技术能力

❑ 软件产品质量模型表面上看起来和测试一点关系都没有，但它却能帮我们理解和确定用户的需求，还可以用来评估质量，其实是测试的基础。

❑ 测试类型是指测试要从各个角度对被测对象进行测试，又被称为"测试视角"。

❑ 测试方法是指对被测试对象进行测试的具体方法，会直接影响发现缺陷的数量和质量，也是测试能力最被大家认可的表现形式。

❑ 测试设计是输出测试用例，测试用例是对被测对象进行验证的说明书。优秀的测试设计，能够让我们用最少的测试用例，发现我们最希望发现的产品问题。难怪很多地方都称测试设计是测试最重要的技术。

❑ 探索式测试是一种强调测试人员同时开展测试学习、测试设计、测试执行，并根据测试结果反馈及时优化的测试方法，但我却喜欢把它归为测试执行技术。将探索式测试和执行测试用例结合起来，能够让测试达到最大的效果。

❑ 随着测试的发展、敏捷的流行，自动化测试也越来越受到重视。对软件测试架构师而言，他不一定是一位优秀的自动化工程师，但他必须理解一些关于自动化的知识，知道如何评估自动化的收益和为项目选择合适的自动化测试工具。

4.1　软件产品质量模型

对于软件测试架构师来说，第一个需要深入理解的知识就是"软件产品质量模型"。

为什么我们首先要讨论软件产品质量模型这个看起来和测试并没有多大关系的知识呢？

众所周知，软件测试的一个重要目标，就是"验证产品质量是否满足用户的需求"。"正确、全面、深入地理解用户需求"是测试的基础。但是理解用户需求并不是一件容易的事。例如：

❑ 用户除了功能方面的需求外，还有哪些非功能方面的需求？
❑ 除了用户明确给出的需求外，还有哪些隐性的需求？

这时我们就可以使用软件产品质量模型，来系统地分析、理解用户的需求。

4.1.1　软件产品质量六属性

软件产品质量模型将一个软件产品需要满足的质量划分为六大属性（功能性、可靠性、易用性、效率、可维护性和可移植性），每类属性又细分出了很多"子属性"，如图4-3所示。

软件产品质量模型对产品设计时需要考虑的地方进行了高度概括。一个高质量的产品，一定是一个在质量六属性上都设计得很出色的产品；如果一个产品的设计在质量六属性上存在缺失，这个产品的质量一定不会太高。

虽然软件测试架构师的职责不是设计产品，但是掌握了软件产品质量模型，知道了高质量的产品该具备怎样的特质，也就等于拿到了如何验证产品、如何评价产品质量的"金钥匙"。因此，软件测试架构师需要吃准、吃透软件产品质量模型中的内容。

> 说明 国际上对软件产品质量模型相关的标准是 ISO/IEC9126，我国也有相应的国标 GB/T 16260，两者内容基本是一致的。本节对软件产品质量属性定义的描述主要参考的是国标 GB/T 16260。

从图 4-3 中我们已经能够了解到，软件产品质量模型包含了几十个概念。为了让大家能够更好地理解这些概念，我将以"Windows 操作系统默认的计算器"为例来分析"软件产品的质量属性"是如何在这款"计算器"中表现出来的。

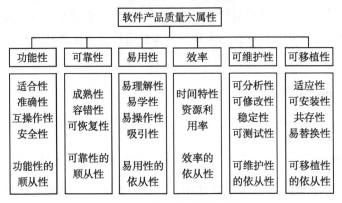

图 4-3　软件产品质量六属性

举例：Windows 操作系统默认的计算器

❏ 本节中举例的计算器版本：Windows7 旗舰版；

❏ Windows 操作系统默认计算器的外观如图 4-4 所示。

图 4-4　Windows 操作系统默认的计算器

需要特别说明的是，在实际项目中，我们的分析过程是根据软件测试质量模型来分析产品测试时需要注意的地方，和我们举的例子是反过来的。在 4.2 节、4.3 节和 4.4 节中，还将为大家继续介绍如何分析这些测试点。

4.1.2　功能性

软件产品质量属性中的**功能性是指软件产品在指定条件下使用时，提供满足明确和隐含要求的功能的能力**。

从功能性的定义来看，产品的功能并不像表面上看起来那么简单——除了满足"明确"的要求，还有更深一层的"隐含"的要求。"明确" + "隐含"才构成了用户对产品真正的、完整的功能要求。

功能性又被划分成了 5 个"子属性"，这些"子属性"给了我们分析"明确" + "隐含"需求的思考方向，见表 4-1。

表 4-1　功能性子属性

质量子属性	子特性描述
适合性	软件产品为特定的任务和用户目标提供一组合适功能的能力
准确性	软件产品提供具有所需精度的正确或相符的结果及效果的能力
互操作性	软件产品与一个或多个特性、系统相互配合的能力
安全性	软件产品保护信息和数据的能力，以保证未授权的用户或系统不能阅读和修改这些信息与数据，而合法用户或系统不会被拒绝访问
功能顺从性	软件产品符合和该功能相关的标准、规范、规则或特定的能力

直接理解上面的定义可能会比较枯燥，我们不妨来看看在 Windows 的计算器中，适合性、准确性、互操作性、安全性和功能顺从性分别是如何体现的。

Windows 的计算器如何体现软件产品质量属性中的功能性

❑ 功能性——适合性

对 Windows 的计算器来说，软件产品为用户提供的所有和"计算"相关的功能，就是适合性。如"标准型计算器""科学型计算器""程序员型计算器""统计信息型计算器"等，我们只需在计算器软件左上方的菜单中，选择"查看"，就可以找到这些功能点。

除了这些"明显"的功能之外（读者可以先理解为，不用转弯，直接就能想到的功能），Windows 的计算器还包含了一些用户要在特定场景下才可能会想到、用到的功能，如"查看历史记录""数字分组""单位转换""日期转换"等。同样也在"查看"菜单中能够找到这些功能，如图 4-5 所示。

❑ 功能性——准确性

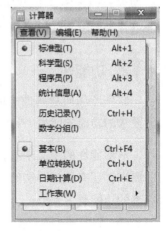

图 4-5 "查看"菜单

对 Windows 的计算器来说，计算器本身计算结果的正确性是计算器软件在准确性方面的一个表现。例如"1+1"，结果应该是"2"，而不是"3"。再如"1/3"，结果"0.3333…"是一个无限循环数，这个结果需要保留到小数点后几位？末位是否需要四舍五入？等等。

❑ 功能性——互操作性

对 Windows 的计算器来说，计算器中不同功能、特性之间是否能够正确地相互配合是计算器在互操作性方面的一个表现。例如，"普通计算"和"日期计算"可能需要以图 4-6 所示的方式一起展示；并且"普通计算"和"日期计算"同时在界面上存在时，"普通计算"和"日期计算"的计算结果也需要分别正确，如图 4-6 所示。

图 4-6 "普通计算"和"日期计算"同时显示

此外，对不同操作系统的支持，如对 Windows 7 不同版本（包括不同的补丁版本）的支持，对不同工作模式（如安全模式、带网络连接的安全模式）的支持也是互操作性的体现。

❑ 功能性——安全性

对 Windows 的计算器来说，计算器不应该包含能够被利用的安全漏洞和与"用户权限"相关的内容，如"管理员和访客都应该有相同的使用权限"等，这类内容属于计算器软件在安全性方面的体现。

❑ 功能性——功能顺从性

对 Windows 的计算器来说，功能顺从性可以理解为，作为一款计算器，计算规则（如平方运算、统计运算等）要和数学中的相关规则保持一致。

4.1.3　可靠性

软件产品质量属性中的可靠性是指在特定条件下使用时，软件产品维持规定的性能级别的能力。

下面 3 个层层递进的句子，可以帮助我们来理解用户可靠性方面的要求：

第一层：设备最好不要出故障；

第二层：设备出现故障了不要影响主要的功能和业务；

第三层：如果影响了主要功能和业务，系统可以尽快定位并恢复。

在软件产品质量属性中，可靠性又被进一步细分为 4 个子属性，见表4-2。

表 4-2　可靠性子属性

质量子属性	子特性描述
成熟性	软件产品为避免因软件故障而导致失效的能力
容错性	软件产品在软件发生故障或者违反指定接口的情况下，维持规定的性能级别的能力
可恢复性	软件产品在失效发生的情况下，重建规定的性能级别并恢复受直接影响的数据的能力
可靠性顺从性	软件产品遵循与可靠性相关的标准、约定或规定的能力

接下来我们同样以 Windows 的计算器为例，讨论可靠性中包含的这 4 个子属性是如何在软件产品中体现的。

Windows 的计算器如何体现软件产品质量属性中的可靠性

❏ 可靠性——成熟性

对 Windows 的计算器来说，成熟性可以理解为产品的功能失效的概率。例如，计算器在持续运行一段时间后，就会出现计算方面错误。一般来说，这种错误都可以通过重启软件、重启设备等方法恢复。

❏ 可靠性——容错性

对 Windows 的计算器来说，容错性可以理解为产品对用户"错误输入"的处理应对能力，如输入除数 0（1/0），或是输入一个超过计算器能够处理的长度的数字，等等。

我们希望计算器能够有一定的容错处理机制，能够判断用户在使用过程中是否输入了"非法值"，并能针对"非法"输入的内容和原因给出错误提示，如第一个例子中，计算器能够提示"输入错误，除数不能为 0"；在第二个例子中，计算器能够提示"输入数字过长"。不会因为用户的任何错误输入，而引发计算器出现软件无响应、软件重启等异常。

❑ 可靠性——可恢复性

对 Windows 的计算器来说，可恢复性可以理解为计算器一旦出现了产品自身无法预期的异常（如无响应、重启）后，能够恢复。

从软件产品恢复的方式来说，能够自动恢复当然是最好的，如产品异常重启后，软件能够自动启动，最好还能恢复到重启前的页面。和自动恢复的方式对应的是被动恢复，如产品长时间出现无响应的情况，需要用户手动中止进程，重启软件，故障才能恢复。显然，我们不希望软件产品在出现异常后总是通过被动恢复来恢复。

❑ 可靠性——可靠性顺从性

对 Windows 的计算器来说，在可靠性顺从性方面并没有严格明确的标准，但是也会有一些潜在的约定，如计算器需要能够识别出所有数学运算的异常输入，并给出错误原因的提示；计算器一旦出现了异常，需要能够自动恢复；等等。

通信类产品在可靠性顺从性方面就有比较严格的标准，如系统的故障率不能高于多少、故障恢复时间不能长于多少等。

4.1.4 易用性

软件产品质量属性中的易用性是指用户在指定条件下使用软件产品时，产品被用户理解、学习、使用和吸引用户的能力。这个能力，简单地说就是 10 个字：易懂、易学、易用、漂亮好看。

易用性对消费类的产品显得尤为重要。例如我们在购买手机的时候，手机的外观是否漂亮，界面是否漂亮、好用会成为影响我们购机的一个重要因素；再如我们在下载一个移动应用后，很少有人会去阅读它的手册，这个应用能不能被看懂、好不好用往往成了决定这个应用能否继续保留在移动设备上的关键因素。相对来说，通信类产品对易用性的要求就没有这么高。

在软件产品质量属性中，易用性又被细分为 5 个子属性，见表 4-3。

表 4-3　易用性子属性

质量子属性	子特性描述
易理解性	软件产品使用户能理解软件是否适合以及如何能将软件用于特定的任务和使用环境的能力
易学性	软件产品使用户能学习其应用的能力
易操作性	软件产品使用户能够操作和控制它的能力
吸引性	软件产品吸引用户的能力
易用性的依从性	软件产品遵循与易用性相关的标准、约定、风格指南或法规的能力

在这里我们首先对吸引性和易用性的依从性进行简单的说明。

在表 4-3 中对吸引性的解释是软件产品吸引用户的能力。有些读者可能会将吸引性理解为内在功能和外在 UI 两部分，我认为这是从"产品质量"整体来理解的，但是我们这里是在易用性这个维度上来谈吸引性的，所以主要还是指的外在 UI——通过 UI 设计，展现出来的产品风格，比如简单实用、酷、华丽、设计感、可爱、小清新等。可见吸引性并没有好、坏之分，而在于能不能吸引住产品的目标用户。

易用性的依从性是从用户习惯的角度来保证产品的易理解性、易学性和易操作性。比如，我们习惯用蓝色来代表冷水，用红色来代表热水。如果你在产品设计中，用红色来表示冷水，用蓝色来代表热水，就很容易让用户产生误解。再比如一些深入人心的公共标志，如我们一看到红十字标志，就会想到医院，但是你偏要在你的产品中使用红十字标志来代表邮局，就会让用户觉得你的产品不好用。

接下来我们以 Windows 的计算器为例，进一步说明易用性是如何在产品中体现的。

Windows 的计算器如何体现软件产品质量属性中的易用性

（1）易用性——易理解性

对 Windows 的计算器来说，易理解性是指我们能够理解界面上每个按键的意思（如数字 0、1、2 等；各种运算符号，如 +、- 等），并知道如何使用计算器来完成运算（如计算"1+1"）。

（2）易用性——易学性

对 Windows 的计算器来说，以下两方面都是易学性的具体体现。

❑ 计算器提供了"帮助"功能，对产品的功能编制了索引，还提供了 Q&A、社区等，为用户学习产品功能提供了充分、完整的材料。

❑ 从界面的截图（还是以标准型的计算器为例）来看，这款跑在 Windows 操作系统上的"虚拟"计算器，在界面设计上和我们平时使用惯了的"实体"计算器几乎是一模一样的，这对即使是第一次使用 Windows 操作系统上的虚拟计算器的用户来说，都不会感到陌生，这样的设计，易于用户快速上手，降低了用户学习成本。

（3）易用性——易操作性

易操作性，顾名思义，就是产品对用户来说容易操作。这次我们以"程序员类型"的计算器为例来说明。

"程序员类型"的计算器如图 4-7 所示。

它提供了一个"不同进制间的数值转换功能"，如将十六进制的数值转换为十进制、将八进制的数值转换为二进制等。

图 4-7 "程序员类型"的计算器

在进行进制转换时，会输入不同进制的数。显然，不同进制的数允许输入的"合法值"是不一样的，比如十进制允许输入值为 0～9，而二进制只允许输入 0 或 1。

Windows 的计算器在设计不同进制间的数值转换功能时就充分考虑了易操作方面的问题，在用户输入之前，就对不同进制的数值做了合法性限制。例如，当我们选择二进制的时候，界面只有"0"和"1"两个数字是可以选择的，其他的数字会显示为灰色，不能被选择；当我们选择十六进制的时候，界面上 0～9、A～F 又变得都可以被选择。

如果计算器不是在用户输入之前对数值的合法性进行限制，而是在用户输入后，才对输入值进行检查，例如用户在选择二进制时，允许用户输入非法值"3"，然后再提示给用户"输入有误，请重新输入"，这就增加了用户的无用操作，易操作性就变差了。

（4）易用性——吸引性

Windows 的计算器的风格是简单实用。相比之下，iPhone 的计算器的黑色且带有金属磨砂质感的底色，做了水晶效果的按键，使用灰色＋褐色＋黑色＋橙色的配色，让计算稳重又灵动，就显得要华丽很多。但是我们却不能得出这两款计算器谁更具有吸引力的结论——这就是两款产品不同的风格。如图 4-8 所示。

（5）易用性——易用性的依从性

对 Windows 的计算器来说，在界面设计上模仿实体计算器是易用性依从性的一个体现。显然，这样的设计有利于用户更好地理解和学习这种"虚拟"计算器。

图 4-8　两款不同风格的计算器

4.1.5　效率

软件产品质量属性中的效率是指在规定条件下，相对于所用资源的数量，软件产品可提供适当的性能的能力。通常，效率就是我们常说的产品性能。

在软件产品质量属性中，效率属性又被分为如下 3 个子属性，见表 4-4。

表 4-4　效率属性子属性

质量子属性	子特性描述
时间特性	在规定条件下，软件产品执行其功能时，提供适当的响应和处理时间以及流量（吞吐量）的能力
资源利用率	在规定条件下，软件产品执行其功能时，使用合适数量和类别的资源的能力
效率依从性	软件产品遵循与效率相关的标准或约定的能力

接下来我们将以 Windows 的计算器为例，说明效率是如何在产品中体现的。

Windows 的计算器如何体现软件产品质量属性中的效率

（1）效率——时间特性

对 Windows 的计算器来说，得到正确运算结果的响应时间可以理解为是时间特性的一个体现。如进行两个大数相乘，从输入到得到正确结果的时间。

（2）效率——资源利用率

对 Windows 的计算器来说，运算时，占用 Windows 系统资源值（如 CPU 和内存）是否合理，可以理解为是资源利用率的一个体现。

（3）效率——效率依从性

对 Windows 的计算器来说，效率依从性可以理解为"在运行计算器时，对系统的资源占有率不应该高于百分之多少""在进行某种级别的复杂运算的时候，对系统资源的占有率又不能高于多少"等这类需要遵守的约定。

4.1.6 可维护性

软件产品质量属性中的可维护性是指软件产品可被修改的能力。这里的修改是指纠正、改进软件产品，和软件产品对环境、功能规格变化的适应性。

在软件产品质量属性中，可维护性又被分为如下 5 个子属性，见表 4-5。

表 4-5　可维护性子属性

质量子属性	子特性描述
可分析性	软件产品诊断软件中的缺陷、失效原因或识别待修改部分的能力
可修改性	软件产品能够被修改的能力
稳定性	软件产品不会因为修改而造成意外结果的能力
可测试性	软件产品已修改的部分能够被确认修复的能力
可维护性的依从性	软件产品遵循与维护性相关的标准或约定的能力

在这里我们首先对可测试性进行简要的说明。

很多朋友看到可测试性，就会望文生义，认为这个属性的对象是软件测试，和软件开发、和最终用户无关。这样理解是不准确的。

可测试性关注的是软件的修改是否正确、是否符合预期。因此第一个和可测试性有亲密关系的是软件开发，接下来才是软件测试。对最终用户来说，他们可能也会让产品研发提供一些方法或证据来证明某个 bug 确实被正确修复了。因此，可测试性是产品质量重要的组成部分，需要设计。良好的可测试性不仅可以帮助开发、测试快速、准确确认修改结果，也能帮助研发和用户之间建立良好的信任合作关系。

接下来我们将以 Windows 的计算器为例，说明可维护性是如何在产品中体现的。

Windows 的计算器如何体现软件产品质量属性中的可维护性

（1）可维护性——可分析性

对 Windows 的计算器来说，可分析性可以理解为，假如计算器发生了严重的异常（如重启），计算器能够捕捉并记录这些异常信息，并且这些信息对开发人员来说是足够的、有用的，能够用于定位、复现并解决这个问题。

（2）可维护性——可修改性

对 Windows 的计算器来说，可修改性可以理解为，在用户处发现的产品缺陷可以被修复，并可以通过产品升级来修复用户处的产品缺陷。

例如，假设计算器试图添加一个叫作"五险一金的快速计算"的新功能，开发人员能够在原有代码的基础上扩展实现新的功能。

（3）可维护性——稳定性

对 Windows 的计算器来说，稳定性可以理解为，计算器版本更新后，不会因为修改而引入新的问题，产品依然能够稳定工作。

（4）可维护性——可测试性

对 Windows 的计算器来说，可测试性可以理解为，计算器的所有改动都是可以被验证的，能够确认改动是否正确、符合预期。

（5）可维护性——可维护性的依从性

对 Windows 的计算器来说，Windows 在软件出现故障时会弹出"×××遇到问题要关闭"之类的提示，这就是可维护性的依从性的一种体现。

4.1.7　可移植性

软件产品质量属性中的可移植性是指软件产品从一种环境迁移到另外一种环境的能力。这里的环境，可以理解为硬件、软件或组织等不同的环境。

在软件产品质量属性中，可移植性又包含了如下 5 个子属性，见表 4-6。

表 4-6　可移植性子属性

质量子属性	子特性描述
适应性	软件产品无须采用额外的活动或手段就可适应不同指定环境的能力
可安装性	软件产品在指定环境中被安装的能力
共存性	软件产品在公共环境中同与其分享公共资源的其他独立件共存的能力
易替换性	软件产品在同样的环境下，替换另一个相同用途的指定软件产品的能力
可移植性的依从性	软件产品遵循与可移植性相关的标准或约定的能力

接下来我们将以 Windows 的计算器为例，说明可移植性是如何在产品中体现的。

Windows 的计算器如何体现软件产品质量属性中的可移植性

（1）可移植性——适应性

对 Windows 的计算器来说，适应性可以理解为，计算器在不同大小的显示屏中，计算器的布局、大小、清晰度、按键的排列等是否都能正常地显示。

（2）可移植性——可安装性

对 Windows 的计算器来说，可安装性可以理解为，计算器能否被顺利安装到不同的 Windows 操作系统上，并能正常运行。

（3）可移植性——共存性

对 Windows 的计算器来说，共存性可以理解为，计算器和其他软件能够同时在 Windows 中共存，不会存在资源（如 CPU、内存等）争抢方面的问题。

（4）可移植性——易替换性

对 Windows 的计算器来说，易替换性可以理解为，假设产品开发了新的计算器，新的计算器能够成功替换掉老的计算器。（注意，此时不是指通过"产品升级"的方式，而是可能存在"新""旧"两个计算器同时共存的情况。）

（5）可移植性——可移植性的依从性

对 Windows 的计算器来说，可移植性的依从性可以理解为 Windows 产品在可移植性方面的一些约定。例如，计算器并不是针对某款特定的操作系统开发的，需要支持 Windows 所有操作系统。

4.2 测试类型

测试类型指的是测试需要考虑的不同角度。提到测试类型，很多朋友并不陌生，往往还能如数家珍、娓娓道来：功能测试、性能测试、压力测试、兼容性测试、易用性测试、可靠性测试等。

对软件测试架构师来说，经常需要请测试组员按照某种测试类型对被测对象进行分析。但是测试类型有很多，清楚理解这些众多的测试类型的概念并不是一件容易的事情，尤其对软件测试架构师来说，如何才能让测试组员对测试类型的理解保持一致呢？

对上面两个问题，我推荐一个方法：我们可以借助软件产品质量模型（以下简称"质量模型"）来快速定义、理解测试类型。具体方法有以下几个。

我们只需要把质量属性中的"××性"换成"××测试"，并在质量属性的定义前面加上"验证"二字，就把质量属性转变成了测试类型。

例如，易用性的定义是用户在指定条件下使用软件产品时，产品被用户理解、学习、使用和吸引用户的能力；易用性测试就可以定义为验证用户在指定条件下使用软件产品时，产品被用户理解、学习、使用和吸引用户的能力。

由于质量属性是标准的、确定的，只要我们正确理解了质量属性，测试类型顺理成章地也就被正确理解了。

使用这个方法还有个额外的收获，就是我们可以以质量属性为参照标准来避免测试类型的遗漏。例如，在测试设计评审中，我们可以据此来评审测试点或测试用例考虑的测试类型是否全面。

有时候我们将一些典型的业务操作作为测试类型，如配置测试、安装测试等。这样定义的测试类型一般不难理解，但它可能会对应多个质量属性，不过分析这些对应关系也并不复杂。例如，配置测试对应的质量属性是功能性和易用性。

如果说质量属性解决的是要从哪些角度去设计产品才能满足用户需求，那么测试类型解决的就是测试要从哪些角度去分析和测试产品。难怪有人称测试类型为测试的视角，图4-9总结了这些关系。

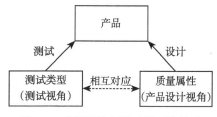

图 4-9　质量属性和测试类型的关系

表4-7总结了一些常见的测试类型，并给出了这些测试类型和质量属性的对应关系，供读者朋友们参考。

表 4-7　常见测试类型及其与质量属性关系表

名称	说明	对应的质量属性
功能测试	验证产品能否满足用户特定功能要求并做出正确响应	功能性
安全性测试	验证产品是否有保护数据的能力，并能在合适的范围内承受恶意攻击	功能性
兼容性测试	验证产品是否能够和其他相关产品顺利对接	功能性
配置测试	验证产品是否能够在推荐配置上流畅运行；验证产品为了完成特定功能的输入是否会出现故障	功能性，易用性
可靠性测试	验证产品在长时间运行下能否满足保证系统的性能水平；在存在异常的情况下系统是否依然可靠	可靠性
易用性测试	验证产品是否易于理解、易于学习和易于操作	易用性
性能测试	测试产品提供某项功能时的时间和资源使用情况	效率
安装测试	测试产品能否被正确安装并运行	可移植性

4.3 测试方法

在上一个章节，我们讨论了测试类型，即测试要从哪些角度去测试产品，确定了测试的思路。接下来我们要讨论的就是怎么做的问题了，即具体的测试方法。本节将重点为大家介绍功能测试、可靠性测试、易用性测试和性能测试的一些通用的测试方法。

4.3.1 产品测试车轮图

正是因为软件产品有很多质量属性，这些都需要软件测试去验证，所以软件测试才会有如此多的测试类型。每一种测试类型又包含了很多测试方法，去验证确认产品的这种质量属性。这就构成了**一个软件测试者要从哪些方面（测试类型）用哪些方法（测试方法）去测试产品（质量属性）的关系图**，由于这个图画出来后看起来像个"车轮"，我们也称它为产品测试车轮图，如图 4-10 所示。

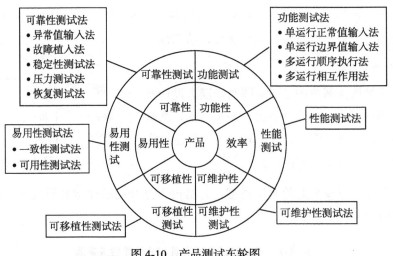

图 4-10　产品测试车轮图

图 4-10 描绘的质量属性的六大类和测试类型之间的关系，并没有深入到各个质量子属性和各个子属性对应的测试类型中去（大家不妨自己动手绘制一下"质量子属性"的车轮图）。图中标注出了本节将要详细讲解的几个测试类型（功能、可靠性、性能和易用性）的测试方法，使大家对本节将要叙述的内容有个整体的概念。

从"车轮图"中能够分析出产品测试的两个关键问题。

一是如何保证测试验证的"全面性"的问题。显然，只要我们使用的测试方法能够覆盖六大质量属性，我们的测试就不会出现大方向性的遗漏。

二是如何确定测试"深度"的问题。一般来说，测试团队使用的测试方法越多，对产品就测试得越深。

这些都会影响测试的效果，影响测试对产品质量的评估。

除此之外，"车轮图"还能帮助我们评估测试团队的能力。软件测试人员能够驾驭的测试方法越多，他的测试能力就越强；相应地，一个测试团队能够驾驭的测试方法越多，这个团队的测试能力就越强。这为我们如何提升团队能力，提供了思路。

需要特别指出的是，测试团队的能力强，能够驾驭很多测试方法，不等于在测试中都要使用这些方法——测试不是越多越好，而是需要根据产品的质量目标、产品的风险分析来确定测试的重点和难点、深度和广度，这就是测试策略。和测试策略相关的问题，我们将在第 6 章和第 7 章中为大家重点叙述。

4.3.2　功能测试方法

功能测试方法，顾名思义，就是对产品功能进行测试的方法。

本节中讨论的功能测试方法，是一些通用的测试方法，和具体业务无关，包括：

❑ 单运行正常值输入法。
❑ 单运行边界值输入法。
❑ 多运行顺序执行法。
❑ 多运行相互作用法。

1. 什么是"运行"？

功能测试方法中都提到了运行，我们该如何理解"运行"这个概念呢？

定义：
❑ 运行：在软件测试中，测试人员模拟的用户的"操作"或"行为"。
❑ 单运行：在软件测试中，测试人员模拟的用户的"一个操作"或"一个行为"。
❑ 多运行：在软件测试中，测试人员模拟的用户的"多个操作"或"多个行为"。

也就是说，"运行"是指从用户的角度来看，有意义的操作或行为。从功能的层面来说，一个"运行"确定了"输入"和"输出"的一种可能的情况，如图 4-11 所示。

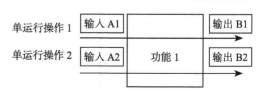

图 4-11　功能层面的运行示意图

其中"输入 A1"和"输入 A2"代表"功能 1"允许输入的参数；"单运行操作 1"的输入是"A1"，输出为"B1"；"单运行操作 2"的输入是"A2"，输出为"B2"。

实际中，"用户写了一封电子邮件""用户发送了一封电子邮件""用户打了一个电话""用户发了一条短消息""用户提交了一个购物订单"等行为，都可以被称为一个"运行"。

有时候，我们会从设计的角度来划分功能，不能为用户提供一个完整的、有意义的行为，例如"用户和邮件服务器建立了一个新的连接""邮件服务器删掉了和用户的连接"，这种细粒度的功能即使确定了输入和输出，都不算作"运行"。这时，可以将多个功能组合起来，直到这个功能能够为用户提供完整的、有意义的行为为止。图 4-12 描绘了在这种情况下，功能和运行的关系。

图 4-12　功能与运行的关系

其中"输入 A1"和"输入 A2"代表"功能 1"允许输入的参数；"输入 C1"和"输入 C2"代表"功能 2"允许输入的参数。"单运行操作 1"的输入是"A1"和"C1"，输出为"B1"；"单运行操作 2"的输入是"A2"和"C2"，输出为"B2"，它们都涉及了"功能 1"和"功能 2"。

将多个"单运行"操作放在一起考虑，得到的结果就是"多运行"操作。图 4-13 就是"多运行"操作示意图。

运行 1 → 运行 2 → 运行 3

图 4-13　"多运行"操作示意图

实际中，"用户在发送电子邮件的时候又收到了一封电子邮件""用户正在打电话的时候收到了一条短消息"都是"多运行"的例子。

理解了"运行"之后，我们就可以开始讨论功能测试方法了。

2. 单运行正常值输入法

对图 4-14 来说，单运行正常值输入法就是测试时输入的"A1"和"A2"是系统允许的"正常值"的测试方法。

例如，对"用户发送电子邮件"来说，"收件人的邮箱名""发件人的邮箱名""邮件标题""邮件内容"和"邮件优先级"都是测试输入。使用"单运行正常值输入法"来进行测试时，我们只需要测试正确"收件人地址""发件人地址""邮件标题""邮件内容"和"邮件优先级"即可。

对一个功能的输入值来说，有时候系统允许输入的正常值的个数是有限的，例如"邮件优先级"的输入就是有限的（优先级分别为"高""中"和"低"）；有时候系统允许输入的正常值的个数又是无限的，例如"收件人的邮箱名"的输入就是无穷尽的。

对输入个数有限的情况，我们需要遍历这些取值；对输入个数无限的情况，我们可以使用"等价类"的思想将输入值分类，然后在每一类中选取一些测试值来进行测试，变无限为有限。

在实际中更常见的情况是，一个"运行"中存在很多输入，这些输入有些个数是有限的，有些个数无限的，而且这些输入之间可能还存在某种逻辑关系。我们将在后续讨论测试设计方法时，在"参数类""数据类"和"组合类"中（4.4.4节）继续和大家一起讨论相关内容。

3. 单运行边界值输入法

对图4-15来说，单运行边界值输入法就是测试时输入的"A1"和"A2"是系统的"边界值"的测试方法。

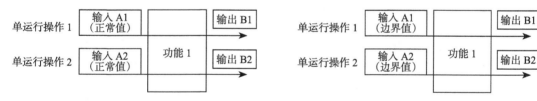

图4-14　单运行正常值输入法　　　　　图4-15　单运行边界值输入法

相信大家对"边界值"的概念不会感到陌生，最经典的例子是，假设某处允许的输入值是一个范围 [1、10]，这时 0、1、10 和 11 就是我们所说的"边界值"。

和"单运行正常值输入法"相比，"单运行边界值输入法"的测试数据包含了"正常输入"（如 1 和 10）和"非法输入"（如 0 和 11）。因此它既能测试到正常处理，又能测试到非正常处理。

以测试"用户发送电子邮件"为例，我们考虑的边界值是：

❑ 收件人的数目为系统支持的最大数。

❑ 收件人的数目为系统支持的最大数 +1。

❑ 收件人的数目为 1 位。

❑ 收件人为空。

❑ 邮件名为系统支持的最大长度。

❑ 邮件名为系统支持的最大长度 +1。

❑ 邮件名为空。

❑ 邮件长度为系统支持的最大长度。

❑ 邮件长度为系统支持的最大长度 +1。

❑ 邮件长度为空。

❑ ……

既然"单运行边界值输入法"也能够测试正常值，是不是"单运行边界值测试法"能够替代"单运行正常值输入法"呢？

对于与此相关的测试设计方法，我们还将在 4.4.4 节中继续和大家一起展开讨论。

4. 多运行顺序执行法

如果大家注意分析一下产品在功能方面的缺陷，就会发现一些问题在单运行的情况下并不会发生，而是在将多个单运行组合起来的时候才会发生。例如，可能会出现用户只打电话，打电话功能正常；只接收短信，接收短信的功能也正常；但是如果正在打电话的时候，接收到了一条短信息，这时打电话（或者接收短信）的功能就会出现问题。所以在进行功能测试的时候，我们还需要测试多运行情况下的功能正确性。

按照多个单运行的组合方式的不同，多运行下的测试方法又可以分为多运行顺序执行法和多运行相互作用法。我们先来说明多运行顺序执行法是怎样工作的。

多运行顺序执行法是指在功能测试时按照一定的顺序来进行多个运行操作的测试方法，如图 4-16 所示。

图 4-16　多运行顺序执行法

使用多运行顺序执行法进行测试时，分析各个运行之间的顺序性，是使用该方法的关键。

例如，我们要测试"用户收到一封电子邮件"和"用户发送一封电子邮件"这两个功能。这两个功能同时也是两个运行。

我们首先将这两个运行按照顺序组合起来，有下面几种情况：

（1）用户先收到一封电子邮件后，再发送一封电子邮件。

（2）用户先发送一封电子邮件后，再收到一封电子邮件。

然后我们需要分别分析一下，两种运行的组合是否具有一定的顺序性。容易分析出，第（2）种情况中，两个运行之间并没有这种顺序性。

我们再把注意力集中到第（1）种情况下，深入分析一下就能发现第（1）种情况又包含了两种情况（我们分别用①和②来编号）：

①用户收到一封电子邮件后，再接着发送这封收到的电子邮件。

②用户收到一封电子邮件后，再发送一封任意电子邮件。

显然，在第②种情况下两个运行之间也是没有顺序性的；而在第①种情况下两个运行之间是有一定的顺序性的——我们必须按照先收邮件再发送邮件的顺序来进行这个操作，这个操作才是有意义的。因此，第①种情况就是我们通过使用多运行顺序执行法分析得到的测试点。

多运行顺序执行法在和用户的操作习惯相关的地方使用非常有效。

例如，用户登录、用户选择商品、用户提交订单这几个运行，有的用户的操作习惯是先登录，再选择商品；有的用户的操作习惯可能是先选择商品然后再登录。这就需要我们先分析这些操作可能的先后顺序再来进行测试。如图 4-17 所示。

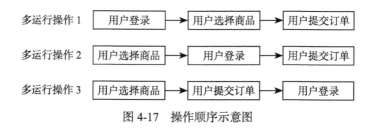

图 4-17　操作顺序示意图

此外，多运行顺序执行法也比较适合使用在功能的配置测试上。

例如在防火墙产品的测试中，完成一个"数据包过滤功能"的配置。最常见的配置思路是，依次配置接口、配置安全区域、将接口加入到安全区域中、在安全区域之间配置包过滤，如图 4-18 所示。

图 4-18　配置数据包过滤功能

也许我们对防火墙产品的业务并不熟悉，但是从这个配置顺序中，我们还是容易看出这些配置之间存在一些顺序性。

（1）只有配置了"接口"和"安全区域"后，才能将"接口加入到安全区域"中。

（2）只有将"接口加入到安全区域中"了，才能在"安全区域之间配置包过滤"。

于是得到了如图 4-19 所示的测试点。

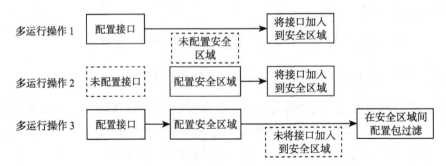

图 4-19　得到的测试点

在多运行操作 1 和多运行操作 2 中未写出"在安全区域间配置包过滤"这个操作，是因为配置执行到"将接口加入到安全区域"中时就失败了，没有再写下面这个步骤的必要了。

我们还可以对上面配置测试略微扩展。以"将接口加入到安全区域"这个操作为例，容易想到，既然这个操作是建立在"配置接口"和"配置安全区域"之上的，那么我们在"将接口加入到安全区域"之后，就不能删除"接口"的配置和"安全区域"的配置。这样又扩展出了如图 4-20 所示的几个测试点。

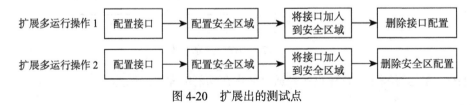

图 4-20　扩展出的测试点

我们还可以继续扩展，考虑"修改接口配置""修改安全区配置"对"将接口加入到安全区域"的影响。

大家不妨按照上述的思路，试着扩展一下"在安全区域之间配置包过滤策略"这个操作需要考虑的测试点。

5. 多运行相互作用法

多运行相互作用法是指在功能测试时把多个存在相互关系的运行组合在一起进行测试的方法，如图 4-21 所示。

还是以测试"用户收到一封电子邮件"和"用户发送一封电子邮件"这两个功能为例，来说明多运行相互作用法的使用方法。

运行 1

运行 2

运行 3

图 4-21　多运行相互作用法

和多运行顺序执行法强调多个运行之间的顺序性不同，多运行相互作用法强调的是多个运行之间的关系性，这个关系可以是外在关系，如某个业务的顺利进行需要多个运行之间相互协作；也可以是内在关系，如这些运行会用相同的资源（如内存或其他硬件资源）。

接下来我们来分析一下"用户收到一封电子邮件"和"用户发送一封电子邮件"这两个运行之间是否存在一定的关系性呢？容易想到，是存在这样的场景的，例如：

用户正在发送电子邮件的时候，又接收到一封电子邮件，即用户同时在进行收发电子邮件的操作。

我们前面提到的"正在打电话的时候，又接收到了一条短消息"，也是多运行相互作用法的例子。

需要特别指出的是，不知道大家有没有注意到，我们这里的操作，都是"针对一个用户"的操作场景，而不是"两个不同的用户同时发送邮件"或是"一个用户发送邮件，一个用户接收邮件"这样的场景。事实上，前者属于功能测试的范畴，而后者属于可靠性测试的范畴，我们接下来就会详细讨论与可靠性测试相关的方法。

4.3.3 可靠性测试方法

可靠性测试测试的是产品在各种条件下维持规定的性能级别的能力。需要特别指出的是，可靠性测试能够顺利进行，是有一定的前提的——基本功能要先正确才行。这就为我们在测试策略中要如何安排这些测试方法的顺序提出了要求，我们将在6.6.3节中进一步讨论这些内容。

本节中讨论的可靠性测试方法，也是一些通用的测试方法，和具体业务无关，包括：

❑ 异常值输入法。
❑ 故障植入法。
❑ 稳定性测试法。
❑ 压力测试法。
❑ 恢复测试法。
接下来我们就来分别进行讨论。

1. 异常值输入法
异常值输入法是一种使用系统不允许用户输入的数值（即异常值）作为测试输入的可靠

性测试方法。

例如，对用户发送电子邮件来说，收件人地址在正确的情况下会使用 @ 来作为邮箱地址和用户名的分割符，如 wangxiaoming@123.com。使用异常值输入法，我们可以使用 "#" 或 "%" 等非 @ 符号来作为分割符，如 wangxiaoming#123.com。

前面提到的单运行边界值输入法中边界值的非法输入值（如 [1，10] 中，输入值为 0、11），也可以归入异常值输入法中，本书将这种测试方法归入功能测试法中。

有时一个功能会要求输入一组数值或者多个参数，对这个功能进行不完整的输入测试，也属于异常值输入法。

例如，一个功能包括 IP 地址、掩码、模式选择和是否启用 4 个参数（图 4-22），其中 IP 地址由 4 个 0 ～ 255 的数字组成的。

我们从以下两个方面来考虑：

❑ 对输入为一组数值的情况，不按照要求输入所有的数字。例如，输入 IP 地址时只输入 3 个数字，如图 4-23 所示。

❑ 对输入为多个参数的情况，不输入必选的参数。例如，上例中我们不选择 "模式选择"，如图 4-24 所示。

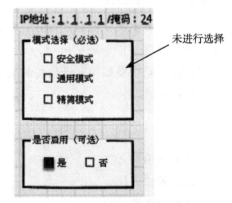

图 4-22　功能的 4 个参数　　　图 4-23　输入 3 个数字　　　图 4-24　不选择 "模式选择"

异常值输入法可以测试到系统的容错性，能够测试到系统处理各种错误输入的能力，是最基本的可靠性测试方法。

2. 故障植入法
故障植入法是把系统放在有问题的环境中进行测试的一种可靠性测试法，主要能够测试到的质量属性是容错性和成熟性。

和异常值输入法不同，异常值输入法是直接输入一个系统认为是错误的、不支持的值；而故障植入法是把系统放在有问题的环境中，但是输入依然是正常值。

我们可以从以下几个方面来分析，进行故障植入。

（1）用户的业务环境中，会有哪些故障、错误或问题？列出这些场景，把系统放到这些场景中，运行正常的业务，分析此时系统的反应是否合理。

还是以"用户发送电子邮件"为例。网络故障对用户来说是一个常见的故障，如断网、网络时断时续、存在丢包。

在断网的情况下，用户发送邮件会发送失败，系统应该有发送失败的提示，并在网络恢复的情况下能够自动重新发送邮件。

在网络时断时续、存在丢包的情况下，如果丢包不严重（比如＜15%），系统能够通过"重传"的方式保证邮件发送成功；如果丢包严重（比如＞15%），用户发送邮件会失败，系统应该有发送失败的提示，并在网络恢复的情况下能够自动重新发送邮件。

（2）如果系统被部署在用户的硬件环境中，考虑系统所需要的硬件资源，如CPU、内存、存储空间等，在出现不足的情况下，系统的反应是否合理。

（3）如果系统被安装在用户的系统中，考虑系统在软件冲突、驱动不正确等情况下，系统的反应是否合理。

（4）如果系统是一个独立的设备，考虑它的关键器件（如机框、单板、插卡、硬盘、芯片等）出现问题时，系统的反应是否合理。

3. 稳定性测试法

稳定性测试法是在一段时间里，长时间大容量运行某种业务的一种可靠性测试法，它能够非常有效地测试到系统的"成熟性"，是非常重要的一种可靠性测试法。

需要特别指出的是，稳定性测试法、压力测试法和性能测试法是存在一定关系的，这个关系纽带就是产品规格。

定义：

产品规格：产品承诺的能够处理的最大容量或能力。

例如，系统最多支持 100 个用户并发登录、系统最多支持建立 100 条安全策略都是产品规格。

性能测试的目的就是测试产品真实规格是否和说明书中承诺的需求规格一致。显然，最后我们实测出来的性能值，就是系统真正能够处理的最大容量或者能力。

稳定性测试是在低于性能值的前提下测试的。事实上，用户在使用系统时，也不会时时刻刻让系统在极限的状态运行，在测试时，我们可以控制测试中的负载量，使其和用户的实际使用情况尽量接近，使得测试能够更为准确，更有价值。

压力测试是在高于性能值的前提下进行测试的。虽然测试时负载超过了系统能够处理的最大能力，但并不等于在这种情况下系统的功能都会失效，我们需要根据实际情况来分析系统的表现是否合理。例如，系统最多支持 100 个用户并发登录，但此时有 110 个用户同时发起了登录的操作，那么系统应该保证这 110 个用户中有 100 个用户能够正常登录，有 10 个用户不能登录才合理，而不是所有用户都不能登录。

现在让我们再回到本节的主题——稳定性测试上（性能测试法、压力测试法将在后文中陆续为大家介绍）。从方法的角度来说，稳定性测试法是所有测试方法中最为有趣的，可以总结为一个"四字诀"——多、并、复、异。

第一诀："多"。

"多字诀"的要义是，在测试中通过增加用户对功能的操作数量，来测试系统的稳定性。

还是以"用户发送电子邮件"为例。使用"多字诀"，我们可以测试用户发送 500 封邮件或发送 1000 封邮件下的稳定性。

第二诀："并"。

"并字诀"的要义是，在测试中让多个用户同时来操作这个功能，由此来测试系统是否依然稳定。有时我们也称这个测试为并发测试。

以"用户发送电子邮件"为例，在"并字诀"下，我们可以测试 500 个用户同时向服务器发送电子邮件（假设系统支持的最大并发用户数低于 500）时的稳定性。

第三诀："复"。

"复字诀"的要义是，在测试中让一个或多个用户，反复进行新建、刷新、删除、同步、备份之类的操作，以此来测试系统是否稳定。使用"复字诀"能够快速有效地发现系统在资源申请、释放上是否存在问题，是非常重要的稳定性测试方法。

以"用户发送电子邮件"为例，使用"复字诀"，我们可以在一段时间内（如1天、1周）反复进行500个用户登录邮箱、编写邮件、发送邮件、退出邮箱操作的测试，观察系统是否依然正常稳定。

第四诀："异"。

"异字诀"的要义是，在测试中让一个或者多个用户，反复进行异常操作，验证系统是否能够持续做出合理的反应。

与异常输入法和故障植入法相比，"异字诀"强调的是"持续"和"累积"。事实上，使用"异字诀"来测试往往还比较有效，这是因为，开发在编码的时候，容易考虑正确情况下资源的申请和回收，忽视异常情况下资源的回收。

还是以"用户发送电子邮件"为例，我们可以测试用户持续（如1天、1周）发送收件邮件地址是非法输入值的邮件、用户长时间（如1天、1周）处于网络故障的情况下持续发送邮件等情况。

实际测试时，我们还可以组合使用"多、并、复、异"这四种稳定性测试法，让测试更为灵活、更为有效。

4. 压力测试法

压力测试法是在一段时间内持续使用超过系统规格的负载进行测试的一种可靠性测试方法。

尽管产品已经声明了规格，只承诺在规格范围内才能提供稳定可靠的功能，不承诺在超过系统规格的情况下还能提供正确的功能，但压力测试仍然是有意义的。一个重要的原因是，业务的突发现象——用户的业务负载并不是平均的，可能在极短的时间里，出现超过负载的情况，但是平均下来，却没有超过规格，如图4-25所示。

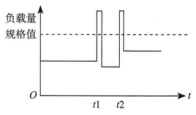

图4-25　业务的突发现象

我们希望系统在突发的情况下不会像纸牌屋那样脆弱，而是有切实的应对措施，如不处理超过系统规格的负载、记录日志供用户分析突发原因等。不会因为突发情况导致死机、反复重启等致命问题，这才是我们进行压力测试的真正目的。

为了达到这个测试目标，我们在进行压力测试时，需要使用突发形态的负载模型，如

图 4-26 所示，而不是如图 4-27 所示的持续超过规格的负载量。

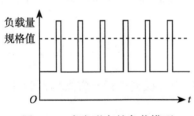

图 4-26　突发形态的负载模型

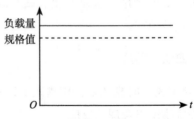

图 4-27　持续超过规格的负载量

需要特别指出的是，在使用突发形态的负载进行压力测试时，我们希望系统的运行状况是正常的，能够保证规格值之内的业务都能被正确处理。而使用持续超过规格的负载进行测试时，系统可能无法保证所有在规格值之内的业务都能被正确处理，甚至还有可能被"打死"。但是此时即便系统真被"打死"，也不能说明这就是产品的缺陷——只要我们测试负载超出规格足够多，系统就一定会被"打死"，因此我并不建议用持续超过系统规格负载这样的测试方法来挖掘产品的问题。但是对测试来说，使用持续超过规格的负载模型测试也并不是完全没有意义，它是我们另外一种可靠性测试法——恢复测试法的组成部分，我们将在下一节为大家详细叙述。

最后我们还是以"用户发送电子邮件"为例，来讲解如何使用压力测试法进行测试。

假设系统最多能够支持 1000 个用户同时发送电子邮件，参考突发形态的负载模型，我们可以设置如图 4-28 所示的负载来进行压力测试（图中的数值仅为举例）。

即以每 5 分钟为一个周期，在一个周期里，前 4 分钟为 400 个用户同时发送电子邮件，后 1 分钟为 1100 个用户同时发送电子邮件，持续测试 1 天（图中只画出了前 30 分钟的负载示意）。

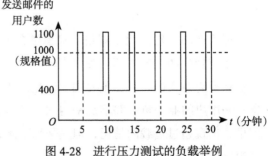

图 4-28　进行压力测试的负载举例

5. 恢复测试法

恢复测试法是指使用持续超过规格的负载进行了测试后，再将负载降到规格以内的测试方法，如图 4-29 所示。

恢复测试法还有个"加强版"，即周期性地执行上面的负载，如图 4-30 所示。

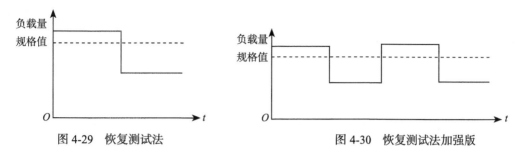

图 4-29 恢复测试法   图 4-30 恢复测试法加强版

无论是普通版，还是加强版，我们在使用恢复测试法进行测试时，预期结果均为：

❑ 持续进行超过规格的负载测试时，允许规格内的业务不是 100% 正确。如果产品在可靠性方面的要求不高，甚至允许系统出现死机、重启等情况。

❑ 当负载降到规格值之内后，业务必须能够恢复到 100% 的正确。换句话说，产品在负载高的情况下出现的死机、重启等问题，在负载降低后能够"自愈"。

可见，恢复测试法能够对系统的可恢复性进行测试。

为了加深大家对压力测试法和恢复测试法的理解，我们不妨来对比一下两个模型在不同负载下对"业务"结果的期望，如图 4-31 所示。

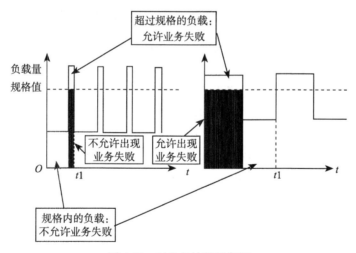

图 4-31 对业务结果的期望

可见，两个测试方法最大的差别，在于图中"黑色"的部分。在使用突发负载模式进行压力测试时，图中的黑色部分是不允许出现业务失败的，而使用持续负载模式进行恢复测试时，黑色部分允许出现业务失败。

最后我们还是以"用户发送电子邮件"为例，来讲解如何使用恢复测试法进行测试。

假设系统最多能够支持 1000 个用户同时发送电子邮件，我们可以设置如图 4-32 所示的负载来进行恢复测试（图中的数值仅为举例）。

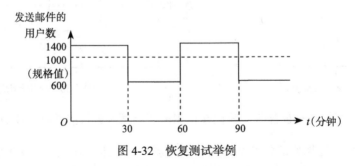

图 4-32 恢复测试举例

即以每 60 分钟为一个周期，在一个周期里，前 30 分钟为 1400 个用户同时发送电子邮件，后 30 分钟为 600 个用户同时发送电子邮件，持续测试 1 天（图中只画出了前 90 分钟的负载示意）。

4.3.4 性能测试方法

前面我们已经讲到，性能测试的目的是测试产品真实规格是否和说明书中承诺的需求规格一致，我们实测出来的性能值，就是系统真正能够处理的最大容量或者能力。

一般来说，产品的需求规格会给出性能期望值，测试者只需要确认产品能否达到规格即可。从这个角度来说，需求规格中对性能部分的定义和要求，会直接影响性能测试的范围，影响性能测试的深度和广度：假如需求规格中对产品性能规格定义得很简单、很粗糙，是不是只简单粗糙地测试一下就够了呢？答案是否定的。在性能测试中，我们除了确认性能规格是否满足外，还希望能够发现产品的性能"瓶颈"，并评估产品在用户使用环境中的性能表现。测试流程如图 4-33 所示。

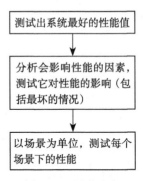

图 4-33 测试流程

1. 测试出系统最好的性能值

在进行性能测试时，我们可以先试着测试出系统最好的性能值。我们可以以性能规格中要求的性能值作为测试的项目，测试出这些指标在系统中的极限。

不同产品的性能规格可能会千差万别，但总的来说，却可以分为以下两类。

1）系统能够正确处理新业务的最大能力

系统能够正确处理新业务的最大能力，我们也称为"新建"。例如，系统每秒能够允许多少新用户上线登录、系统每秒能够主动发起多少新的连接等。

针对系统的新建能力进行性能测试，测试的是系统为一个新业务从分配资源到完成处理流程的速度。业务处理流程和资源的总量都会影响系统的新建能力。需要注意的是，系统不能只"建"不"拆"：已经完成或异常的业务需要被及时拆除，占用的资源要能够被回收，用于新的业务。

系统拆除业务的速度应该高于新建业务的速度，至少要能够持平。如果系统拆除业务的速度过慢，久而久之，能够用于新建业务的资源就会减少，系统新建业务的能力就会下降，达不到规格的要求。所以对"新建"而言，"拆除"也是重要的测试项目之一。

2）系统能够同时正确处理的最大业务能力

系统能够同时正确处理的最大业务能力，我们也称为"并发"。例如，系统能够支持的最大用户同时在线数、系统能够同时发起的最大连接数等。

和用户体验相关的一些指标，如响应时间，可以作为"新建"和"并发"测试时的检查点。

需要特别指出的是，"新建"和"并发"之间是存在关系的。图 4-34 中，左边是一个"新建"的测试情况，右边是一个"并发"的测试情况。

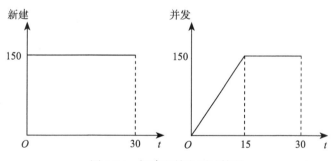

图 4-34 新建和并发测试情况

左边这幅图，表示系统在 30 秒内，每秒新建的数目都是 150。假设系统在 30 秒的时间内，只建立了业务，而没有拆除业务，那么系统在 30 秒时，并发的数目就是 $150 \times 30 = 4500$。

假如此时系统能够提供的最大并发能力是 4000，按照这样的负载，测试到第 27 秒时，系统就会因为并发能力达到极限，而出现新建失败。这时如果我们认为系统的新建能力不能达到 150 是不正确的。我们可以调整负载，让负载建立后保持一小会儿就拆除，而不是一直不拆，就能够让新建稳定维持在150。

右边这幅图，表示系统在前15秒内达到的并发值为150，那么每秒的新建为150/15=10。在后面15秒到30秒中，并发保持在150，如果系统此时没有拆除业务，新建就为0。

假设此时系统能够提供的最大的新建能力只有5，业务负载就会失败，但这并不等于系统的并发能力达不到150。我们只需把前面15秒增加为30秒，就能达到并发150的水平了。

因此，我们在测试系统最好的性能值时，需要注意测试指标之间的内在关系，在测试一个指标的时候，别的指标不能对这个指标造成影响。

2. 分析会影响性能值的各种因素，测试它们对性能的影响

"配置"和"业务"都会对性能指标产生影响。试想一下，配置了1条用户策略和配置了1000条用户策略的性能应该是不同的；系统接收1字节大小的邮件和接收10M大小的邮件测试出来的性能值也是不同的。在这个步骤中，我们要分析出系统中的哪些因素对性能有影响（性能下降），然后进行测试，分析性能下降是否符合预期，最坏的情况是否还算合理。

以"用户发送邮件"为例，我们要测试的性能指标是邮件系统每秒能够接收并正确处理的最大邮件数，结果为每秒3000封。

接下来我们分析哪些因素会影响这个指标。假设分析结果是接收的邮件大小和配置的邮件过滤策略都会影响这个指标。

然后我们就分别测试接收的邮件大小和配置的邮件过滤策略会如何影响邮件系统每秒能够接收并正确处理的最大邮件数。

对"接收的邮件大小"这个因素，假设系统支持的能够接收的邮件大小范围为1bit～10MB，我们可以在这个范围中选择一些"样本点"，如1bit、1KB、1MB、10MB，然后分别测试当系统收到这些大小的邮件时，能够正确处理的最大邮件数，见表4-8（数据仅为举例）。

表4-8　在样本点能够正确处理的最大邮件数

邮件大小	1bit	1KB	1MB	10MB
邮件系统每秒能够接收并正确处理的最大邮件数	3000	2000	1000	500

对"配置的邮件过滤"这个因素，假设系统支持的可以配置的邮件过滤的条目为1～

1000，我们如法炮制，分别测试在 1、200、400、600、800、1000 条过滤配置情况下，系统能够正确处理的最大邮件数，见表 4-9（数据仅为举例）。

表 4-9 在不同过滤策略下能够正确处理的最大邮件数

邮件过滤条目	1 条过滤策略	200 条过滤策略	400 条过滤策略	600 条过滤策略	800 条过滤策略	1000 条过滤策略
邮件系统每秒能够接收并正确处理的最大邮件数	3000	2900	2800	2700	2600	2500

通过测试这些性能值，我们很容易得到：

❑ 哪些因素对系统性能的影响大，哪些因素对系统性能的影响不大。例如，上述例子中，"接收的邮件大小"这个因素，就比"配置的邮件过滤策略"对性能的影响大。然后我们可以进一步分析测试结论是否合理。

❑ 各个因素对性能的影响趋势。虽然我们测试的样本是有限的，但我们可以通过数学中的"曲线拟合"技术，得到因素的影响曲线，我们可以通过曲线来分析这个下降趋势是否合理。反过来，我们也可以根据拟合的精度，来确定需要测试的样本数。

❑ 在各个因素下，性能的最坏值。分析这个最坏值是否合理，是否会成为系统的性能"瓶颈"。

很多时候，影响一个性能指标的因素并不是单一的，而可能会有多个。例如上例就有两个因素。在实际测试中，我们是不是需要测试完这些因素所有的组合情况呢？显然，要达到这样的目标是不现实的。我的建议是，在这个步骤中仅测试单个因素对性能的影响即可，多个因素对性能的影响可以放在典型场景中，选择典型的配置和业务来进行性能测试，接下来我就会给大家介绍这种性能测试。

事实上，在测试出单个因素对性能的影响后，我们也可以通过数学方法，建立出多个因素的性能测试模型。通过模型，我们可以发现一些性能"瓶颈"或问题，然后再针对模型中分析的问题，进行实测确认，这种方式能够显著提高性能测试的效率和质量，大家感兴趣的话不妨试试。

3. 以场景为单位来测试性能

最后我们以"场景"为单位，来测试这个场景中的典型配置、典型业务下的性能值。

以"用户发送邮件"为例，假设在这个场景下，典型的配置为"200 条过滤策略"，邮件大小为 1KB、10KB、2MB 以 1∶2∶1 混合，性能测试项目为：

在 200 条过滤策略，1KB、10KB 和 2MB 的邮件大小以 1∶2∶1 混合的情况下，邮件系统每秒能够接收并正确处理的最大邮件数。

以场景为单位来进行性能测试，能够很好地评估产品在用户使用环境中的性能表现，对用户更有实际意义。

4.3.5 易用性测试法

易用性测试法测试的是用户在理解、使用产品时产品的能力。

在产品日益重视易用性的今天，易用性测试的现状却不容乐观。

很多人都认为易用性测试并不是有严格标准的测试，而是带有很强的主观性。这使得开发和测试在问题确认上常会出现分歧。

很多人会认为易用性测试发现的问题对产品质量来说是"锦上添花"，和开发新功能、修改其他的 bug 相比优先级被放得很低，得不到应有的重视。

可见，对于易用性测试来说，确定一些客观的测试验收标准，保证必要投入（包括易用性测试的投入、易用性问题修改的投入）是非常必要的。第一点属于"测试方法"，我们将在接下来的章节中为大家叙述；第二点属于"策略"的范畴，将在后续继续讨论。

本节将为大家介绍两种易用性测试方法：一致性测试法和可用性测试法。

1. 一致性测试法

一致性测试法的测试对象是用户界面（user interface，UI），如 Web 页面、命令行等用户和产品直接进行交互的地方。

一致性测试法在测试中关注的是产品的用户界面：

❑ 风格、布局、元素上是否一致、统一。
❑ 布局的合理性、操作的合理性、提示等是否符合 UI 设计规范。

一致性测试法能够测试到产品在易理解和易用性依从性方面的能力，但它并不关心产品功能是否正确，所以可以直接对产品的 UI 设计原型进行测试，而无须等待功能全面集成后再进行。

一致性测试法是一种"确认"性质的测试，目的是"证实"，具体方法是：

❑ 进入一个用户页面，确认这个页面是否和产品整体的风格相符。如页面的色彩、文字大小、字体等。
❑ 确认页面的"图标"是否来自产品的"图标库"，风格是否统一。

- ❑ 确认页面的"元素"是否符合产品的 UI 设计规范，是否统一。例如，规范中要求多选输入使用"□"，单选输入使用"○"。如果发现产品在多选中使用了"○"，就属于不符合产品的 UI 设计规范。
- ❑ 确认"页面布局"是否符合设计规范。例如，规范中要求分级组织时不能超过 3 级，如果发现产品在分级组织时超过了 3 级，就属于不符合设计规范。
- ❑ 确认页面在"操作合理性"上是否符合设计规范。例如，规范中要求查询时，如果结果多于 20 条，提供分页显示功能，我们就需要确认产品在查询结果超过 20 条时，是否是"分页显示"的。
- ❑ 确认页面在"提示"方面，如确认输入、错误提示等，在大小、格式、图标上是否符合规范。例如，规范要求确认类的提示框会新建一个窗口，窗口大小为 30 × 90，内容以一个"感叹号"图标开头，然后紧跟文字，测试时我们就需要确认产品的这类提示框是否符合这个规范要求。
- ❑ 重复上述步骤，遍历所有的页面。

实际操作时，设计规范可能很多，测试人员很难一下熟悉所有的规范。这时，比较有效的方式是"抽测"其中的一部分。抽测的范围可以是随机，也可以根据缺陷分析来确定。测试时可以对需要测试的设计规范制定简明的 checklist（清查表），让测试人员可以基于对设计规范的理解来进行测试，而不是机械地进行比对。如果抽测发现的问题很多，最好的办法不是加大测试量，而是反馈给 UI 的设计者和实现者，请他们进行改进。

2. 可用性测试法

可用性测试法的测试对象也是用户界面，但在可用性测试中，我们关注的是产品提供的功能，对用户来说是否易于学习理解、易于使用，所以可用性测试需要和功能测试结合起来，以场景作为测试粒度，以用户的视角进行测试。

谁比较适合进行可用性测试？

我认为，适合进行可用性测试的人选，排序是专职验收测试者 = 需求工程师 > 售前 / 售后工程师 > 功能测试人员。即可用性测试最佳的人选是又懂用户又懂测试的人，如果能力不能兼具，懂用户、会使用的人更适合。不过在实际项目中，我们往往没有选择，进行可用性测试的人往往还是功能测试人员。由本功能的功能测试人员来进行可用性测试，最大的问题就是操作上的"审美疲劳"——一个设计得再不合理的 UI，作为它的功能测试者，早就"被习惯"了。所以更好的方式是在测试团队中作"交叉测试"，即你测我的、我测你的。最不合适的测试者是"新员工"，因为相对来说，他们可能既不熟悉当前的用户，又不熟悉测试。

接下来我们以功能测试人员的交叉测试这种方式为例，来叙述可用性测试的操作方法。

第一步，由本功能的测试责任人，设计可用性测试场景。参考产品的典型场景是一条快速有效的途径。

第二步，根据场景，由本功能的测试责任人来负责确定可用性测试关注点和标准。有些标准可能会在需求规格中写出了，有些标准可能需要根据场景来确定。无论标准的来源是什么，都需要在开发、测试和需求工程师中达成共识。表 4-10 是一个示例：

表 4-10 可用性测试的关注点和标准

序号	关注点	标准
1	测试者完成这个场景所有的配置，并确认成功需要花费的时间	＜30 分钟
2	测试者完成这个场景，一共配置了多少个步骤	不能超过 10 个步骤
3	测试者完成这个场景，一共跳转了多少个配置页面，或者视图	不能超过 5 个页面（或 10 个视图）
4	测试者完成这个场景，一共求助了几次？能否很容易地通过产品提供的资料解决问题	求助不超过 5 次 产品提供的资料能够解决用户针对这个场景配置的所有问题

需要特别说明的是，上述包含了用户正确的操作和错误的操作。例如，用户在配置这个场景时，有 5 个步骤是错误的、无效的步骤，有 6 个步骤是正确的、有效的步骤，这时用户完成这个场景的总步骤就是 11 个步骤，而不是 6 个步骤。

第三步，由非本功能的测试责任人（也就是交叉测试者）来执行这个测试环境，并按照表 4-10 中的内容记录实际的测试情况，包括测试中求助的问题。

第四步，本功能测试责任人和交叉测试者一起对测试结果进行分析，确认是否存在可用性方面的问题。确认时，我们可以对比友商产品（尤其是在易用性方面设计比较佳的友商）在相同场景下的表现，作为评判参考和改进意见。例如，可以参考 ××（友商）的设计，通过 ××× 的组织方式，减少 ×× 功能的配置步骤，需要去掉功能配置中的两处无效操作。无疑，这样做，能够让我们提交的缺陷报告更具有说服力和参考价值，利于开发接受并修改问题。测试者在测试中求助的问题，也可以作为产品资料的输入参考。

4.4 测试设计技术

前面我们已经讨论了测试类型和测试方法。我们按照"车轮图"逐一对被测对象进行分析，就能知道我们需要从哪些方面来进行测试，得到测试点。

在上一节中，我们曾使用"车轮图"分析了"用户发送电子邮件"的测试点，我们把它们汇总到一个表4-11里。

表 4-11 "用户发送电子邮件"的测试点

测试点	测试点描述
1	用户使用正常的输入数据来发送电子邮件
2	用户使用边界值来发送电子邮件
3	用户收到一封电子邮件后，再接着发送这封收到的电子邮件
4	用户正在发送电子邮件的过程中，同时又接收到了电子邮件
5	用户使用异常的输入数据来发送电子邮件
6	在存在网络故障的情况下发送电子邮件
7	一个用户持续发送 1000 封电子邮件
8	500 个用户同时发送电子邮件（稳定性测试）
9	500 个用户反复进行登录邮箱、编写邮件、发送邮件、退出邮箱操作的测试
10	用户持续（如 1 天、1 周）发送收件邮件地址是非法输入值的邮件
11	用户在长时间（如 1 天、1 周）处于网络故障的情况下，持续发送邮件
12	1000 个用户发送电子邮件（性能规格测试）
13	以每 5 分钟为一个周期，在一个周期里，前 4 分钟为 400 个用户同时发送电子邮件，后 1 分钟为 1100 个用户同时发送电子邮件，持续测试 1 天
14	以每 60 分钟为一个周期，在一个周期里，前 30 分钟为 1400 个用户同时发送电子邮件，后 30 分钟为 600 个用户同时发送电子邮件，持续测试 1 天

在软件测试中还有个"测试用例"的概念。测试用例是一份测试说明书，说明产品在某种输入条件下，应该输出怎样的预期。很多时候，我们会认为表4-11就是"用户发送电子邮件"的测试用例，会直接拿着这张表来进行测试。

应该这样吗？

测试点等于测试用例？

4.4.1 测试点不等于测试用例

测试点和测试用例是不同的，这是我们首先需要认识到的。

如果我们拿测试点来进行测试，会发现很多让我们不爽、困惑的问题：

问题 1：这些测试点在内容上有重复，存在冗余。

例如，测试点 1、测试点 4 都会测试到"正确发送邮件"。

问题 2：一些测试点的测试输入不明确，不知道测试时要测试哪些。

例如，测试测试点 1 时，我们并不知道我们要测试哪些"正常的输入数据"。存在类似问题的还有测试点 5。

有的朋友会说，我们只要加个备注，把测试点 1 中的"正常的输入数据"补充出来不就好了吗？对本例来说，这不失为一个好方法。但是对一些输入数据较多，并且这些数据之间又存在一些约束关系，要组合、要配对的时候，靠"加备注"的方式就不好用了。

如果我们在测试执行的时候，还要考虑需要测试哪些输入、要怎么去组合，就非常容易"遗漏"或"冗余"。

问题 3：总是在搭相似的环境，做类似的操作。

有些测试点之间存在一定的执行顺序，需要把这些测试点放在一起测试。例如，先执行测试点 6，再紧接着执行测试点 11，可以最大限度地利用之前的测试环境和测试结果。

如果我们在测试时没有注意到这点，执行完测试点 6 接着执行测试点 7……到执行测试点 11 时，我们发现还要搭一次和测试点 6 一样的环境，做一些一样的操作。如果这种情况很多，就会严重影响测试效率。

问题 4：测试点描述得太粗，不知道是不是测对了。

有些测试点写得很粗，我们不知道测试目标是什么，或是该关注哪些地方。例如，测试点 4，我们不知道将"用户发送电子邮件"和"用户接收的电子邮件"这两个操作放在一起，它们的"交互点"在哪里？我们需要发送特殊的电子邮件，还是随便发送一封就可以了？这使得测试人员可能会漏掉一些关键内容，测不到点子上。

这些问题，透露出测试处于一种既冗余又不足的尴尬中。究其根源，就在于我们有意或无意地将测试点和测试用例画上了等号。

测试点并不等于测试用例。

测试点是测试者在测试时需要关注的地方。虽然我们在分析测试点时，会使用各种测试方法，但这些方法在思路和操作上都是不同的，一些方法得到的测试点要细一些、具体一些，一些方法得到的测试点粗一些、泛一些是非常正常的。另外，谁也不能保证这些测试点之间不会重复或是相互包含。如果我们的测试就是按照这样一份粗细不一、深浅不明、关系不清的说明书来进行的，又怎么不会陷入既冗余又不足的困境中呢？

而测试用例是在测试点"加工"的基础上得到的。首先把测试点"去重"（去掉重复的内容）、"合并"（把太细的测试点合并起来）、"细化"（把太泛的测试点说清楚、说具体），然后再确定各个测试点的测试条件、测试数据和输出结果。如果说测试点还只是一些散乱的测试思路的集合，那么测试用例就是一份真正能够指导测试的测试说明书。接下来我们就为大家详细介绍测试设计的方法。

4.4.2　四步测试设计法

把测试点加工为测试用例，就叫测试设计，在这个过程中使用的方法就叫测试设计方法。路径分析法、判定表、正交分析法、等价类、边界值等都是常见的测试设计方法。

在测试分析中，我们对被测对象按照测试方法进行思考，就能得到测试点，所以测试分析是一个"发现性"的过程，如图 4-35 所示，而测试设计不同。

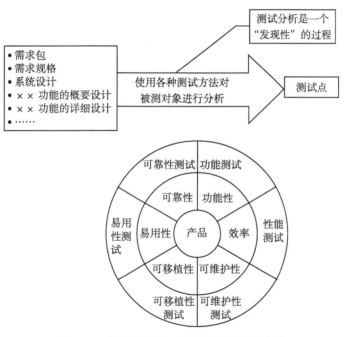

图 4-35　测试分析是一个"发现性"的过程

大家可以做这样一个试验，让两个测试者根据"车轮图"来分析同一个测试对象，他们得到的测试点差异并不会太大，但是最后生成的测试用例却会千差万别。这是因为，从测试点到测试设计，我们会加工测试点，对它们进行组合、拆分，选择测试数据，等等，这是个"创造性"的过程，100 个测试者，就会有 100 个不同的思路，最后得到的测试用例当然就千差万别了。

不同的测试者设计的测试用例不同，本也是一件无可厚非的事情，但也使得一个测试团队中的测试用例的质量良莠不齐。对软件测试架构师来说，在测试设计阶段，保证测试用例的质量，为测试团队提供有效的测试技术支持是一项重要的职责。我们不禁要问，有没有一套测试设计方法，能够对测试团队在测试设计中起到很好的指引作用，并能帮助我们输出优质的测试用例呢？答案是有，就是"四步测试设计法"。

四步测试设计法是一套通过四个步骤来完成测试设计的方法。四步测试设计法中包含一些模型，对每一种模型，都有适合这个模型的测试设计方法，起到了很好的测试设计指引的作用。

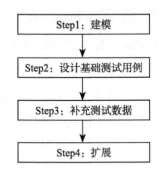

四步测试设计法的四个关键步骤如图 4-36 所示。

第一步：建模。

图 4-36　四步测试设计法的四个关键步骤

很多朋友可能一听到"建模"，就觉得这个方法一定很难。其实，在这个步骤中，我们并不是要大家对每个测试点都原创出一些测试模型，而是根据测试点的特征，为测试点选择一个适合后续测试设计的模型。也许我们称这个步骤为"选模"更为贴切。

既然"选模"需要参考测试点的特征，研究测试点、分析特征的情况并对其进行归类是必不可少的。目前我们将其分为四类：

类型 1："流程"；

类型 2："参数"；

类型 3："数据"；

类型 4："组合"。

对每一类测试点，我们都给出了一些最适合的"建模"方法：

❑ 对"流程"类，可以通过绘制"流程图"来建立测试模型。
❑ 对"参数"类，可以通过"输入输出表"来建立测试模型。
❑ 对"数据"类，可以通过"等价类分析表"来建立测试模型。
❑ 对"组合"类，可以通过"因子表"来建立测试模型。

"建模"帮我们解决了面对众多测试方法的选择性难题，使得测试设计变得很有针对性，科学又有效。在 4.4.3 节中，我们还将为大家详细介绍如何对测试点进行分类。

第二步：设计基础测试用例。

在这个步骤中，我们会对已经建立好的测试模型，来设计一些基础测试用例，覆盖这个测试模型。

为什么我们称此时的测试用例为基础测试用例呢？测试用例和基础测试用例最大的差别在于，测试用例确定了测试条件（类似"在××情况下，进行××的测试"的描述）和测试数据（就是输入的"参数值"或"数值"），而基础测试用例只确定了测试条件。

由于此时我们关心的仅是对模型的覆盖，得到的是一些测试条件，因此我们称此时的测试用例是基础测试用例。

对有些测试设计方法来说，可以在覆盖模型的同时确定测试数据，这时得到的就是测试用例，当然这样我们也不再需要进行第三步了。但是为了统一起见，我们还是称这个步骤为"设计基础测试用例"。

第三步：补充测试数据。

在这个步骤中，我们为基础测试用例来确定测试输入，补充测试数据，这时基础测试用例就升级成真正的测试用例了。

第四步：扩展。

模型不是银弹，不能解决测试设计的所有问题。我们还需要根据经验，特别是对系统哪些地方容易发生缺陷的认识，补充一些测试用例，增加系统的有效性。

4.4.3 对测试点进行分类

在使用四步测试方法之前，我们首先要对测试点进行分类。分类的依据，就是看测试点是否有"流程"类的特征、"参数"类的特征、"数据"类的特征、"组合"类的特征。

1. 流程类测试点有哪些特征

流程类测试点，拥有流程方面的一些特征。具体来说，我们将测试点分成一些步骤，会因为输入的不同而进行不同的处理，全部分析完成后，能够将测试点绘成如图4-37所示的流程图。

有时候，一个测试点可能只能绘出一个流程片段，我们可以把与此相关的测试点放到一起，使其能够表示一个较为

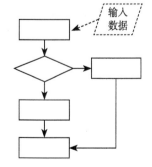

图4-37　流程类测试点的流程图

完整的流程。

我们来看一个实际的例子。

举例：分析"PC 连接 WiFi"的测试点属于哪些类型

"PC 连接 WiFi"这个功能包含表 4-12 所示的测试点。

表 4-12 PC 连接 WiFi 的测试点

编号	测试点
1	首选 WiFi 网络可用时选用首选 WiFi 网络
2	首选 WiFi 网络不可用时，可以选用备选 WiFi 网络
3	PC 可以连接加密的 WiFi 网络
4	PC 可以连接不加密的 WiFi 网络
5	PC 可以设置加密的 WiFi 网络的加密算法，分别为 WEP、WPA 和 WPA2（为了简化，我们约定 PC 只能选择一种加密算法）

在分析测试点之前，我们先来了解一下"PC 连接 WiFi"的业务流程（这里只是为了举例说明测试设计的方法，并不是真正的 PC 连接 WiFi 的流程，而是一个简化的版本）。

第一步，选择 WiFi 网络：PC 会先判断首选的 WiFi 网络是否可用，如果不可用，就判断备选 WiFi 是否可用。

第二步，判断 WiFi 是否需要加密：PC 会判断连接的 WiFi 是否需要加密。

第三步，连接网络：如果需要加密，就加密后再连接；如果不需要加密，就直接连接网络。

从测试点的描述来看，测试点 1 和测试点 2 描述的是选择 WiFi 网络，测试点 3 和测试点 4 描述的是判断 WiFi 是否需要加密和连接网络。测试点 1～测试点 4 每个测试点都描述了"PC 连接 WiFi"的一些操作步骤，共同描述了整个流程，它们属于"流程"类的测试点，并且在测试设计的时候，需要把这 4 个测试点放在一起进行分析。

测试点 5 虽然可以归属于"判断 WiFi 是否需要加密"这个步骤中（如果配置了上述加密算法中的任意一种，就表示需要加密），但是这个测试点是从"支持的配置参数"这个角度去描述的，并没有去描述一个步骤或是一个流程片段。而且从流程上来说，无论我们选择哪种加密算法，都不会影响"判断 WiFi 是否需要加密"这个结果，所以它不属于流程类的测试点。

2. 参数类测试点有哪些特征

如果测试点中主要包含的是一些参数，能够概括成和图 4-38 所示类似的样子（"A"表示参数，"a1""a2""a3"表示"A"的取值），就可以认为这个测试点是参数类的。

例如，测试点"用户登录时可以使用'用户名密码''数字证书'或'短信验证'的方式来进行身份认证"，"用户登录方式"可以看成图中的"A"，"用户名密码"相当于"a1"，"数字证书"相当于"a2"，"短信验证"相当于"a3"，这个测试点就是参数类的测试点。

参数类的测试点有以下两个重要的特点：

第一，"参数值"的个数是有限的，可以通过遍历的方式来测试覆盖到；

第二，系统会对不同的"参数值"作出不同的处理或响应。

理解这两个特点，能够帮助我们区分参数类和数据类（下一节就会讲到）测试点。

有时候，一个测试点中可能会有好几个参数，如图 4-39 所示。

有时候，"A"和"B"之间可能也会存在一些依赖关系，如"A 要选择 a1，B 才能配置""如果 A 选择了 a1，B 就必须选择 b1"等。如果这样的关系存在于不同的测试点中，如图 4-40 所示，"A"和"B"分别存在于"测试点 1"和"测试点 2"中，在做"测试设计"的时候，我们就需要把"测试点 1"和"测试点 2"放在一起来考虑。

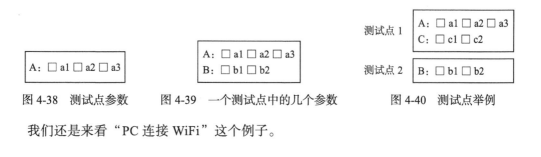

图 4-38　测试点参数　　　图 4-39　一个测试点中的几个参数　　　图 4-40　测试点举例

我们还是来看"PC 连接 WiFi"这个例子。

举例：分析"PC 连接 WiFi"的测试点属于哪些类型（续 1）

"PC 连接 WiFi"这个功能包含的测试点见表 4-12。

前面我们已经分析出测试点 1～测试点 4 属于流程类测试点，而测试点 5，主要是从"支持的配置参数"这个角度去描述的，其中"设置加密的 WiFi 网络的加密算法"就是参数，WEP、WPA 和 WPA2 就是它的参数值，"测试点 5"属于参数类的测试点。

需要特别指出的是，测试点 5 和测试点 1～测试点 4 是存在一定的内在关系的：

测试点 5 要想测试成功，需要保证"首选 WiFi 网络"或者"备选 WiFi 网络"至少有一个可用，换句话说，测试点 1 或者测试点 2 是测试点 5 的测试条件。

测试点 1 ～测试点 4 在测试连接加密的 WiFi 网络的流程中，也需要输入任意一种加密算法，即测试点 5 为测试点 1 ～测试点 4 提供输入值。

我们在测试设计的时候，将测试点 1 ～测试点 4 和测试点 5 分开来考虑的原因是，我们希望通过对测试点 1 ～测试点 4 设计测试用例，来测试验证"PC 连接 WiFi"的连接流程的正确性，而不关注使用的是怎样的加密算法；对测试点 5 设计测试用例，来测试验证每个加密算法在实现上的正确性，而不关注对流程的覆盖。通过这样的归类，我们的测试变得很聚焦，突出了测试重点，弱化了我们不太关心的地方，同时也能减少测试设计的复杂性。

当然，我们也可将测试点 1 ～测试点 5 整个放在一起来考虑，这是后话，将在后面的章节中为大家介绍。

3. 数据类测试点有哪些特征

如果测试点中主要包含的是一些数据，能够概括成和图 4-41 所示类似的样子（"A"表示参数，"a_{min}""a_{max}"表示"A"的取值范围），就可以认为这个测试点是数据类的。

例如，测试点"允许输入的用户名的长度为 1 ～ 32 个字符"，"用户名的长度"等同于图中的"A"，"a_{min}"为"1 个字符长度的用户名"，"a_{max}"为"32 个字符长度的用户名"，这个测试点就是数据类的测试点。

和"参数"类相比，"数据"类的特点是：

第一，数据的取值是一个范围，通常不能用遍历的方式来测试覆盖。

就拿"允许输入的用户名的长度为 1 ～ 32 个字符"来说，如果要进行遍历测试，就需要依次测试"1 个字符长度的用户名""2 个字符长度的用户名"……直到"32 个字符长度的用户名"，这样的测试就显得很冗余。

第二，系统对允许输入的"数据"作出的处理或响应往往是一样的。

例如，系统在处理"1 个字符长度的用户名"和"2 个字符长度的用户名"时，往往是一样的。

一个数据类的测试点中，也可能会有好几个数据，如图 4-42 所示。

但是数据类的"A"和"B"之间是没有关系的，换句话说，我们可以将这个包含"A"

和"B"的"测试点"直接拆为两个"测试点"，然后分别对测试点 1 和测试点 2 进行分析，如图 4-43 所示。

测试点 1

$A: [a_{min}, a_{max}]$

$A: [a_{min}, a_{max}]$
$B: [b_{min}, b_{max}]$

$A: [a_{min}, a_{max}]$

测试点 2

$B: [b_{min}, b_{max}]$

图 4-41　测试点中的数据　图 4-42　一个测试点多个数据　图 4-43　对测试点进行分析

如果我们发现"A"和"B"之间存在关联，我们就需要通过等价类和边界值的分析，将它们转换为参数类的测试点，再进行测试。

我们来看一个实际的例子。

举例：分析"WiFi 上可以修改 WiFi 网络的默认名称"的测试点属于什么测试类型

"WiFi 上可以修改 WiFi 网络的默认名称"包含表 4-13 所示的测试点。

表 4-13　WiFi 网络默认名称包含的测试点

编号	测试点
1	可以通过 WiFi 的管理口直接登录到 WiFi 上修改 WiFi 网络的名称
2	PC 连接成功后，可以登录到 WiFi 上修改 WiFi 网络的名称
3	WiFi 网络支持的名称为：1～10 个字符，允许输入"字母""数字"和"下划线"，不允许其他的输入

我们先来看测试点 3。测试点 3 描述了 WiFi 网络名称的长度范围和命名限制，满足前面我们讨论的数据类测试点的特点，属于数据类。

对测试点 1 和测试点 2 而言，它们描述的是修改 WiFi 网络名称的条件。

条件 1：通过 WiFi 的管理口直接登录到 WiFi 上去修改。

条件 2：PC 连接成功后，可以登录到 WiFi 上去修改（即通过 WiFi 的业务口去修改）。

它们不能脱离开测试点 3 而单独存在。因此，测试点 1 和测试点 2 需要与测试点 3 放在一起考虑，将它们整体归属为数据类。

---

4. 组合类测试点有哪些特征

测试点是可以"组合"的。在测试设计时，我们可以把流程类、数据类和参数类的测试点组合在一起进行测试设计。为了和前面的测试点类型对应，我们称这种需要放在一起进行测试设计的测试点为"组合"类测试点。

组合类的测试点可以描述为如图 4-44 所示的流程。

和单纯的流程类相比，它可能有多个"输入"，这多个"输入"可能为参数，也可能为数据。

我们继续来看"PC 连接 WiFi"这个例子。

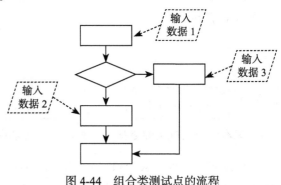

图 4-44　组合类测试点的流程

举例：分析"PC 连接 WiFi"功能的测试点属于哪些类型（续 2）

"PC 连接 WiFi"这个功能包含的测试点见表 4-12。

在参数类测试点分析举例的时候，我们就提到能够将测试点 1 ～测试点 5 放在一起考虑，把它们放一起就构成了"组合"类的测试点。

我们将测试点 1 ～测试点 4 和测试点 5 分开来考虑，是为了能够分别验证"PC 连接 WiFi"的连接流程的正确性和每个加密算法在实现上的正确性。这样设计出来的测试用例也会更关注设计，更关注功能在实现上的细节，在测试时也能比较多地发现这些方面的问题。

如果我们将测试点 1 ～测试点 5 组合在一起考虑，更多的是站在系统的角度上来进行测试，能够测试到各个功能之间的配合和与系统整体相关的一些问题。

4.4.4　流程类测试设计：路径分析法

使用"四步测试设计法"对流程类的测试点进行测试设计，整体方法如图 4-45 所示。

1. 通过绘制业务流程图来建模

对流程类的测试点，建模就是绘制这些测试点代表的业务流程图。在这个步骤中需要特别注意的地方是：

❑ 测试者要充分理解和测试点相关的功能业务流程，确保流程图的正确性。

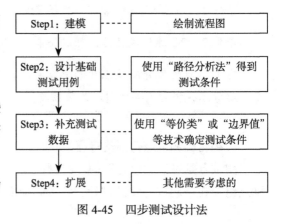

图 4-45　四步测试设计法

❑ 测试者要和产品设计者充分交流，保证绘出的流程图能够正确覆盖产品的设计。

❑ 如果开发已经提供了该功能的流程图，测试者需要仔细审核流程图的正确性，如有必要可以重新绘制。

以"PC 连接 WiFi"为例，我们来对测试点 1 ～测试点 4 进行测试建模。

举例：对"PC 连接 WiFi"中的测试点 1 ～测试点 4 进行测试建模

在 4.4.3 节中讨论流程类测试点的特征时，我们已经分析出测试点 1 ～测试点 4 为流程类，见表 4-14。

表 4-14 对测试点 1 ～测试点 4 的分析

编号	测试点	编号	测试点
1	首选网络可用时选用首选网络	3	可以连接加密的 WiFi 网络
2	首选网络不可用时，可以选用备选网络	4	可以连接不加密的 WiFi 网络

接下来我们就来为测试点 1 ～测试点 4 绘制相关的业务流程图，建立测试模型，如图 4-46 所示。

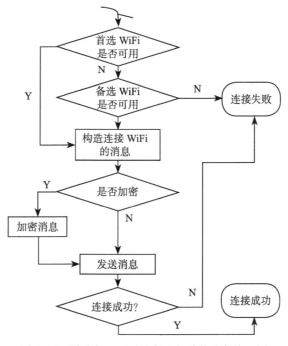

图 4-46 测试点 1 ～测试点 4 相关的业务流程图

---

2. 路径分析法

对流程类的测试点，我们把模型建立好了之后（即绘出了流程图），就会使用路径分析法来"覆盖"这个流程图，设计基础测试用例。在介绍如何做之前，我先为大家简要介绍路径分析法。

路径是指完成一个功能用户所执行的步骤，即通过程序代码的一条运行轨迹。以图 4-21 所示的"流程"为例，图 4-47 中的"P1—e1—d1—e4—d2—e7—d3—e10—P5"，就是一条"路径"。

所谓路径分析法，就是指对能够覆盖流程的各种路径进行分析，得到一个路径的集合。在测试时，我们只需要按照这个路径集合进行测试即可。

不同的覆盖策略，能够得到不同的路径集合。常见的覆盖策略有语句覆盖、分支覆盖、全覆盖和最小线性无关覆盖。

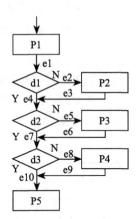

图 4-47　流程图举例

为了后续叙述问题更为方便，我们先来对组成流程的"元素"进行定义，见表 4-15。

表 4-15　定义组成流程的元素

元素	定义	举例
边	在图中连接节点的线	我们用 en（n=1，2…）来表示
判定	有一条或多条入边和有两条出边的分支节点	我们用 dn（n=1，2…）来表示
过程	有一条或多条入边和有一条出边的收集节点	我们用 Pn（n=1，2…）来表示
区域	"边""判定"和"过程"完全包围起来的一块区域	图 4-47 中"d1—e2—P2—e3—e4"就是一个区域

1）语句覆盖

语句覆盖是指覆盖系统中所有判定和过程的最小路径集合。

对图 4-48 所示的例子来说，按照上述规则，只需两条路径即可满足语句覆盖。

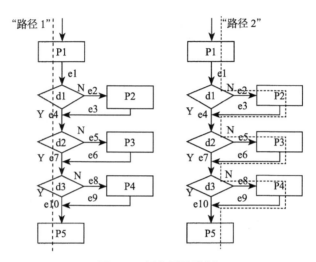

图 4-48 语句覆盖举例

仔细分析语句覆盖的路径，就会发现语句覆盖的覆盖程度是比较弱的，它不会考虑流程中的"判定"以及这些"判定""过程"之间的相互关系，如果测试只按照"语句覆盖"的方式来进行测试，就很容易出现遗漏。拿上面的例子来说，即使我们执行了语句覆盖中的所有路径，流程中所有"真假混合"的路径（如"P1—d1—P2—d2—d3—P5"）都没有执行到。

2）分支覆盖

分支覆盖是指覆盖系统中每个判定的所有分支所需的最小路径数。

对图 4-48 所示的例子来说，满足分支覆盖的路径集合和语句覆盖的路径集合是一样的。"路径 1"覆盖的是所有"判定"结果为"真"的情况，"路径 2"覆盖的是所有"判定"结果为"假"的情况。

分支覆盖考虑了流程中的"判定"，但是没有考虑这些"判定"之间的关系。分支覆盖也是一种不是很强的覆盖。

3）全覆盖

全覆盖是指 100% 地覆盖系统所有可能的路径的集合。

对图 4-48 所示的例子来说，根据排列组合算法，可以得到它的"全路径"一共有 $2 \times 2 \times 2 = 8$ 条，如图 4-49 所示。

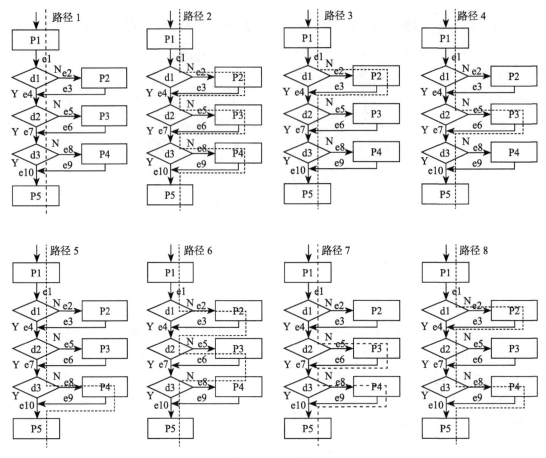

图 4-49 全覆盖

全覆盖包含了系统所有可能的路径，覆盖能力一流，但是除非你测试的是一个微型的系统，对普通系统来说，随着判定增加而呈指数类型增长的路径数使得需要测试的路径数目非常庞大，完全超出了一个测试团队能够承担的正常工作量，在实际中很难按此执行。

4）最小线性无关覆盖

仔细分析全覆盖，就会发现全覆盖的路径中有很多会被重复执行的路径片段，如路径 3 和路径 6 中的 d1—e2—P2—e3。我们希望能有这样的一种覆盖方式，仅保证流程图中每个路径片段能够被至少执行一次，在这种覆盖策略下得到的最少路径组合，就是最小线性无关覆盖。

有三个等式可以用于计算一个流程中的最小线性无关路径的
数目（《图与超图》C.Berge 荷兰）：

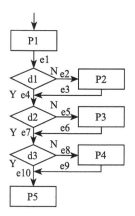

等式 1：一个系统中的线性无关路径（IP）＝边数（E）－节点
数（N）+2

等式 2：一个系统中的线性无关路径（IP）＝判定数（D）+1

等式 3：一个系统中的线性无关路径（IP）＝区域数（R）+1

这三个等式是等效的。如图 4-50 所示。

按照这些等式，可以得出这个流程中的线性无关路径数为 4 个：

图 4-50　三个等效的等式

❑ **使用等式 1**：10（边数）-8（节点数）+2=4

❑ **使用等式 2**：3（判定数）+1=4

❑ **使用等式 3**：3（区域数）+1=4

使用图 4-51 所示的算法可以帮助我们获得流程中所有线性无关路径。

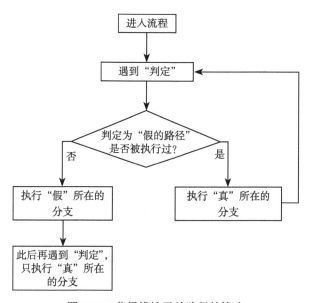

图 4-51　获得线性无关路径的算法

按照上述算法，以图 4-51 所示为例，我们可以得到图 4-52 所示的 4 条线性无关
路径：

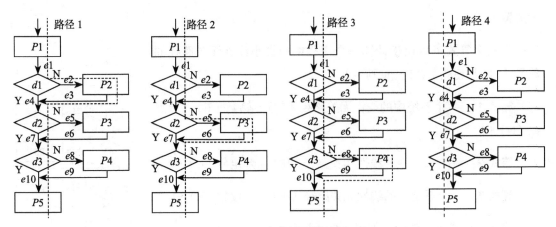

图 4-52   4 条线性无关路径

需要特别指出的是，我们要想通过图论中的"三个等式"和"算法"来确定流程中的最小线性无关路径，流程需要遵循如下约定。

约定 1："流程图"的"入口"和"出口"不作为边数计算，如图 4-53 所示。

约定 2：一个"流程图"只有一个"入口点"和一个"出口点"。

有"两个输入"（图 4-54）；

有"两个输出"（图 4-55）；

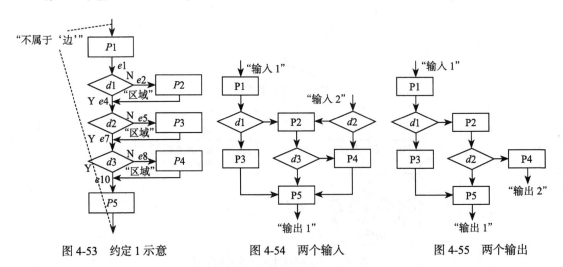

图 4-53   约定 1 示意   图 4-54   两个输入   图 4-55   两个输出

它们都不符合"约定 2"。

不符合"约定 2"，可能会使得图论中的三个等式失效。以图 4-55 所示（存在"两个输出")为例。

- ❑ **使用等式 1**：7（边数）−7（节点数）+2=2
- ❑ **使用等式 2**：2（判定数）+1=3
- ❑ **使用等式 3**：1（区域数）+1=2

这样"等式 2"和"等式 1""等式 3"不再等价，因此我们也可以通过这样的方法，来判断当前的流程图是否符合要求。但是我们也不能说只要这三个等式是等价的，流程图就没有问题。我们来分析一下如图 4-54 所示的流程图，它的三个等式依然是等价的：

- ❑ **使用等式 1**：10（边数）−8（节点数）+2=4
- ❑ **使用等式 2**：3（判定数）+1=4
- ❑ **使用等式 3**：3（区域数）+1=4

如果我们对产品的业务功能建模后，绘出的流程图确实存在"多个输入"，或者"多个输出"，在对其进行最小线性无关覆盖分析之前，我们先要对这个流程图进行分解，使其满足"约定 2"。这时系统中最小线性无关路径的总数，等于被分解的每个流程中最小线性无关路径的总和：

$$TIP = \sum_{n=1}^{n=tot} IPn$$

式中　TIP——系统中最小线性无关路径的总和；

　　　　IPn——每个流程的最小线性无关路径的总和；

　　　　n——系统被分解后包含的流程的个数。

以图 4-54 所示的流程图为例，我们可以将其拆分为如图 4-56 所示两个流程图，保证分解后的流程图只有"一个输入"和"一个输出"。

然后再分别对这两个流程图进行最小线性无关路径分析。

对"流程 1"，包含的最小线性无关路径数为 2：

- ❑ **使用等式 1**：6（边数）−6（节点数）+2=2
- ❑ **使用等式 2**：1（判定数）+1=2
- ❑ **使用等式 3**：1（区域数）+1=2

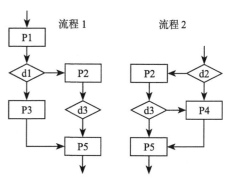

图 4-56　两个流程图

对"流程 2"，包含的最小线性无关路径数为 3：

❑ **使用等式 1**：6（边数）−5（节点数）+2=3
❑ **使用等式 2**：2（判定数）+1=3
❑ **使用等式 3**：2（区域数）+1=3

整个系统包含的最小线性无关路径的总数为 2+3=5 个（而不是之前我们得到的 4 个）。

需要特别指出的是，对流程 1，等式 2 中的判定数为什么是 1，而不是 2 呢？

让我们来回忆一下本节的开头对"判定"的定义：有一条或多条入边和有两条出边的分支节点。有两条出边是判定的必要条件。而流程 1 中的 d2，因为拆分的原因，只有一个出边，所以在流程 1 中，d2 不是判定。在流程 1 中，符合判定条件的只有 d1。

3. 使用路径分析法来设计基础测试用例

模型，在这里就是流程图绘制好了之后，接下来我们就使用路径分析法来覆盖这个模型，设计基础测试用例。

上一节我们介绍了路径分析法中的四种覆盖方法，包括语句覆盖、分支覆盖、全覆盖和最小线性无关覆盖。我们可以根据被测对象的优先级、测试阶段来选择合适的覆盖策略。一般来说，在单元测试阶段，我们会主要使用语句覆盖或分支覆盖的方式来设计测试用例；在集成测试和系统测试阶段，我们会主要使用最小线性无关覆盖；而对其中一些特别重要的部分，使用全覆盖；对一些不那么重要的部分，使用语句覆盖或分支覆盖。

接下来我们继续以"PC 连接 WiFi"中的测试点 1～测试点 4 为例，使用最小线性无关覆盖的方式来设计基础测试用例。

举例：对"PC 连接 WiFi"功能测试中测试点 1～测试点 4 使用最小线性无关覆盖的方式来设计基础测试用例

在上一节中，我们已经对测试点 1～测试点 4 绘制了业务流程图，如图 4-57 所示。

这个流程图有"两个输出"，按照上一节的描述，我们需要将这个流程图拆成两个"子流程图"，保证每个"子流程图"均只有"一个输入"和"一个输出"。

子流程 1 如图 4-58 所示。

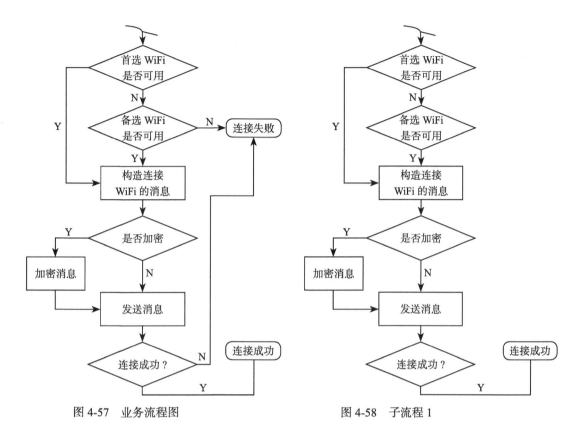

图 4-57 业务流程图   图 4-58 子流程 1

对该"子流程"进行分析，它所包含的：

"边"数：9；

"节点"数：8；

"判定"数：2（注意，"备选 WiFi 是否可用"和"连接成功？"这两个"判定"，在"子流程 1"中只有"一个输出"，不属于"判定"）；

"区域"数：2。

该子流程包含的最小线性无关路径数为 3。

使用最小线性无关覆盖中介绍的算法，得到该系统中的最小线性无关路径的集合，见表 4-16。

表 4-16 最小线性无关路径集合（一）

序号	路径描述（基础测试用例）
1	首选 WiFi 可用，加密，连接成功

(续)

序号	路径描述（基础测试用例）
2	首选 WiFi 不可用，备选 WiFi 可用，加密，连接成功
3	首选 WiFi 可用，不加密，连接成功

子流程 2 如图 4-59 所示。

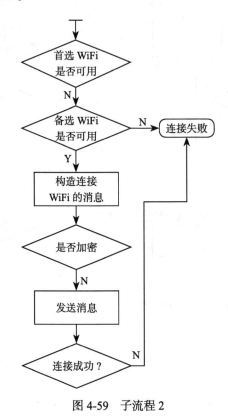

图 4-59　子流程 2

对该"子流程"进行分析，它所包含的：

"边"数：7；

"节点"数：7；

"判定"数：1（注意，"首选 WiFi 是否可用""是否加密"和"连接成功？"这三个"判定"，在"子流程 2"中均只有"一个输出"，不属于"判定"）；

"区域"数：1。

该子流程包含的最小线性无关路径数为 2。

使用最小线性无关覆盖中介绍的算法，得到该系统中的最小线性无关路径的集合，见表 4-17。

表 4-17　最小线性无关路径集合（二）

序号	路径描述（基础测试用例）
1	首选 WiFi 不可用，备选 WiFi 不可用，连接失败
2	首选 WiFi 不可用，备选 WiFi 可用，不加密，连接失败

综上，整个流程中包含的最小线性无关路径数目为 3+2=5 条，集合见表 4-18。

表 4-18　最小线性无关路径集合（三）

序号	基础测试用例
1	首选 WiFi 可用，加密，连接成功
2	首选 WiFi 不可用，备选 WiFi 可用，加密，连接成功
3	首选 WiFi 不可用，备选 WiFi 可用，不加密，连接成功
4	首选 WiFi 不可用，备选 WiFi 不可用，连接失败
5	首选 WiFi 不可用，备选 WiFi 可用，不加密，连接失败

4. 确定测试数据，完成测试用例

接下来我们需要为基础测试用例选择一些测试数据（即"输入"），使得基础测试用例中的路径能够被正确执行。

如果流程的"输入"是一些参数，我们选择合适的参数值即可；如果"输入"是一个取值范围，我们就使用"等价类 / 边界值"来选择一个输入数据。

接下来我们继续为"PC 连接 WiFi"中的测试点 1～测试点 4 来确定测试数据。

举例：对"PC 连接 WiFi"功能测试中测试点 1～测试点 4 中的基础测试用例确定测试数据

前面我们已经对测试点 1～测试点 4 绘制了业务流程图，并根据流程图确定了基础测试用例，如图 4-57 所示及见表 4-18。

接下来我们就分别为这些基础测试用例来确认测试输入：

基础测试用例 1：加密方式为"WPA"（根据"测试点 5"选择）；

基础测试用例 2：加密方式为"WPA"（根据"测试点 5"选择）；

基础测试用例 3：无参数；

基础测试用例 4：无参数；

基础测试用例 5：无参数。

当基础测试用例确定了测试数据之后，这些基础测试用例就成了测试用例，见表 4-19。

表 4-19　测试用例

序号	测试用例	测试数据
1	首选 WiFi 可用，加密，连接成功	加密方式为"WPA"
2	首选 WiFi 不可用，备选 WiFi 可用，加密，连接成功	加密方式为"WPA"
3	首选 WiFi 不可用，备选 WiFi 可用，不加密，连接成功	无
4	首选 WiFi 不可用，备选 WiFi 不可用，连接失败	无
5	首选 WiFi 不可用，备选 WiFi 可用，不加密，连接失败	无

接下来我们就按照测试用例的格式要求，将测试用例的预置条件、测试步骤和预期结果补充完整即可（详见 4.4.10 节）。

5. 根据经验补充测试用例

归根到底，最小线性无关覆盖也只是一种策略覆盖，从覆盖的角度来说也是有遗漏的。为了让测试更有效，我们可以根据经验再补充一些测试用例，例如：

❑ 是否要增加一些需要覆盖的路径？

❑ 是否要增加一些测试数据？

❑ 有哪些地方是容易出问题的，是否还需要补充一些测试用例？

4.4.5　参数类测试设计："输入—输出表"分析法

使用四步测试设计法对参数类的测试点进行测试设计，整体方法如图 4-60 所示。

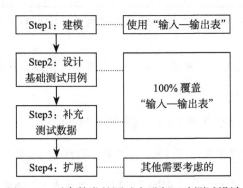

图 4-60　对参数类的测试点进行四步测试设计

1. 使用"输入—输出表"来建模

"输入—输出表"是一张分析测试点在某种条件下，特定的"输入"会有怎样"输出"的表，见表 4-20。

表 4-20 输入—输出表

条件	输入					输出
	测试点 1		测试点 2			
条件 1	参数 1	参数 2	参数 3	参数 4	参数 5	输出 1
条件 2	参数 6	参数 7	参数 8	参数 9	参数 10	输出 2
……						

接下来我们以"PC 连接 WiFi"的测试点 5 为例，使用"输入—输出表"来进行测试建模。

举例：对"PC 连接 WiFi"中的测试点 5，使用"输入—输出表"进行建模

"PC 连接 WiFi"中的测试点 5，见表 4-21。

表 4-21 测试点 5

编号	测试点
5	PC 可以设置加密的 WiFi 网络的加密算法，分别为 WEP、WPA 和 WPA2（为了简化，我们约定 PC 只能选择一种加密算法）

我们为测试点 5 建立"输入—输出表"，需要确定的内容为参数值和条件。

测试点 5 的参数为"安全性选择"，包含了 3 个参数值：WEP、WPA 和 WPA2。

根据上一节中对流程类测试设计的分析，我们知道测试点 5 有两个条件："首选 WiFi 可用，加密"和"首选 WiFi 不可用，备选 WiFi 可用，加密"。在这里我们任意选择其中一个条件。

这样我们就得到了测试点 5 的"输入—输出表"，见表 4-22。

表 4-22 测试点 5 的输入—输出表（一）

条件	输入	输出
首选 WiFi 可用，加密	WEP	加密成功，WiFi 连接成功
首选 WiFi 可用，加密	WPA	加密成功，WiFi 连接成功
首选 WiFi 可用，加密	WPA2	加密成功，WiFi 连接成功

上面这个例子向我们展示了"输入—输出表"的使用方法，却没有很好地体现出"输

入—输出表"的优势——"输入—输出表"特别适合测试点的多个参数之间存在相互关系，需要对这些参数进行"组合"分析的情况。我们再来看下面这个例子。

举例：使用"输入—输出表"，对"A 系统中用户、L1 和 L2 认证"功能进行测试建模

"A 系统"中包含"用户""L1"和"L2"三部分，它们之间的关系如图 4-61 所示。

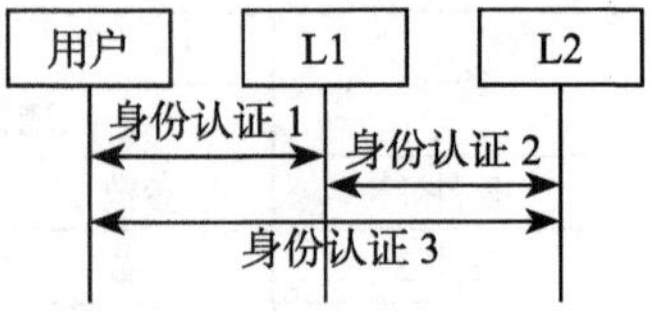

"用户"先和"L1"进行"身份认证"（右图中"身份认证 1"）；认证通过后，"L1"再和"L2"进行"身份认证"（右图中"身份认证 2"）；然后"L2"再和"用户"进行"身份认证"（上图中"身份认证 3"）。

图 4-61 A 系统

其中"用户"和"L1"之间，"L1"和"L2"之间支持的身份认证方式均为"PAP"和"CHAP"。两者的认证方式必须一致，才能认证通过。

"用户"和"L2"之间支持的身份认证方式也为"PAP"和"CHAP"，但存在两种认证规则，"强制 CHAP"和"重认证"。如果为"强制 CHAP"，用户的认证方式必须为"CHAP"才能认证成功；如果 L2 的认证方式为"重认证"，用户为"PAP"和"CHAP"均可。

我们首先对"A 系统"中"用户""L1"和"L2"认证功能中包含的参数进行分析，见表 4-23。

表 4-23　A 系统包含参数分析表

参数	参数值 1	参数值 2
认证方式（用户）	PAP	CHAP
认证方式（L1）	PAP	CHAP
认证方式（L2）	PAP	CHAP
用户和 L2 之间的认证规则	强制 CHAP	重认证

这些参数之间的"约束条件"为：

（1）无论是"用户"和"L1"之间，"L1"和"L2"之间，还是"用户"和"L2"之间，两者的认证方式必须一致，才能认证通过；

（2）"L2"为"强制 CHAP"，"用户"的认证方式必须为"CHAP"，才能通过；

（3）"身份认证"的顺序为"身份认证 1"→"身份认证 2"→"身份认证 3"；

（4）"身份认证 1"～"身份认证 3"，只要有一个阶段认证失败，整个身份认证就失败，身份认证失败后，后面的身份认证就不会被执行。

我们可以对参数按照"正交"的方式来进行组合，然后逐一对每一种组合，按照"约束条件"进行分析，去掉重复的情况，见表4-24（"输出"中用删除线"—"删掉的内容代表这条测试项目和表中其他测试项目重复，可以在"输入—输出表"的结果中去掉，具体原因在"说明"部分进行了说明）。

表 4-24　得到的结果

编号	输入				输出	说明
	认证方式（用户）	认证方式（L1）	认证方式（L2）	认证规则（用户-L2）		
1	PAP	PAP	PAP	强制 CHAP	认证不通过	用户和 L2 认证时，因为用户使用的认证方式为 PAP 而导致强制 CHAP 失败，认证失败（见约束条件 2）
2	PAP	PAP	CHAP	强制 CHAP	认证不通过	L1 和 L2 之间因为认证方式不同而认证失败（见约束条件 1）
3	PAP	CHAP	PAP	强制 CHAP	认证不通过	用户和 L1 之间因为认证方式不同而认证失败（见约束条件 1）
4	~~PAP~~	~~CHAP~~	~~CHAP~~	~~强制 CHAP~~	~~认证不通过~~	用户和 L1 之间因为认证方式不同而认证失败（见约束条件 1），根据约束条件 4，可知它和 3 重复
5	~~CHAP~~	~~PAP~~	~~PAP~~	~~强制 CHAP~~	~~认证不通过~~	用户和 L1 之间因为认证方式不同而认证失败（见约束条件 1），根据约束条件 4，可知它和 3 重复
6	~~CHAP~~	~~PAP~~	~~CHAP~~	~~强制 CHAP~~	~~认证不通过~~	用户和 L1 之间因为认证方式不同而认证失败（见约束条件 1），根据约束条件 4，可知它和 3 重复
7	~~CHAP~~	~~CHAP~~	~~PAP~~	~~强制 CHAP~~	~~认证不通过~~	L1 和 L2 之间因为认证方式不同而认证失败（见约束条件 1），根据约束条件 4，可知它和 2 重复
8	CHAP	CHAP	CHAP	强制 CHAP	认证通过	
9	PAP	PAP	PAP	重认证	认证通过	
10	~~PAP~~	~~PAP~~	~~CHAP~~	~~重认证~~	~~认证不通过~~	L1 和 L2 之间因为认证方式不同而认证失败（见约束条件 1），根据约束条件 4，可知它和 2 重复
11	~~PAP~~	~~CHAP~~	~~PAP~~	~~重认证~~	~~认证不通过~~	用户和 L1 之间因为认证方式不同而认证失败（见约束条件 1），根据约束条件 4，可知它和 3 重复
12	~~PAP~~	~~CHAP~~	~~CHAP~~	~~重认证~~	~~认证不通过~~	用户和 L1 之间因为认证方式不同而认证失败（见约束条件 1），根据约束条件 4，可知它和 3 重复
13	~~CHAP~~	~~PAP~~	~~PAP~~	~~重认证~~	~~认证不通过~~	用户和 L1 之间因为认证方式不同而认证失败（见约束条件 1），根据约束条件 4，可知它和 3 重复
14	~~CHAP~~	~~PAP~~	~~CHAP~~	~~重认证~~	~~认证不通过~~	L1 和 L2 之间因为认证方式不同而认证失败（见约束条件 1），根据约束条件 4，可知它和 2 重复
15	~~CHAP~~	~~CHAP~~	~~PAP~~	~~重认证~~	~~认证不通过~~	L1 和 L2 之间因为认证方式不同而认证失败（见约束条件 1），根据约束条件 4，可知它和 2 重复
16	CHAP	CHAP	CHAP	重认证	认证通过	

我们对表中的内容进行整理，去掉重复的项目，得到最终的"输入—输出表"，见表 4-25。

表 4-25　最终的输入—输出表

编号	输入				输出
	认证方式（用户）	认证方式（L1）	认证方式（L2）	认证规则（用户 -L2）	
1	PAP	PAP	PAP	强制 CHAP	认证不通过
2	PAP	PAP	CHAP	强制 CHAP	认证不通过
3	PAP	CHAP	PAP	强制 CHAP	认证不通过
4	CHAP	CHAP	CHAP	强制 CHAP	认证通过
5	PAP	PAP	PAP	重认证	认证通过
6	CHAP	CHAP	CHAP	重认证	认证通过

2. 覆盖"输入—输出表"，完成测试用例

由于我们在建立"输入—输出表"的时候，会充分考虑各个参数之间的关系和它们的约束条件，并据此进行了逐一的分析，所以在覆盖"输入—输出表"的时候，我们会进行100% 的覆盖，即将"输入—输出表"的每一行作为一个测试用例。

接下来我们还是以"PC 连接 WiFi"功能测试中测试点 5 为例，在已经得到的"输入—输出表"的基础上，进一步得到测试用例。

举例：对"PC 连接 WiFi"中的测试点 5 根据"输入—输出表"来生成测试用例

测试点 5 的"输入—输出表"见表 4-26。

表 4-26　测试点 5 的输入—输出表（二）

条件	输入	输出
首选 WiFi 可用，加密	WEP	加密成功，WiFi 连接成功
首选 WiFi 可用，加密	WPA	加密成功，WiFi 连接成功
首选 WiFi 可用，加密	WPA/WPA2	加密成功，WiFi 连接成功
首选 WiFi 可用，加密	WPA2	加密成功，WiFi 连接成功

我们将该表中的每一行作为一个测试用例，略微整理后得到 4 个测试用例（只给出测试用例标题），见表 4-27。

表 4-27　测试用例

测试用例编号	测试用例标题
1	首选 WiFi 可用，使用"WEP"加密，WiFi 连接成功
2	首选 WiFi 可用，使用"WPA"加密，WiFi 连接成功
3	首选 WiFi 可用，使用"WPA/WPA2"加密，WiFi 连接成功
4	首选 WiFi 可用，使用"WPA2"加密，WiFi 连接成功

同样，对"A系统中用户、L1和L2认证"这个例子，我们也对得到的"输入－输出表"来生成测试用例。

举例：对"A系统中用户、L1和L2认证"的"输入—输出表"来生成测试用例

对A系统中用户、L1和L2认证，我们得到的"输入—输出表"见表4-28。

表4-28 输入—输出表

编号	输入				输出
	认证方式（用户）	认证方式（L1）	认证方式（L2）	认证规则（用户-L2）	
1	PAP	PAP	PAP	强制CHAP	认证不通过（强制CHAP失败）
2	PAP	PAP	CHAP	强制CHAP	认证不通过（L1-L2失败）
3	PAP	CHAP	PAP	强制CHAP	认证不通过（用户-L1失败）
4	CHAP	CHAP	CHAP	强制CHAP	认证通过
5	PAP	PAP	PAP	重认证	认证通过
6	CHAP	CHAP	CHAP	重认证	认证通过

我们将表4-28中的每一行作为一个测试用例，略微整理、组织语言后得到6个测试用例（只给出测试用例标题），见表4-29。

表4-29 得到的6个测试用例

测试用例编号	测试用例标题
1	"用户"使用"PAP"，"L1"使用"PAP"，"L2"使用"PAP"，在"强制CHAP"下进行身份认证测试
2	"用户"使用"PAP"，"L1"使用"PAP"，"L2"使用"CHAP"，在"强制CHAP"下进行身份认证测试
3	"用户"使用"PAP"，"L1"使用"CHAP"，"L2"使用"PAP"，在"强制CHAP"下进行身份认证测试
4	"用户"使用"CHAP"，"L1"使用"CHAP"，"L2"使用"CHAP"，在"强制CHAP"下进行身份认证测试
5	"用户"使用"PAP"，"L1"使用"PAP"，"L2"使用"PAP"，在"重认证"下进行身份认证测试
6	"用户"使用"CHAP"，"L1"使用"CHAP"，"L2"使用"CHAP"，在"重认证"下进行身份认证测试

---

3. 根据经验补充测试用例

为了让测试更有效，我们可以根据经验再补充一些测试用例，例如：

❑ 是否需要考虑一些别的"条件"？

❏ 有哪些地方是容易出问题的，是否还需要补充一些测试用例？

4.4.6 数据类测试设计：等价类和边界值分析法

使用四步测试设计法对数据类的测试点进行测试设计，整体方法如图 4-62 所示。

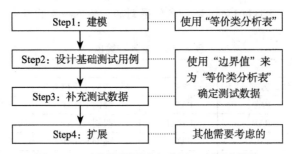

图 4-62　对数据类测试点进行四步测试设计

1. 等价类和边界值

等价类是指对输入值按照测试效果进行划分，将测试效果相同的测试数据归为一类，然后在测试时只需要在每类中选择一些测试样本来进行测试，而无须测试所有的值。

边界值是参数在输入边界上的取值。

等价类和边界值常常结合在一起使用：我们首先对"输入"进行等价类划分，然后再将每个等价类的边界值作为测试的样本点。

例如，某参数 A 的取值范围为 [1，10]。我们先按照"等价类"将参数划分为有效等价类和无效等价类两大类；然后再使用"边界值"来为每个等价类选择测试样本；这样在测试的时候，我们只需使用"1""10""0""11"作为输入进行测试即可。

有时候，我们还会在"有效等价类"中选一个"不是位于边界"的样本点，如本例中的"3"，这时我们的"等价类分析表"就变成了：

有效等价类	无效等价类	有效等价类	无效等价类	有效等价类	无效等价类
[1, 10]	小于 1 或大于 10	1, 10	0, 11	1, 10, 3	0, 11

使用"等价类"和"边界值"来进行测试设计的优势在于，它们既能控制测试的规模，还能有效地发现产品的缺陷——"边界值"本身就是基于开发在设计时对边界的处理容易出问题而提出的。但"等价类"和"边界值"也是一把双刃剑："如果我们没有正确地划分等价类，或是为了减少测试用例的数量而过度划分等价类，都很容易造成测试遗漏，留下测试隐患。"因此，软件测试架构师需要在测试方案或测试用例评审中，检查团队（特别是

初涉软件测试者）对"等价类"的划分情况。

2. 使用"等价类分析表"来建模

"等价类分析表"是一张对数据在"××条件下","有效输入"和"无效输入"进行分析的表，见表4-30。

表4-30　等价类分析表

条件	有效等价类	无效等价类	条件	有效等价类	无效等价类
条件1	有效等价类1	无效等价类1	条件2	有效等价类4	无效等价类3
	有效等价类2	无效等价类2		有效等价类5	无效等价类4
	有效等价类3			有效等价类6	

有时候，不同的条件下可能会出现有效等价类相同、无效等价类相同或有效等价类和无效等价类都相同的情况（以"有效等价类"相同为例），而且测试的输出也相同，见表4-31。

我们可以将相同的等价类分配到不同的条件中去，以减少测试用例的数量，见表4-32（以"有效等价类"相同为例）。

表4-31　有效等价类相同

条件	有效等价类	无效等价类
条件1	有效等价类1	无效等价类1
	有效等价类2	无效等价类2
	有效等价类3	
条件2	有效等价类1	无效等价类3
	有效等价类2	无效等价类4
	有效等价类3	

表4-32　将相同等价类分配到不同的条件中

条件	有效等价类	无效等价类
条件1	有效等价类1	无效等价类1
	有效等价类2	无效等价类2
条件2	有效等价类3	无效等价类3
		无效等价类4

接下来我们以"WiFi上可以修改WiFi网络的默认名称"为例，进行测试建模。

举例：对"WiFi上可以修改WiFi网络的默认名称"的测试点，使用"等价类分析表"进行建模

"WiFi上可以修改WiFi网络的默认名称"包含的测试点，见表4-33。

表4-33　包含的测试点

编号	测试点
1	可以通过WiFi的管理口直接登录到WiFi上修改WiFi网络的名称

（续）

编号	测试点
2	PC 连接成功后，可以登录到 WiFi 上修改 WiFi 网络的名称
3	WiFi 网络支持的名称为：1 ~ 10 个字符，允许输入 "字母" "数字" 和 "下划线"，不允许其他的输入

我们为测试点 3 建立等价类分析，需要确定的内容为有效等价类和无效等价类。

本例中，有效等价类为系统能够允许的网络命名，包含两个因素："名字的长度" 和 "命名规则"。系统允许的网络命名，"名字长度" 为 "1 ~ 10" 个字符，且只包含 "字母" "数字" 和 "下划线"；不允许的是 "名字长度" 不在 "1 ~ 10" 的范围，或者名字中包含了除了 "字母" "数字" 和 "下划线" 之外的其他输入。

再考虑测试点 1 和测试点 2 为测试点 3 的测试条件，我们得到的等价类分析表，见表 4-34。

表 4-34　等价类分析表

测试条件	有效等价类	无效等价类
通过 WiFi 的管理口直接登录到 WiFi 上修改 WiFi 网络的名称	名字长度为 "1 ~ 10"，且只包含 "字母" "数字" 和 "下划线"	名字长度为空（小于 1 个字符）
		名字长度大于 10 个字符
		名字中包含了除了 "下划线" 之外的特殊符号
		名字中包含了中文字符
通过 PC 连接成功后，登录到 WiFi 上修改 WiFi 网络的名称	名字长度为 "1 ~ 10"，且只包含 "字母" "数字" 和 "下划线"	名字长度为空（小于 1 个字符）
		名字长度大于 10 个字符
		名字中包含了除了 "下划线" 之外的特殊符号
		名字中包含了中文字符

显然，在两种条件下，有效等价类和无效等价类都是一样的，并且相应的输出也是一样的。我们可以对上述等价类分析表进行合并简化，见表 4-35。

表 4-35　合并简化等价类分析表

测试条件	有效等价类	无效等价类
通过 WiFi 的管理口直接登录到 WiFi 上修改 WiFi 网络的名称	名字长度为 "1 ~ 10"，且只包含 "字母" "数字" 和 "下划线"	名字长度为空（小于 1 个字符）
		名字长度大于 10 个字符
通过 PC 连接成功后，登录到 WiFi 上修改 WiFi 网络的名称	名字长度为 "1 ~ 10"，且只包含 "字母" "数字" 和 "下划线"	名字中包含了除了 "下划线" 之外的特殊符号
		名字中包含了中文字符

需要特别指出的是，本例中包含了两个因素，"名字长度"和"名字规则"。在确定有效等价类时，我们并没有将这两个因素分开来考虑：

有效等价类
名字长度为"1～10"
只包含"字母""数字"和"下划线"

而是将不同因素的"有效值"放在一起来考虑的：

有效等价类
名字长度为"1～10"，且只包含"字母""数字"和"下划线"

这是在等价类划分中，可以减少测试项目的一个技巧。

但是这个技巧并不适合无效等价类。对无效等价类而言，必须是针对单个因素的，并且不能合并，例如，下列无效等价类的划分就是错误的：

它合并了"名字长度"和"名字规则"中的无效等价类"名字长度大于10个字符"和"包含除了'下划线'之外的特殊符号"。

无效等价类
名字长度大于10个字符，并包含除了"下划线"之外的特殊符号

3. 覆盖等价类分析表完成测试用例

我们在建立等价类分析表的时候，已经对输入数据分好了类。接下来我们就需要对这些分析好的等价类进行"边界值"分析，确定具体的测试数据，生成测试用例。

接下来我们继续以"WiFi上可以修改WiFi网络的默认名称"为例，在已经得到的等价类分析表的基础上，进一步得到测试用例。

举例：对"WiFi上可以修改WiFi网络的默认名称"的测试点，根据等价类分析表来生成测试用例

测试点6的等价类分析表，见表4-36。

表4-36　测试点6的等价类分析表

测试条件	有效等价类	无效等价类
通过WiFi的管理口直接登录到WiFi上修改WiFi网络的名称	名字长度为"1～10"，且只包含"字母""数字"和"下划线"	名字长度为空（小于1个字符）
		名字长度大于10个字符

（续）

测试条件	有效等价类	无效等价类
通过 PC 连接成功后，登录到 WiFi 上修改 WiFi 网络的名称	名字长度为"1 ~ 10"，且只包含"字母""数字"和"下划线"	名字中包含除了"下划线"之外的特殊符号
		名字中包含了中文字符

然后我们为表中的每个等价类来确定"边界值"，见表 4-37 和表 4-38（暂不考虑测试条件）。

表 4-37 为有效等价类确定边界值

有效等价类	说明
_	名字长度为 1，下划线
Abcz01239_	名字长度为 10，字母、数字和下划线的组合

表 4-38 为无效等价类确定边界值

无效等价类	说明
不输入名字	名字长度为空（小于 1 个字符）
Abcz01239_4	名字长度大于 10 个字符
#	名字中包含除了"下划线"之外的特殊符号
哈	名字中包含了中文字符

然后将测试条件和确定好输入值的等价类进行组合，最后得到表 4-39。

表 4-39 组合后的表

测试条件	有效等价类	无效等价类
通过 WiFi 的管理口直接登录到 WiFi 上修改 WiFi 网络的名称	_	不输入名字
		Abcz01239_4
通过 PC 连接成功后，登录到 WiFi 上修改 WiFi 网络的名称	Abcz01239_	#
		哈

我们将该表中的测试条件和每一个输入值作为一个测试用例，略微整理后得到 6 个测试用例（只给出测试用例标题），见表 4-40。

表 4-40 得到的测试用例

测试用例编号	测试用例标题
1	通过 WiFi 的管理口直接登录到 WiFi 上修改 WiFi 网络的名称为"_"
2	通过 PC 连接成功后，登录到 WiFi 上修改 WiFi 网络的名称为"Abcz01239_"
3	通过 WiFi 的管理口直接登录到 WiFi 上修改 WiFi 网络的名称为"空"
4	通过 WiFi 的管理口直接登录到 WiFi 上修改 WiFi 网络的名称为"Abcz01239_4"
5	通过 PC 连接成功后，登录到 WiFi 上修改 WiFi 网络的名称为"#"
6	通过 PC 连接成功后，登录到 WiFi 上修改 WiFi 网络的名称为"哈"

4. 根据经验补充测试用例

为了让测试更有效，我们可以根据经验再补充一些测试用例，例如：

❑ 是否要在"等价类"中增加一些除"边界值"之外的测试数据？
❑ 有哪些地方是容易出问题的，是否还需要补充一些测试用例？

4.4.7　组合类测试设计：正交分析法

使用四步测试设计法对组合类的测试点进行测试设计，整体方法如图 4-63 所示。

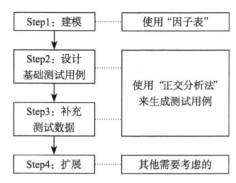

图 4-63　对组合类的测试点进行四步测试设计

1. 使用"因子表"来建模

"因子表"是一张分析测试点需要考虑哪些方面，并且这些方面需要包含哪些内容的表，见表 4-41。

表 4-41　因子表

	因子 A	因子 B	因子 C		因子 A	因子 B	因子 C
1	A1	B1	C1	3		B3	C3
2	A2	B2	C2	4		B4	

如果因子的取值是一个数据类型，我们可以使用等价类和边界值的方法来确定因子的取值。

有时候，因子之间可能存在一定的约束关系。例如，因子 A 取值为 A1 的时候，因子 B 只能取值为 B1；因子 A 取值为 A2 的时候，因子 B 只能取值为 B2、B3、B4，这时我们需要将其拆开，建立两张因子表。

因子 A 取值为 A1 时的因子表，见表 4-42。

因子 A 取值为 A2 时的因子表，见表 4-43。

表 4-42　因子 A 取值为 A1 时的因子表

	因子 A	因子 B	因子 C
1	A1	B1	C1
2			C2
3			C3

表 4-43　因子 A 取值为 A2 时的因子表

	因子 A	因子 B	因子 C
1	A2	B2	C1
2		B3	C2
3		B4	C3

然后对这两张表，分别进行测试用例设计。

接下来我们以"PC 连接 WiFi"的测试点 1～测试点 5 为例，使用因子表来进行测试建模。

举例：对"PC 连接 WiFi"的测试点 1～测试点 5 使用因子表来建立测试模型

"PC 连接 WiFi"这个功能包含的测试点，见表 4-12。

首先我们来分析一下这些测试中包含的因子：

从测试点 1 和测试点 2 中，我们可以提取出因子 1："WiFi 网络选择"。该因子的取值为"首选 WiFi 网络"和"备选 WiFi 网络"。

从测试点 3 和测试点 4 中，我们可以提取出因子 2："是否加密"。该因子的取值为"加密"和"不加密"。

从测试点 5 中，我们可以提取出因子 3："加密算法"。该因子的取值为"WEP""WPA"和"WPA2"。

测试点 1～测试点 4 中还隐藏了一个因子 4："连接 WiFi 是否成功"。该因子的取值为"成功"和"不成功"。

由于因子 2 和因子 3 存在"约束关系"，只有在因子 2 选择为"加密"的情况下，因子 3 才有效，我们为此建立两个因子表：

（1）"因子 2"为"加密"情况下的因子表（表 4-44）。

表 4-44　因子 2 为加密的因子表

	因子 1：WiFi 网络选择	因子 2：是否加密	因子 3：加密算法	因子 4：连接 WiFi 是否成功
1	首选 WiFi 网络	加密	WEP	成功
2	备选 WiFi 网络		WPA	不成功
3			WPA2	

（2）"因子 2"为"不加密"情况下的因子表（表 4-45）。

表 4-45 因子 2 为不加密的因子表

	因子 1：WiFi 网络选择	因子 2：是否加密	因子 3：加密算法	因子 4：连接 WiFi 是否成功
1	首选 WiFi 网络	不加密		成功
2	备选 WiFi 网络			不成功

2. 使用"PICT 工具"来生成测试用例

"PICT 工具"是针对"Pairwise Testing"实现的测试用例设计工具。通过它，我们可以直接将"正交表"转换为测试用例。"Pairwise Testing"译为中文为"成对测试"，是一种正交分析的测试技术。"Pairwise Testing"能够覆盖因子取值的所有的两两组合（这样覆盖的原因是，通过对缺陷的统计分析，我们发现，相对于多个因子的组合，大部分的问题能够通过因子的两两组合来发现，多个因子的组合仅会发现少量的问题，但是测试的投入却是巨大的，因此，相对来说两两组合可以更有效地发现缺陷）。

可以在 http://www.pairwise.org/tools.asp 处下载 PICT 工具（Pict.exe、PICTHelp.htm）。

PICT 工具支持 Windows 操作系统。下载成功后，我们将 PICT 工具解压后放在 c:\PICT 目录下。

表 4-46 要分析的因子表

	Factor A	Factor B	Factor C	Factor D
1	A1	B1	C1	D1
2	A2	B2	C2	D2
3		B3	C3	D3
4			C4	

假设我们现在需要分析的因子表为表 4-46。

我们先将因子表按照下述格式写入文件"c:\PICT\test.txt"中：

```
Factor A: A1, A2;
Factor B: B1, B2, B3;
Factor C: C1, C2, C3, C4;
Factor D: D1, D2, D3;
```

然后在 DOS 中调用 PICT 运行这个文件：

C:\Windows\System32>c:\PICT\pict c:\PICT\test.txt >c:\PICT\testcase.xls

PICT 工具就能帮我们按照 Pairwise 的规则，自动组合因子的取值，并将结果保存在 c:\PICT 的 testcase.xls 中，见表 4-47。

表 4-47 PICT 工具自动处理后的结果

	Factor A	Factor B	Factor C	Factor D		Factor A	Factor B	Factor C	Factor D
1	A1	B1	C2	D2	4	A1	B2	C2	D3
2	A2	B2	C3	D2	5	A1	B1	C3	D1
3	A2	B3	C1	D1	6	A2	B2	C4	D1

（续）

	Factor A	Factor B	Factor C	Factor D		Factor A	Factor B	Factor C	Factor D
7	A2	B2	C1	D3	10	A2	B1	C4	D3
8	A1	B3	C3	D3	11	A1	B3	C4	D2
9	A2	B3	C2	D1	12	A1	B1	C1	D2

我们只需将表中的每一行作为一个测试用例即可。

接下来我们以"PC 连接 WiFi"的测试点 1～测试点 5 的因子表为例，使用 PICT 工具来设计测试用例。

举例：对"PC 连接 WiFi"的测试点 1～测试点 5 的因子表使用 PICT 工具来生成测试用例

上一节中我们已经分析得到了"PC 连接 WiFi"的测试点 1～测试点 5 的因子表为：

（1）"因子 2"为"加密"情况下的因子表，见表 4-48。

表 4-48　因子 2 为加密的因子表

	因子 1：WiFi 网络选择	因子 2：是否加密	因子 3：加密算法	因子 4：连接 WiFi 是否成功
1	首选 WiFi 网络	加密	WEP	成功
2	备选 WiFi 网络		WPA	不成功
3			WPA2	

（2）"因子 2"为"不加密"情况下的因子表，见表 4-49。

表 4-49　因子 2 为不加密的因子表

	因子 1：WiFi 网络选择	因子 2：是否加密	因子 3：加密算法	因子 4：连接 WiFi 是否成功
1	首选 WiFi 网络	不加密		成功
2	备选 WiFi 网络			不成功

接下来我们使用 PICT 工具，按照本节介绍的方法，分别对这两个正交表进行分析，得到的结果如下：

（1）"因子 2"为"加密"情况下的 Pairwise 表，见表 4-50。

表 4-50　因子 2 为加密的 Pairwise 表

	因子 1：WiFi 网络选择	因子 3：加密算法	因子 4：连接 WiFi 是否成功
1	备选 WiFi 网络	WPA	不成功
2	首选 WiFi 网络	WEP	成功
3	备选 WiFi 网络	WPA2	成功

（续）

	因子1：WiFi 网络选择	因子3：加密算法	因子4：连接 WiFi 是否成功
4	备选 WiFi 网络	WEP	不成功
5	首选 WiFi 网络	WPA	成功
6	首选 WiFi 网络	WPA2	不成功

（2）"因子2"为"不加密"情况下的 Pairwise 表，见表 4-51。

表 4-51　因子 2 为不加密的 Pairwise 表

	因子1：WiFi 网络选择	因子4：连接 WiFi 是否成功		因子1：WiFi 网络选择	因子4：连接 WiFi 是否成功
1	首选 WiFi 网络	成功	3	首选 WiFi 网络	不成功
2	备选 WiFi 网络	不成功	4	备选 WiFi 网络	成功

接下来我们就可以合并这两张 Pairwise 表，得到测试用例（只给出测试用例标题），见表 4-52。

表 4-52　合并后的测试用例

测试用例编号	测试用例标题
1	使用备选 WiFi 网络，WPA 加密，连接不成功
2	使用首选 WiFi 网络，WEP 加密，连接成功
3	使用备选 WiFi 网络，WPA2 加密，连接成功
4	使用备选 WiFi 网络，WEP 加密，连接不成功
5	使用首选 WiFi 网络，WPA 加密，连接成功
6	使用首选 WiFi 网络，WPA2 加密，连接不成功
7	使用首选 WiFi 网络，不加密，连接成功
8	使用备选 WiFi 网络，不加密，连接不成功
9	使用首选 WiFi 网络，不加密，连接不成功
10	使用备选 WiFi 网络，不加密，连接成功

3. 根据经验补充测试用例

为了让测试更有效，我们可以根据经验再补充一些测试用例，例如：

❑ 是否需要增加因子取值的组合？

❑ 有哪些地方是容易出问题的，是否还需要补充一些测试用例？

4.4.8　控制用例粒度：测试点的组合和拆分

软件测试架构师在测试设计中除了为整个团队在测试设计的方法上提供指导外，还有一项十分重要的工作，就是控制用例粒度。

1. 控制用例粒度

用例粒度是对测试用例是精细还是笼统地描述测试点的通俗说法。测试用例越聚焦到一个功能点上，这个功能点越小越细，用例粒度就越细；反之，如果一个测试用例包含了比较多的功能点，这个测试用例的用例粒度就会比较粗。

一般说来，用例粒度细的测试用例，更容易发现产品在设计上的问题，但是如果整个测试团队的用例粒度都很细，那么需要测试的测试用例就会比较多，给测试进度、测试投入和测试用例的编写与维护等带来不少问题。而用例粒度粗的测试用例，更容易发现产品在系统上、设计上、功能交互上和需求方面的问题，但是如果整个测试团队的用例粒度都很粗，虽然测试用例的数目可能会少很多，但我们又有可能漏掉很多功能设计上的细节问题，影响产品质量。

所以对软件测试架构师来说，控制用例粒度，绝对是在测试设计中非常重要的一项工作。

控制用例粒度，意味着我们要做以下两件事。

第一，我们希望整个团队的测试用例的总数维持在一个比较合理的范围内，同时很好地达到测试验证产品的效果，这就需要我们控制测试用例的源头——测试点：让测试点不要过粗或者过细。如果测试点过粗或过细，我们就要去拆分或者组合它，保证设计出来的测试用例粒度比较统一。

这时我们使用四步测试设计法的优势就淋漓尽致地展现出来了：对这些拆分或组合后的测试点，我们还可以找到适合的测试点类型，还能够找到合适的测试设计方法，如图 4-64 所示。

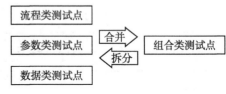

图 4-64 四步测试设计法优势

这也使得我们的测试设计变得更为灵活、更有技巧性。

第二，不同的用例粒度，可能会发现产品不同层次的问题（细粒度的用例可能更容易发现产品功能的设计和实现方面的问题，而粗粒度的用例可能更容易从系统的角度去发现一些功能交互或是需求方面的问题），所以我们需要在不同的测试阶段，对测试点进行一些拆分或组合，以求可以从不同的层次去测试产品，发现问题，见表 4-53。

表 4-53 对测试点拆分或组合

	集成测试阶段	系统测试阶段
用例粒度	相对细	相对粗

（续）

	集成测试阶段	系统测试阶段
测试设计方法	相对多使用流程类、数据类和参数类的测试设计方法，减少对组合类的使用	相对多使用组合类的测试设计方法，减少流程类、数据类和参数类的使用

2. 策略覆盖

还有一种控制测试用例粒度的方法，就是策略覆盖。

在测试设计时，我们经常会遇到这样的情况：

❑ 有些因子，如操作系统、平台等，除了那些可以分析到的对系统有影响的地方之外，对系统的其他功能可能没有影响、影响很弱或者影响未知，没有必要使用 Pairwise 来进行正交。

❑ 有些数据类的测试点，比如就是测试一个名称，测试点比较细，但是它和其他的测试点可能没有关系或者关系很弱，也没有必要使用 Pairwise 来做正交。

这时我们就可以考虑使用策略覆盖的方式，将这些因子或数据的取值，分配到其他测试用例中，作为其他测试用例的测试数据输入或者是测试条件（或预置条件）。

例如，对第一种情况，假设"因子 A"有 4 个因子值，见表 4-54。

表 4-54 因子 A

	Factor A		Factor A
1	A1	3	A3
2	A2	4	A4

我们已经通过流程、参数、数据或组合的测试设计方法，得到了 6 个测试用例，见表 4-55。

我们将"因子 A"作为预置条件，分配到这 6 个测试用例中，见表 4-56。

表 4-55 因子 A 的 6 个测试用例

测试用例编号	测试用例标题
1	测试用例 1
2	测试用例 2
3	测试用例 3
4	测试用例 4
5	测试用例 5
6	测试用例 6

表 4-56 预置条件分配

测试用例编号	测试用例标题	预置条件
1	测试用例 1	A1
2	测试用例 2	A2
3	测试用例 3	A3
4	测试用例 4	A4
5	测试用例 5	A1
6	测试用例 6	A2

对第二种情况，假设"数据 B"使用等价类和边界值分析后，得到 4 个测试数据，见表 4-57。

我们将"数据 B"作为测试输入数据，分配到这 6 个测试用例中，见表 4-58。

表 4-57 4 个测试数据

	数据 B		数据 B
1	B1	3	B3
2	B2	4	B4

需要特别说明的是，上面在"分配"因子或数据的时候，使用的是"轮询"的方式，即按照"A1""A2""A3""A4""A1"……的顺序进行。在实际项目中，"轮询"方式不一定适合，我们还需要考虑：

❑ **内容的重要性**：不同的因子或数据值，它们的重要性可能不同。对重要的、优先级高的因子，我们可以加大分配量。例如，"因子 A"中的"A1"重要性相对"A2"～"A4"都要高一些，我们就可以在测试用例中多分配一些"A1"，见表 4-59。

<table>
<tr><td colspan="3">表 4-58　测试输入数据分配</td><td colspan="3">表 4-59　内容重要性示例</td></tr>
<tr><th>测试用例编号</th><th>测试用例标题</th><th>测试输入数据</th><th>测试用例编号</th><th>测试用例标题</th><th>预置条件</th></tr>
<tr><td>1</td><td>测试用例 1</td><td>B1</td><td>1</td><td>测试用例 1</td><td>A1</td></tr>
<tr><td>2</td><td>测试用例 2</td><td>B2</td><td>2</td><td>测试用例 2</td><td>A2</td></tr>
<tr><td>3</td><td>测试用例 3</td><td>B3</td><td>3</td><td>测试用例 3</td><td>A3</td></tr>
<tr><td>4</td><td>测试用例 4</td><td>B4</td><td>4</td><td>测试用例 4</td><td>A4</td></tr>
<tr><td>5</td><td>测试用例 5</td><td>B1</td><td>5</td><td>测试用例 5</td><td>A1</td></tr>
<tr><td>6</td><td>测试用例 6</td><td>B2</td><td>6</td><td>测试用例 6</td><td>A1</td></tr>
</table>

❑ **测试执行的便利性**：我们可以尽量将和这个测试用例有关的"因子"或"数据"值分配到一起，达到测试用例的时候可以"顺便"测试这个"因子"或"数据"值的效果。

最后我们来看一个实际的例子：我们还是以"PC 连接 WiFi"为例。

这时我们考虑"PC 会使用不同的操作系统"来连接 WiFi，即考虑"操作系统"这个因子，并将这个因子在"PC 连接 WiFi"的测试用例中进行"策略覆盖"。

举例：对"PC 连接 WiFi"这个功能，考虑"操作系统"后，进行策略覆盖

假设 PC 可以通过下述操作系统来连接 WiFi：

支持的"操作系统"	支持的"操作系统"
Windows 8	Windows XP
Windows 7	Mac OS X

我们要将这个因子策略覆盖到表 4-60 所示的测试用例中（关于这些测试用例的生成，参见 4.4.7 节）。

表 4-60　策略覆盖的测试用例

测试用例编号	测试用例标题
1	使用备选 WiFi 网络，WPA 加密，连接不成功
2	使用首选 WiFi 网络，WEP 加密，连接成功
3	使用备选 WiFi 网络，WPA2 加密，连接成功

（续）

测试用例编号	测试用例标题
4	使用备选 WiFi 网络，WEP 加密，连接不成功
5	使用首选 WiFi 网络，WPA 加密，连接成功
6	使用首选 WiFi 网络，WPA2 加密，连接不成功
7	使用首选 WiFi 网络，不加密，连接成功
8	使用备选 WiFi 网络，不加密，连接不成功
9	使用首选 WiFi 网络，不加密，连接不成功
10	使用备选 WiFi 网络，不加密，连接成功

我们首先来分析"操作系统"这个因子，看看不同的操作系统是否具有不同的优先级。

作为举例，我们假设"Windows 7"和"Windows 8"的优先级比较高。

接下来我们来考虑测试执行的便利性。

从测试时的配置顺序来看，我们会先选择是使用"首选 WiFi"还是"备选 WiFi"，再选择"是否要加密"，如果要"加密"，我们还要选择"加密算法"。我们可以将上述配置过程绘成一棵"树"的形式，如图 4-65 所示。

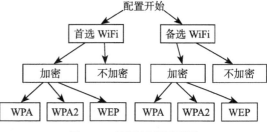

图 4-65　配置过程树形图

然后我们选择让每种"操作系统"覆盖一个"树权"，如图 4-66 所示。

其中（1）和（3）中还包含了 3 种加密的情况，包含的"测试用例"比（2）和（4）要多一些，我们可以将（1）和（3）

图 4-66　操作系统覆盖树权

分别分配给我们分析出来的重要的操作系统：Windows 7 和 Windows 8；将（2）和（4）分别分配给相对不那么重要的操作系统：Windows XP 和 Mac OS X。

这样，按照上述分配策略，我们将"操作系统"这个因子在测试用例中分配，见表 4-61。

表 4-61　操作系统在测试用例中的分配

测试用例编号	测试用例标题	预置条件
1	使用备选 WiFi 网络，WPA 加密，连接不成功	Windows 8
2	使用首选 WiFi 网络，WEP 加密，连接成功	Windows 7
3	使用备选 WiFi 网络，WPA2 加密，连接成功	Windows 8
4	使用备选 WiFi 网络，WEP 加密，连接不成功	Windows 8

（续）

测试用例编号	测试用例标题	预置条件
5	使用首选 WiFi 网络，WPA 加密，连接成功	Windows 7
6	使用首选 WiFi 网络，WPA2 加密，连接不成功	Windows 7
7	使用首选 WiFi 网络，不加密，连接成功	Windows XP
8	使用备选 WiFi 网络，不加密，连接不成功	Mac OS X
9	使用首选 WiFi 网络，不加密，连接不成功	Windows XP
10	使用备选 WiFi 网络，不加密，连接成功	Mac OS X

4.4.9 错误推断法

错误推断法是测试者根据经验来判断产品在哪些地方容易出现问题，然后针对这些地方来设计测试用例的方法。

错误推断法是一种基于经验的测试设计方法。使用错误推断法来设计测试用例，优点是测试用例的有效性会比较高（所谓测试用例的有效性，就是指测试用例发现产品缺陷的能力）。但错误推断法的缺点也是显而易见的：这时测试专注于发现缺陷，可能会测试得很严苛，却忽视或遗漏掉对一些基本功能和场景的测试验证，造成测试遗漏。因此对软件测试架构师来说，在测试设计中控制错误推断法的使用，将其维持在一个合适的度上，是非常重要的一件事情。

将错误推断法用到四步测试设计法中的第 4 步，根据经验补充测试用例，是一个比较推荐的方法。在保证测试用例对功能、场景能够有一定的基本覆盖的基础上，再使用错误推断法来增加测试用例的有效性。

错误推断法中的经验，主要源于对产品缺陷的分析，具体方法如图 4-67 所示。

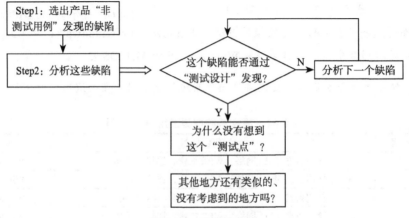

图 4-67　错误推断法

可见我们的经验其实是通过问问题来获得的：我们对测试设计遗漏的这些缺陷，一边问自己上述的这些问题，一边记录下这些问题的答案和在这个过程中我们产生的任何对测试有意义的灵感，这些内容就是我们宝贵的测试经验。

然后我们把这些经验作为测试点，对它们来设计测试用例，这就是使用错误推断法来设计测试用例的整个过程。

这些经验对整个测试团队来说都是非常有益的。对软件测试架构师来说，可以定期组织这样的缺陷分析活动，并在团队中分享这些经验，拓展大家的思路，增加对缺陷的敏感度，提高测试设计的有效性。

4.5 探索式测试

探索式测试 (exploratory testing) 最早由测试专家 Cem Kanner 博士在 1983 年提出，是一种强调测试人员同时开展测试学习、测试设计、测试执行，并根据测试结果反馈及时优化的测试方法。

探索式测试十分强调人，特别是优秀的测试者在软件测试中的作用，因此探索式测试非常注重测试思维，发展到现在，已经总结了非常多的测试方法。尽管探索式测试十分推崇自由、个性和激情，但这并不意味着探索式测试就是随意的、想到什么就测试什么的测试。分析被测对象，根据被测对象的特点来使用合适的测试方法，对探索式测试来说同样重要。如何选择合适的探索式测试方法，对软件测试架构师来说，是在探索式测试中需要关注的第一个问题。

什么情况下需要开展探索式测试？这是软件测试架构师需要关注的第二个问题。在本节中，我们将先为大家介绍探索式测试的一般实施方法。在后面的章节中，我们还将和大家一起来深入探讨探索式测试开展的策略。

4.5.1 探索式测试的基本思想：CPIE

CPIE 模型概括总结了探索式测试的基本思想，如图 4-68 所示。

❑ 收集（Collection）：收集所有关于测试对象的信息并去理解这些信息。

❑ 划分优先级（Prioritization）：对所有

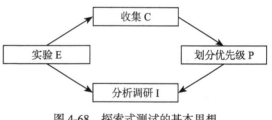

图 4-68 探索式测试的基本思想

需要测试的任务进行优先级的划分。

❑ 分析调研（Investigation）：对测试的任务进行仔细分析，预测可能输出的结果。

❑ 实验（Experimentation）：进行测试实验，确认测试结果和预期是否符合。分析是否需要修改测试策略和方法。如有需要，进入"收集"阶段。

CPIE 模型很好地总结了探索式测试的基本思想。和传统式测试相比，探索式测试弱化了流程，强调实践，边学边测，持续改进。使用探索式测试的优势是显而易见的：能够更快地进行测试，能够得到更有效的测试点，能够更高效地发现产品缺陷。但是，探索式测试也有一定的局限性：容易将焦点集中在缺陷发现上而偏离对需求的验证，对基本测试点的测试和覆盖容易不足，测试点不易复用，不易积累。

此外，探索式测试对人的要求很高，包括测试者的思维能力，分析能力，总结能力，持续改进、追求卓越的意愿，等等。

在实际项目中，以传统式测试为主线，将探索式测试作为很好的补充是比较不错的方式，两种思想结合起来，能比较不错地将探索式测试的思想运用到各种测试活动中。

4.5.2 选择合适的探索式测试方法

我们可以按照如下的步骤来选择探索式测试方法。

第一步：对产品的特性进行"分区"。

我们将产品特性划分为"历史区"（继承特性）、"商业区"（销售特性）、"娱乐区"（辅助特性）、"破旧区"（问题高发区）、"旅馆区"（平台、维护特性）、"旅游区"（噱头特性）和"其他区"。

如果产品同时具备了多个区域的特性，那就将这个特性分别划到这些区域中去。如果我们对一个产品中的特性来划分区域，划分完成后，可能会像图 4-69 这样，存在相互重叠的情况。

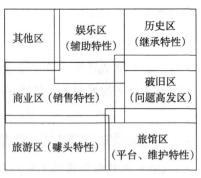

图 4-69　相互重叠的情况

第二步：根据不同的分区来选择适合这个分区的探索式测试方法。

1. 历史区测试法

历史区测试法针对的是"老代码"，即在前几个版本就已经存在的软件特性，也包括那些用于修复已知缺陷的代码。

历史区测试法是一种有效的测试方法，因为对于软件的缺陷来说，历史常常会重演——我们经常在测试中发现，之前修复的缺陷在后面测试的时候又出现了，或是在后面的测试中又出现了类似的缺陷，因此多花一些时间重新测试那些曾含有很多缺陷的代码是特别重要的。

表4-62总结了历史区测试法中包含的探索式测试法，供读者参考。

表4-62 历史区测试法中包含的探索式测试法

测试方法	方法描述
恶邻测试法	指那些缺陷横行的代码段，测试人员应该在这些区域尽量多花时间
博物馆测试法	重视老的可执行文件和那些遗留代码，另外还包括累积许久没有执行过的用例，确保它们和新增代码享受同等待遇
上一版本测试法	检查那些在新版本中无法再运行的测试用例，以确保产品没有遗漏必需的功能，也就是说如果当前产品构造是对先前版本的更新，必须先运行先前版本上支持的所有场景和测试用例

2. 商业区测试法

商业区测试法针对的是销售特性。所谓的销售特性，就是指产品的重要功能和特性，是测试时需要重点测试的对象。

商业区测试法包含的主要测试方法，见表4-63。

表4-63 商业区测试法包含的主要测试方法

测试方法	方法描述
指南针测试法	主要要求测试人员通过阅读用户手册、场景及产品需求进行相关的测试
卖点测试法	对那些能够吸引用户的特性进行测试，至于哪些特性能够吸引用户，可以向销售人员咨询，或者拜访客户
地标测试法	主要是寻找测试点，明确测试项，这里的测试点就是"地标"
极限测试法	向软件提出很多难以回答的问题。比如，如何使软件发挥到最大限度？哪个特性会使软件运行到其设计极限？哪些输入和数据会耗费软件最多的运算能力？等等
快递测试法	要求测试人员专注于数据，即数据从输入到输出展现给客户或页面过程中，数据执行的流程
深夜测试法	当我们不对测试对象操作时，测试对象能否自动完成各种维护任务，将数据归档，自动记录发生的异常情况，等等
遍历测试法	通过选定一个目标，然后使用可以发现的最短路径来访问目标包含的所有对象。测试中不要求追求细节，只是检查那些明显的东西

3. 娱乐区测试法

娱乐区测试法针对的是辅助特性，也就是那些并不是那么重要的特性的测试。

娱乐区测试法包含的主要测试方法，见表4-64。

表 4-64　娱乐区测试法包含的主要测试方法

测试方法	方法描述
配角测试法	专注于某些特定的特性，它们虽然不是那种我们希望用户使用的主要特性，但和那些主要的特性会一同出现。它们越紧邻那些主要功能，越容易被人注意，所以必须给予这些特性足够的重视，不能忽视
深巷测试法	测试产品特性的使用情况列表中排在最下面的几项特性（最不可能被用到的或是那些最不吸引用户的特性）。它的变种是"混合测试法"，试着把最流行和最不流行的特性放在一起混着测。因为开发人员可能从来没有预想过它们会在这样的场景中被混合在一起
通宵测试法	测试软件长时间运行后，各功能模块是否正常，有点像稳定性测试。这个方法很容易和"深夜测试法"混淆，但是测试侧重点不同："深夜测试法"测试的是测试对象的自动处理能力

4. 破旧区测试法

破旧区测试法针对的是问题高发特性。对这些让人头痛的问题高发特性，破旧区测试法的测试思想就是继续"落井下石"：如输入恶意数据、破坏操作、修改配置文件等，所有这些你能想到的"有害"的事情，都往这些特性上想就对了。

破旧区测试法包含的主要测试方法，见表 4-65。

表 4-65　破旧区测试法包含的主要测试方法

测试方法	方法描述
破坏测试法	指那些缺陷横行的代码段，测试人员应该在这些区域尽量多花时间
反叛测试法	要求输入最不可能的数据，或者已知的恶意输入。你见过去酒吧不喝酒点果汁的吗？反叛测试法与此类似，要求输入最不可能的数据
强迫症测试法	强迫软件一遍又一遍接受同样的数据，反复执行同样的操作。此种思维方式，常常打破了开发人员设计代码的思路，他们预想着你会按步骤操作，却不曾考虑过你反复地执行第一步应该如何处理

5. 旅馆区测试法

旅馆区测试法针对的是平台或维护特性。这些特性的特点容易被忽视，而旅馆区测试法就是让我们再回过头去测试一些经常被忽视的或在测试计划中较少描述的次要及辅助功能的方法。

旅馆区测试法包含的主要测试方法，见表 4-66。

表 4-66　旅馆区测试法包含的主要测试方法

测试方法	方法描述
取消测试法	启动相关操作，然后停止它，查看测试对象的处理机制及反应。例如，在功能进行中使用 Esc 键、取消键、回退键、关闭按键或者彻底关闭程序等
懒汉测试法	做尽量少的实际工作，让程序自行处理空字段及运行所有默认值

6. 旅游区测试法

旅游区测试法针对的是噱头特性。这种测试方法的特点是关注如何快速访问文件的各种功能，测试目的就像方法的名称一样，只是为了到此一游。

旅游区测试法包含的主要测试方法，见表4-67。

表 4-67　旅游区测试法包含的主要测试方法

测试方法	方法描述
收藏家测试法	测试人员通过测试去收集软件的输出，将那些可以到达的"地方"都到达一遍，并把观察到的输出结果记录下来，收集得越多越好
长路径测试法	访问离应用程序的某个开始点尽可能远的特性。哪个特性需要点击 N 次才能被用到？哪个特性需要经过最多的界面才能访问？主要指导思想是到达目的地之前尽量多地在应用程序中穿行
超模测试法	要求测试人员去关心那些表面的东西，只测试界面。测试中注意观察界面上各种元素。它们看上去怎么样？有没有被正确地绘制出来？变化界面时，图形用户界面刷新情况如何？如果软件用颜色来传达某种意思，这种信息是否一致？界面是否违反了任何惯例或标准？
测一送一测试法	测试同一个应用程序多个复制的情况。测试程序同时处理多个功能要求时，是否正常，各功能之间同时处理时，是否会相互影响

7. 其他区测试法

"其他区"是指那些无法归类在历史区、商业区、娱乐区、破旧区、旅馆区和旅游区中的探索测试的区域，比如产品的一些可测试性、可维护性特性（最终用户不一定会使用，但是对测试或者开发、维护却比较有用的的内容），再比如对当前有代码变动的一些地方的测试等。

"其他区测试法"包含的主要测试方法如下：

测试方法	方法描述
内部测试法	这个方法一般在你需要进行某项功能测试之前完成。首先收集这个功能有哪些部分是对确认测试结果、定位问题有用的"内部输出"（可能就是些中间结果，而不是最终的用户可以看到的信息），然后确认这些地方是否有效。（如果你发现你的测试功能无法使用内部测试法，这时可以与开发人员和需求工程师聊聊，也许这里有新的需求）
变动区测试法	首先分析当前版本和上个版本有哪些内容上的变化。然后只针对变化的内容进行探索测试。对 bug 的回归测试、验证 bug 的修改是否正确，就是使用的这种方法

4.5.3　开展探索式测试

在实际项目中，我们可以通过如图 4-70 所示 3 个步骤来开展探索式测试：

1. 确定探索式测试任务

确定任务是开展探索式测试的第一步。

确定任务可以由软件测试架构师来进行，也可以由任意一个测试组员来进行。

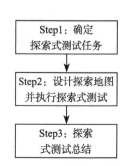

图 4-70　探索式测试

首先，我们需要确定任务的范围。以下3种思路，可以帮助我们来确定这个测试任务的范围：

思路1：进行全局场景探索。

思路2：进行特性漫游探索。

思路3：进行局部功能点探索。

所谓全局场景探索，就是指准备进行探索的对象是整个系统；特性漫游探索是指准备进行探索的对象是整个特性；而局部功能点探索是指准备进行探索的对象是某个具体的功能。

如果我们用"矩形框"来代表"系统"，"圆形"代表系统中的某个特性，"三角形"代表特性中的某个功能，那么全局场景探索、特性漫游探索和局部功能点探索之间的关系就能用图4-71来进行描述。

全局场景探索　　特性漫游探索　　局部功能点探索

确定了探索式测试的范围后，我们就可

图4-71　3种探索关系

以对范围中的特性，按照上一节介绍的内容进行分区了，确定测试方法。

接下来我们就可以根据范围和方法来确定探索式测试的任务了，可以参考如下方式来进行描述：

❏ 使用×××测试方法，对××场景进行探索测试。
❏ 使用×××测试方法，对××特性进行探索测试。
❏ 使用×××测试方法，对××功能进行探索测试。

如果测试团队对探索式测试方法已经运用得很纯熟了，可以不用在任务中注明探索式测试方法，直接对××场景、特性或者功能进行探索测试即可。

2. 设计探索地图并执行探索式测试

接下来的工作就是根据探索式测试任务来设计探索地图。

探索地图就是测试者根据被测对象的特点，使用探索式测试方法分析得到的测试点，然后就可以按照测试点对被测对象进行探索式测试，并记录测试结果，如图4-72所示。

在4.4节中讨论"测试设计"时，我们特别指出"不能将测试点直接作为测试用例来进行产品测试"，为什么在探索式测试的时候我们又可以用测试点来进行产品测试呢？

这是因为，探索式测试是一边学习、一边设计、一边执行的测试，很多测试点都是我们边测试边确定的，确定后就会立即去执行验证，我们的测试目标是清晰的，即使测试点写得比较粗，也是知道该怎么去测试的；另外，在探索式测试的执行中，我们知道现在测试的是什么，接下来应该测试什么，也能保证我们以一个比较合理的顺序执行。所以，使用探索式测试是能够直接用"测试点"来进行产品测试的，这也是"探索式测试"速度快、效果高的优势所在。

当然，我们在 4.4 节中介绍的测试设计方法，也是适合探索式测试的：我们也可以对探索式测试中的测试点建立测试模型，设计测试用例。比如，使用 PICT 工具来设计测试用例，确定测试的内容。

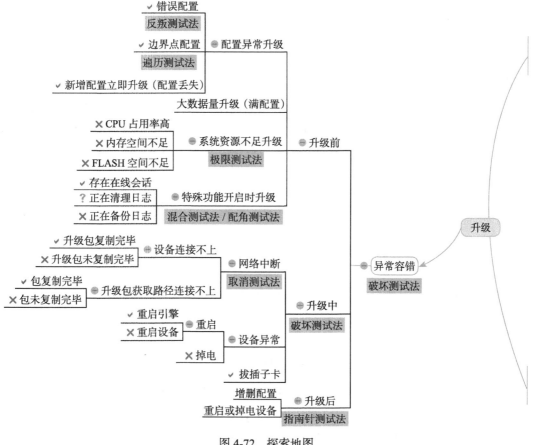

图 4-72　探索地图

探索式测试还有个优势就是能够根据测试结果及时调整测试点，更有效地发现产品缺陷。例如，测试者在探索式测试时，发现某些探索路径中的功能质量很好，就可以适当减少探索度，相反又可以增进一些探索式测试，增加测试点的有效性。

为了避免测试者陷入无休止的探索中，每个探索任务都需要确定一个完成时间，比如 1 小时、2 小时，时间到了就需要停止测试，并以此来制订探索式测试计划。

3. 探索式测试总结

探索式测试者每执行完一个任务，都需要围绕如何有效地发现产品缺陷，立即进行总结：

❑ 总结使用哪些方法能够更有效发现产品的问题。

❑ 总结本次探索式测试中的教训。

探索式测试完成后，团队中的探索式测试者可以坐在一起分享本次探索式测试中的总结、案例等。然后大家再将这些经验、教训运用到下一次探索式测试中。

4.6　自动化测试

自动化测试现在已经得到了人们越来越多的关注，目前很多公司都已经专门成立了自动化测试团队，有专门的自动化架构师和自动化开发人员。对软件测试架构师来说，掌握自动化测试相关的知识和技术是必要的，但是掌握这些知识的目的不是设计自动化的架构或是具体来部署自动化，而是用好自动化：

第一，用好已有的自动化——让现有自动化能在产品测试中发挥最大的功效；

第二，会根据产品的测试需要向自动化团队提出合适的自动化需求，和自动化团队保持良好的互动。

要做到上面两点，需要建立正确的自动化观念；知道怎么去评价自动化的受益；对工具保持敏感度，能够根据产品选择合适的工具就是软件测试架构师需要学习了解的首要内容。

4.6.1　需要知道的一些自动化测试真相

一提到自动化测试，我们容易想到的就是"7×24 小时不间断测试""反复测试""效率高""廉价"等赞美之词。但是，我们也发现，自动化测试做的人不少，成功的却不多。在这里，我们并不打算对自动化测试实施不尽如人意的原因、对策进行详细分析，这已经不在本书的讨论范围内了。我希望的是，作为软件测试架构师，能够比普通的测试、研发人员对自动化测试有更为深刻的认识，不盲目乐观，也不妄自菲薄；不盲从于流行，也不限制于传统，能够真正将当前的自动化水平和产品测试结合起来，发挥它最大的作用。

我们要讨论的第一个关于自动化测试的"真相"就是它的"成本"。

1. 自动化并不廉价，相反，自动化很贵

自动化测试是用一段程序去测试另外一段程序，这中间需要花费的成本其实并不比新开发一个产品少。

首先，很多团队希望部署自动化测试的原因，都是因为项目时间紧张，想通过自动化测试来提升效率，节省时间。但是他们却忽视了，开发自动脚本也是需要不少时间的，既然时间都已经不够用了，哪里还有时间再去开发脚本呢？这无异于缘木求鱼。在这种情况下，即使开发出来测试脚本，在时间压力下，脚本的质量必将无法保证，很多时候这些脚本没运行几次就被丢弃了，造成成本的浪费。

其次，自动化测试需要由懂自动化技术的人来操作。自动化测试其实也是开发代码，也需要专业人才才能胜任此项工作。

当然，自动化测试工具也不是免费的，需要购买或者二次开发。

时间成本、人力成本和技术成本，都是自动化中需要考虑的成本。自动化测试真的很贵，在部署之前，一定要考虑团队的消费能力。

2. 自动化脚本往往没有想象中那么可靠

很多团队想部署自动化测试的另外一个重要原因是，自动化通过程序运行，验证标准是统一的，不会漏掉用例中的步骤，是最忠实可靠的。但具有讽刺意味的是，自动化测试给你的“OK”，可能真的只是幻象——脚本只会按照指定好的步骤去运行和确认结果，不会去捕捉一些突发的异常（或说至少不能全面地去捕捉）。而我们分析一下测试中发现的缺陷就能发现，究竟有多少缺陷是根据测试步骤发现的，又有多少缺陷是在步骤外“意外”发现的？换句话说，这些“意外”发现的缺陷，在部署自动化测试之后，可能都会发现不到。

除此之外，自动化测试工具或者自动化测试环境可能并不是那么可靠（自动化测试工具可能还没有被测产品测试得充分），自动化测试环境或者工具也会导致自动化测试“失败”，也就是说结果为“失败”的测试用例也不一定就是真的存在错误。

因此，无论是正确的自动化测试结果，还是错误的自动化测试结果，都需要人再去确认。

3. 自动化测试不是单靠测试就能搞定的事儿

事实上，即便我们有了可靠的自动化测试工具和合适的自动化脚本开发人员，真正到了部署自动化的时候，也会发现并不是那么容易进行的。我们会发现，自动化测试需要 SE、开发、测试、自动化工程师紧密配合才能有效运作起来，不是单靠测试就能搞定的。

自动化测试要想最大限度地发挥作用，就要尽早开发出脚本，这样才能反复使用脚本。但是自动化脚本不是想早开发就能早开发的，在开发之前有很多先决条件：

首先，"需求"要确定得清楚，特别是用户的输入输出，一定要尽早确认清楚，这要SE给力。

其次，"UI"或者"命令行"也需要尽早确定下来，而且确定了就最好不要随便更改了，这才利于自动化脚本中的一些"中间层"的设计，这要开发给力。

最后，测试用例要尽快写出来，这要测试给力。

上面无论哪个环节出现了问题，都会影响自动化测试的正常开展，使得自动化测试停滞不前，甚至返工，这其中蕴含的困难和阻力是不能小觑的。所以，对软件测试架构师来说，如果决定要部署自动化测试，可能就需要调整测试策略，加强对自动化测试中的风险识别，做好风险控制，并有针对性地对测试设计做一些调整。

4.6.2 如何评估自动化的收益

由于自动化是昂贵的，不是那么可靠的，也不是那么容易进行的，所以我们要有办法对自动化的收益进行评估，通过评估帮助我们在产品中制定合适自动化测试部署的策略，让自动化测试能够发挥最大的作用。

1. 自动化测试的实施成本

自动化测试的实施成本，可以通过下面的计算公式来进行评估：

$$自动化实施成本 = 前期开发成本 + 后期的维护成本$$

其中，前期开发成本主要包含如下内容：

❑ 人力成本：和自动化开发人员相关的费用成本。
❑ 时间成本：自动化准备时间，自动化开发、调试的时间成本。
❑ 金钱成本：工具购买、开发、维护的费用成本。

影响后期维护成本的是：

❑ 产品变更引起的自动化测试脚本变更的成本。
❑ 定位、修复自动化运行环境引起的脚本的健壮性问题的成本。
❑ 定位、修复自动化运行环境的可靠性问题的成本。
❑ 其他任何未知的引起测试脚本变更的因素引发的成本。

此外，这个评估中的内容，也是自动化部署时需要考虑的一些重要问题，在自动化部署前仔细分析考虑这些内容，还可以帮助我们提前识别风险，预防问题。

2. 自动化测试的运行次数

自动化测试的运行次数是指在自动化测试脚本的生命周期内，这个脚本能够被执行的次数。显然，自动化测试的收益和自动化测试运行的次数是成正比的，脚本能够被运行得越多，自动化测试的收益才会越高。我们用如下的等式来表达两者之间的关系：

自动化测试的收益 = 自动化测试的运行次数

自动化测试的运行次数为我们编写自动化测试脚本时，优先选择哪些测试用例提供了参考标准——不是优先选择容易进行自动化测试的测试用例，而是选择那些真正需要多次执行的测试用例。而且这个原则不仅适用在自动化脚本的开发上，还适用在自动化脚本的维护、自动化脚本可靠性的提升的优先选择上。

3. 自动化测试实施成本比

自动化测试实施成本比的计算公式如下：

$$p = \frac{k \times n}{c1 + c2}$$

式中　k——手工执行自动化用例所花费的时间成本；

n——自动化测试用例执行的次数；

$c1$——花费在自动化测试前期的成本（时间成本＋人力成本＋金钱成本）；

$c2$——花费在自动化测试后期的成本（时间成本＋人力成本＋金钱成本）。

这个公式可以帮助我们评估当前自动化测试的收益，还可以帮助我们确定适合当前项目的自动化测试和手工测试比。

4.6.3　自动化测试工具介绍

俗话说，"工欲善其事，必先利其器"。这个道理也适用于软件测试。对软件测试架构师来说，了解目前常见的自动化测试工具是有必要的。这样才能在有需要的时候，为产品测试选择合适的工具，或是向自动化测试团队提出需求。

我从单元测试、UI自动化测试和性能测试的角度，总结了常见的自动化测试工具。

1. 单元测试工具

Parasoft 系列单元测试工具见表 4-69。

表 4-69　Parasoft 系列单元测试工具

工具名	语言	特点
Jtest	Java	代码分析和动态类，组件测试
Jcontract	Java	实时性能监控及分析优化
C++Test	C、C++	代码分析和动态测试
CodeWizard	C、C++	代码静态分析
Insure++	C、C++	实时性能监控及分析优化
.test	.Net	代码分析和动态测试

Compuware 系列单元测试工具见表 4-70。

表 4-70　Compuware 系列单元测试工具

工具名	语言	特点
BoundsChecker	C++、Delphi	API 和 OLE 错误检查、指针和泄露错误检查、内存错误检查
TrueTime	C++、Java、Visual Basic	代码运行效率检查、组件性能的分析
FailSafe	Visual Basic	自动错误处理和恢复系统
Jcheck	MS Visual J++	事件分析工具
TrueCoverage	C++、Java、Visual Basic	函数调用次数，所占比率统计以及稳定性跟踪
SmartCheck	Visual Basic	函数调用次数，所占比率统计以及稳定性跟踪
CodeReview	Visual Basic	自动源代码分析工具

Xunit 系列单元测试工具见表 4-71。

表 4-71　Xunit 系列单元测试工具

工具名	语言	官方网站
Aunit	Ada	http://www.libre.act-europe.fr
CppUnit	C++	http://cppunit.sourceforge.net
ComUnit	VB,COM	http://comunit.sourceforge.net
Dunit	Delphi	http://dunit.sourceforge.net
DotUnit	.Net	http://dotunit.sourceforge.net
HttpUnit	Web	http://c2.com/cgi/wiki?HttpUnit
HtmlUnit	Web	http://htmlunit.sourceforge.net
JUnit	Jave	http://www.junit.org
JsUnit(Hieatt)	Java Script 1.4 以上	http://www.jsunit.net
PhpUnit	Php	http://phpunit.sourceforge.net
PerlUnit	Perl	http://perlunit.sourceforge.net
XmlUnit	Xml	http://xmlunit.sourceforge.net

2.UI 自动化测试工具

UI 自动化测试工具见表 4-72。

表 4-72　UI 自动化测试工具

工具名	公司名	官方网站
WinRunner	HP Mercury	http://www.mercuryinteractive.com
QTP	HP Mercury	http://www.mercuryinteractive.com
Robot	IBM Rational	http://www.rational.com
QARun	Compuware	http://www.compuware.com
SilkTest	Segue	http://www.segue.com
e-Test	Empirix	http://www.expirix.com

3. 性能自动化测试工具

性能自动化测试工具见表 4-73。

表 4-73　性能自动化测试工具

工具名	公司名	官方网站
WAS	Microsoft	http://www.microsoft.com
LoadRunner	HP Mercury	http://www.mercuryinteractive.com
Qaload	Compuware	http://www.compuware.com
TeamTest:SiteLoad	IBM Rational	http://www.rational.com
Webload	Radview	http://www.radview.com
Silkperformer	Segue	http://www.segue.com
e-Load	Expirix	http://www.expirix.com
OpenSTA	OpenSTA	http://www.opensta.com

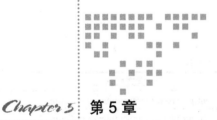

软件测试架构师的软能力修炼

软件测试架构师作为产品测试团队的"技术官",是不是只要专注于测试技术和产品知识,就能够胜任这个角色,得到各领域的认可呢?事实上软件测试架构师的工作并不是那么简单。作为软件测试架构师,除了技术这种"硬能力"之外,沟通协商、文档写作这些"软能力",也会影响到开发和测试的合作、测试策略的落地、缺陷处理等日常工作,进而影响测试的进度和质量。

本章从产品测试的角度,讨论软件测试架构师在日常工作中需要关注的沟通协商和文档写作方面需要注意的内容。

1. 沟通和协商

❑ 软件测试架构师在产品项目中需要遵循的基本原则。

❑ 如何通过有效沟通获得对产品测试有用的信息?

❑ 如何和自己的测试团队沟通?

❑ 如何和上级领导或投资决策者沟通?

2. 写好测试用例

❑ 谁是测试用例的读者,以及他们关心的是什么?

❑ 如何使得测试用例的测试目标突出?

❑ 如何控制测试用例的粒度?

❑ 如何通过优化用例表达来减少用例执行遗漏?

5.1 沟通和协商

一般来说，沟通是指双方信息的交换；而协商是指在出现分歧的情况下，通过商议、讨论，最后能够达成一致。对软件测试架构师来说，沟通无处不在：

- 软件测试的"输入"，如需求、产品设计等，虽然有文档，但是其中很多细节，甚至文档的更新，还是需要通过沟通来获得；
- 软件测试策略，需要通过沟通和测试团队中每个成员达成一致，统一目标。

对软件测试架构师来说，掌握一些沟通协商技巧是非常有必要的。我们需要了解产品测试中的沟通原则，具备如何通过沟通来获取对测试有用的信息的能力，以及对不同对象使用不同的沟通方式和沟通策略。

5.1.1 产品测试中的沟通原则

对产品测试而言，沟通原则有两点：

- 尽早沟通。
- 既要对事，也要对人。

1. 尽早沟通

在日常沟通中我们都能感到，同一件事情，沟通的时机不同，沟通的结果可能就会大相径庭。在产品测试中也是如此：在进行一项测试活动（如测试设计、测试执行等）之前，需要把目标、要求、期望的结果和可能的问题尽早沟通清楚，防患于未然。

尽早沟通能够帮助我们预防分歧。

让我们来回想一下是否有这样的感觉：

- 感到开发在项目中老是破坏规矩，或是不按照规矩出牌。
- 感到开发或者测试输出的文档不是你想要的。
- 感到领导或是投资决策者不太理解自己，和自己之间仿佛有种沟通障碍。

如果上面有答案是肯定的，我们不妨再来看看这些问题的原因，其实都可以归咎为"分歧"：可能对目标的理解存在分歧，也有可能对做事的方式方法存在分歧，或对事物完成的标准存在分歧。

其实在测试和研发团队中，每个人看待问题的角度不同，关注度不同，存在分歧是很正常的。需要我们做的，是在分歧变成问题之前，彼此进行沟通、协商、妥协。不要小看这样的沟通活动，它们能够帮助我们从根本上消灭很多问题，就像汽车的润滑剂一样，能够让项目得以顺利地进行。

2. 既要对事，也要对人

既要对事，也要对人，是我们在产品测试的沟通中需要遵循的第二条原则。

在日常的沟通中，我们常说要"对事不对人"。"既要对事，也要对人"我们该如何理解呢？

事实上，测试需要打交道的角色非常多，开发人员、测试人员、领导人员、市场人员、服务人员等。"对人"意在强调我们在沟通时需要**理解你的沟通对象，要学会换位思考，即使是同一件事情，在表达上也需要以对方能够理解的方式来表达**。我们来看看下面这个小故事。

小故事：小李和老张的一次沟通

小李在拿到项目整体计划后发现，测试分析和设计的时间被压缩得很厉害。小李拿着测试策略，想和项目责任人沟通一下，希望他能够增加一些测试分析和设计的时间。

小李：老张（项目负责人），按照测试策略，我们在做测试执行之前，需要进行测试分析，按照现在的研发计划，测试分析的时间太仓促了……（小李还没有说完，就被老张打断了）

老张：没有办法，项目时间实在是太紧了。你看，我们要保证在年底交付，开发有这么多代码量，反推回来，这已经是最大的限度了。

小李：但是按照这个计划，测试人员来不及做测试分析，测试用例可能写不完。

老张：那不能边测边写吗？

小李：之前就是这样的，但是这样的测试效果非常不好。

老张：效果不好要想办法把效果变好啊，你要多想想办法，把测试设计做得更快一些。再说，不是在项目中测试，才有感觉吗？你花那么多时间在用例的设计上有啥用？听我的，把你们的测试策略再调整一下，多想想办法，或者做点儿自动化什么的，提高效率。

显然，这次沟通的结果让小李很失望。小李自认为自己既占理又有据，但就是无法说服老张，只能吐槽老张不懂测试。但当我们冷静下来，仔细思考"开发不懂测试"这个问题时，就会发现这其实特别正常：开发和测试本来就是两个独立甚至有点儿对立的角色，对同一件事情的关注点存在差异，"不理解"的土壤是广泛存在的。站在老张的角度，他已经提供了解决方案——"边测边写"，而测试效果不好，显然是测试要想办法解决的事情，而且老张还认为测试执行才是对项目整体最有价值的地方。看待问题的角度不同和理解上的差异造成双方始终无法在同一个点上沟通，就更谈不上协商解决问题了。

小李如何才能打动老张？小李应该先了解老张最关注的地方是什么，然后直接用老张能够接受的方式去沟通，即"既要对事，也要对人"。我们再来看看小李和老张的第二次沟通。

小故事：小李和老张的再一次沟通

小李：老张，我想和你谈一下。你看我们前面几个项目，最后出现了一些进度和质量上的问题。

老张：是的，很恼火啊。这次咱们要多注意一下，这个版本不能再出现这种问题了！

小李：是的。老张，我分析了一下进度上的问题，很重要的一个原因是我们在项目接近尾声时还发现了很多很严重的问题。由于其中有些问题的修改比较大，一不小心就会引入新的问题，影响了产品质量。

老张：是的（已经表现得非常关注了），那些严重问题若能早点发现就好了。其实我也想和你谈谈，有什么办法可以让测试早点发现那些严重的问题呢？

小李：我分析了一下那些问题，很大一部分并不是通过"测试用例"发现的。我们内部做了总结，是测试设计遗漏了。其实，这些"遗漏"也不是那些特别难想到的地方，而是前面在做测试分析的时候，时间不够，考虑不足。如果我们评审做得比较充分，还能好点，但是我们上个版本只是评审了几个特性就没有时间了，所以……

老张：嗯（没有说话，思考状）。

小李：我们这个版本的计划，在这方面的时间还是计划得很少，我担心最后还是会出现类似的问题。

老张：在这方面，你需要增加多少时间？

小李站在老张的角度，知道老张最关心的是产品的质量和项目进度后，就从这个角度切入，从如何避免之前的质量和进度的问题入手，让老张明白测试设计对产品质量和项目进度的意义，自然就能协商解决这个问题了。相信通过这样的沟通，老张在今后制订项目计划的时候，也会更充分地考虑测试设计的时间，小李也不会再被类似的问题困扰了。

5.1.2 通过沟通来获得对产品测试有用的信息

需求、场景、设计等都是测试的重要输入，但我们却常常发现：

❑ 需求描述得不够清晰准确。

❑ 场景描述得很粗。

❑ 设计叙述得不够清晰，看不懂。

更郁闷的是，测试人员很难保证在第一时间知晓需求或设计方面的更新，常常是测试用例都快要写完了，需要开发评审时，才发现设计或者需求都变了。因此，除了文档，测试人员还需要通过沟通来获得对产品测试有用的信息，来保持在项目中的耳聪目明。

1. 以测试的视角来读需求、设计文档，来准备沟通的问题

我发现，测试人员在读需求文档的时候，很容易忽视需求场景的细节，很多时候只会了解一个大概，而在读设计文档的时候，又恨不得弄清楚每一处实现的细节。花费大量时间和精力研读完这些文档后，发现还是不知道该怎么测试。事实上，对测试人员来说，从这些材料来获得测试思路才是读它们的目的，这就要求我们要以测试的视角来阅读这些材料。

何谓测试的视角？我认为主要有以下两个方面：

❑ 需求是否可以测试？需要怎么测试？怎样才算验证通过了？

❑ 设计是否可以测试？需要怎么测试？怎样才算验证通过了？

如果你以这样的角度去阅读需求文档，你就会更加关注需求的范围，特别是其中的限制或约束条件，关注需求的执行者和相关人员，关注场景的前置条件，除了关注那些常见的成功场景，更关注那些扩展的，特别是那些看起来有点不常见，或是错误的、异常的场景。

如果你以这样的角度去阅读设计文档，除了关注它在功能上的设计实现，你还会关注它在非功能方面，如性能、可靠性、安全性、易用性、可移植性、可测试性等方面的设计考虑。

上述这些内容，对测试人员而言都是后续需要验证的内容，但是对于需求工程师或者开发人员来说，却是容易忽视的，或者在文档中容易遗漏的内容。我们以测试的视角，带着这些问题去阅读需求或者开发的材料，就很容易发现那些需要需求工程师或者开发人员来进一步澄清的问题，获得对产品测试有用的信息，而不会跟着需求工程师或者开发人员的思路跑了。

2. 以需求工程师或开发的视角来问问题

准备好需要沟通的问题后，接下来当然就是要进行沟通。正如我们前面讨论的那样，在沟通的时候，我们需要对事，也要对人，即我们应该以需求工程师或开发的视角来问问题。

下面我们以测试人员和开发人员沟通为例。

小李和开发人员小王的一次沟通

小李想就 ×× 特性的实现和测试与开发人员进行一次沟通：

小李：×× 特性你觉得需要怎么测试？

小王：这个特性比较重要，你全面测试一下吧。

小李：××× 地方是怎么设计的呀？

小王：这个一下子说不清楚，你看一下文档，文档中都写着呢。

这个例子并非我杜撰，类似的沟通场景在测试工作中随处可见，整个沟通弥漫着一种"话不投机"的氛围——可能此时开发人员小王的心里也正在嘀咕："设计是我的事情，难道测试不是测试人员该考虑的问题吗？"显然，我们是很难通过这样的沟通来获取对测试真正有用的信息的。究其原因，小李最大的问题就是始终站在测试的角度提问题，希望开发能够直接给出"怎么测"的建议。小李需要的是多站在开发的角度来问问题，这样才容易获得比较多的信息，然后再对信息进行分析加工，获得对产品测试有用的信息。

当然，我们并不是要求小李和开发人员沟通讨论产品实现、编码的细节，而是希望小李能够从开发人员关注、理解的概念入手来进行沟通，让沟通从话不投机，变得彼此能有更多的共同语言。我们来看一下小李换成这种沟通方式后的效果。

小李和开发人员小王的几次沟通（二）

小李想就 ×× 特性的实现和测试与开发人员进行一次沟通：

小李：×× 特性是全新开发的还是继承的？

小王：基本都是继承 ×× 产品的，我主要做的是移植和适配的工作。

小李：那你主要修改了哪些，新写了哪些？

小王：大的流程我都没有改，和 ×× 产品中的处理都是一样的。我主要改了 ×××。

小李：好。这是我根据你的文档画的一个业务处理的流程图，你帮我看看我的理解对吗？

（小王开始看小李画的处理流程图，双方开始沟通……）

小李：对了，你刚刚说我们的功能是从××产品继承来的，但是××产品的规格比我们低多了，性能上我们有没有进行一些设计和改动呢？

小王：性能那块是小张在负责，我们还没有沟通过，目前还没有考虑，我可以再和他沟通一下，可能在×××处限制上确实有点问题。

小李：好，那你们沟通完了跟我说一下结论。

全新开发、继承、业务流程图、规格这些都是开发关注并且理解的内容，从这些内容入手进行沟通，小王的话明显变多了。这个特性是"继承特性"，开发的主要方式是"进行代码移植"，"开发主要的改动点有哪些""新的业务流程"小李都沟通清楚了，尽管整个沟通没有提过一次"怎么测"，但是相信小李已经心中有数了。

沟通也是个相互启发的过程。有经验的测试人员往往理解用户的使用习惯和用户的关注点，能够帮助需求工程师和开发人员更好地理解用户场景，确定需求的优先级，而且测试者对产品哪些地方容易出问题往往特别敏感。小李就提到了产品可能会有性能方面的问题，这部分问题正好是小王目前没有考虑到的地方，帮助小王预防了缺陷。

3. 总结、跟踪和确认

有时候我们需要分多次进行沟通，这就需要我们及时总结本次沟通的结论和需要进一步跟踪或确认的事情，并且确定下一次沟通的时间和主题。

以小李和小王的沟通为例。小李和小王沟通时，遗留了一个和性能相关的问题，这时小李可以记录如下：

小李在和小王沟通后的遗留问题见表 5-1。

表 5-1　遗留问题跟踪表

序号	问题描述	责任人	下次沟通时间
1	××特性在性能上的处理限制可能有问题，待和小王再进行确认	小王	×××

5.1.3　和测试团队成员沟通

对一个测试团队来说，测试用例和产品缺陷是主要输出。测试用例质量的好坏，会影响测试执行；测试执行又会影响到产品缺陷的发现，影响产品质量。产品测试的各项活动就像链条，一环一环紧密相扣。哪一个环节出了问题，都会严重影响后续环节。软件测试架构师作为测试团队的首席技术官，通过制定测试策略来保证测试活动的顺利进行（关于测试策略的制定，请参见本书第 6 ~ 8 章），测试策略制定好后，需要和测试团队沟通，统一策略中的目标、思路和方法。软件测试架构师在进行这些沟通的时候，需要注意哪些问题呢？

我们先来看下面这个小故事。

小故事：郁闷的小李

小李是 ×× 公司的软件测试架构师。目前他所在的项目正处在测试设计阶段，但是他却很郁闷。

小李：郁闷死了。

我：怎么了？

小李：你说小王是咋回事啊，测试策略里面写得清清楚楚，×× 特性在这个版本里面不是重点特性，结果他给我整了几百个测试用例！

我：这说明你的小伙伴很积极嘛，至于这么郁闷吗。

小李：关键是，他的用例写得粗的粗、细的细，我看除了他自己，别人都没法执行。

我：哦，那让他改改吧。

小李：唉，这会儿都评审了，下周就正式测试了，来不及了。

我：哦。

小李：不光是小王，小苏写的用例也有问题，设计得太简单了，得补。

我：嗯，估计得让大家加班改了吧。还有，可能你之前没有给大家说清楚吧。

小李：唉，可能是没有说清楚吧。但是你说，测试策略都写得那么清楚了，怎么大家都不仔细看呢？就算我没有写明白，也要提前问啊，但大家都不问。我也不知道还能再说些什么了。

我想不管是谁，遇到类似的情况，都会觉得很郁闷：在布置任务的时候，我们常常感觉大家对任务已经清楚了，但最后的结果却不是那么回事，而且所有的问题总是在最后一刻爆发，让人措手不及。我们该如何应对这样的问题呢？

解决方法就是**主动进行反复的沟通**。

软件测试架构师永远都不要期望通过一篇文档、一封邮件或是一次会议就能让你团队中所有成员都能充分理解任务，明白最后要做成什么样子。就拿小李提的"设计测试用例时要注意粒度，不要写得太粗，也不要写得太细"来说，这本身就是一个有些开放的要求，不同的人（有测试用例编写经验的人，没有测试用例编写经验的人），对这个要求的理解都会不同，这就需要小李在团队进行测试设计的过程中，再反复沟通，不断澄清，如图 5-1 所示。

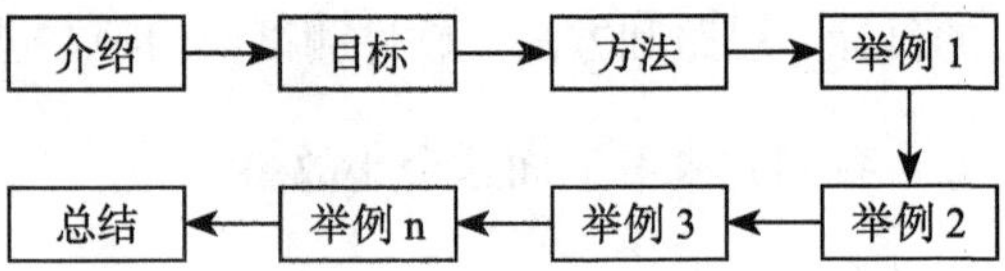

图 5-1 反复沟通示意图

在布置任务时，先对任务进行简要介绍，让团队每个成员都理解任务的目标。

💻说明　在实际项目中，介绍和讲清目标这两个环节也可以由测试经理来负责完成。

然后就是讲解完成此任务的方法。此时软件测试架构师需要考虑的是采用"保姆式手把手地教"，还是"教练式的指导"或是"将军式的完全放手"。

接下来需要沟通的就是举例。并不是说这些例子要在任务开始的时候就一下子列举出来，而是应该在整个任务完成的过程中，根据项目当前的进展和问题，来有针对性地举一些例子。例如在任务开始的时候，举一些正面的、通用的例子，在任务进行的时候，再补充一些反面的、特殊的例子。发现团队中存在一些具有普遍性的问题时，也可以在团队内部进行沟通、澄清。

最后就是总结。通过总结来固化方法，统一团队对一些问题的要求，特别是对那些"开放性"要求的认识，提高团队的协作性。

需要特别提出的是，这里的反复沟通，不是一遍又一遍地重复唠叨，而是试着从不同的角度来把任务描述得更加清楚。

我们来看一个例子。

通过反复沟通来保证团队对测试用例设计的要求理解达成一致

软件测试架构师小李已经完成了测试策略并通过了评审，接下来他需要和团队成员沟通本次测试设计的要求。我们来看看小李是如何进行沟通的。

❑ 背景介绍

小李：××产品项目是一个补丁版本，这个版本需要交付的特性只有特性 A、特性 B

和特性C 3个，特性A和特性B是在主线版本对应特性上的增强，特性C是一个新特性。

❑ 目标对齐

小李：这个项目周期只有两个月，我们要在本月底完成所有特性的分析，输出测试用例。其中特性A和特性B会立即商用，需要达到"完全商用"的标准（产品质量目标，在第6章中还将为大家进行详细介绍）。特别是特性A，在质量方面，对性能和可靠性方面的要求很高；特性C目前的定位是"演示特性"，主要是用于前期收集用户对此特性的表现和反馈，所以易用性和功能方面是我们在这次测试中需要重点关注的内容。

❑ 方法沟通

小李：根据测试策略，特性A和特性B是这次的测试重点，需要考虑的地方分别包括……（此处省略）。大家在用例设计时，注意使用"路径分析法""判定表""Pairwise"等方法来系统进行用例设计，我这边有相关模板（模板请参见附件）供大家参考。设计用例时，要注意用例的组织方式、描述和用例的粒度，都要符合我们组内部的《用例设计指导规范》。

❑ 举例1

小李：这是之前×××输出的测试用例，大家可以在编写测试用例时参考。

上述4个方面，可能在一次沟通会议中就能讲完。如果我们的沟通到这里就结束了，最后输出的测试用例可能无法达到小李期望的效果。接下来我们看小李是如何根据测试团队的具体情况来进行反复沟通的。

由于这个测试团队是一个新员工较多的测试团队，很多同事并没有做过测试设计。即使小李给出了参考的测试用例，在首次设计用例的时候，他们也难免会遇到不少问题。因此小李决定采用"保姆式手把手教"的方式，来带这个年轻的团队完成一次测试设计。

小李按照测试用例设计的步骤，为这个团队设计了几个**内部沟通点，分别为测试分析、用例组织框架确定、用例标题确定和测试步骤与预期结果输出。在每个内部沟通点针对各个主题来进行深入的沟通。**

❑ 举例2：测试分析的沟通。

小李：接下来我们要开始进行的活动是"测试分析"。对×××特性，要分别从单功能、功能交互和质量属性这些方面分析测试点；分析完后，可以使用我们推荐的工程方法进行测试设计。这是我做的一个例子……（此处略）。我也看了×××做的例子，有个问题是……（此处略），大家也可以注意一下（这部分的具体方法，请参见 4.4 节）。

❑ 举例 3：测试用例的组织结构的沟通。

小李：大家的测试分析都做完了，接下来我们要确定测试用例的组织结构了。用例的组织有几种原则，比如……（略），这是我的输出，我是按照 ×× 思路来组织的，大家在组织用例时可以参考一下。这几个问题是在做这部分工作时容易犯的，请大家看看这几个错误的例子……（略）。（这部分的具体方法，请参见 5.2 节。）

❑ 举例 4：确定测试用例标题的沟通。

小李：这是测试设计最困难的地方，大家可以先看一下我这个例子……（略），在做这项活动需要注意的是……（略）。（这部分的具体方法，请参见 5.2 节。）

❑ 举例 5：编写测试步骤和结果的沟通。

小李：编写测试步骤和结果时需要注意的地方是……（略），这是我写的例子，大家可以参考……（略）。大家还有什么问题，也请一并提出来……（略）。（这部分的具体方法，请参见 5.2 节。）

相信通过这一系列扎实的、反复的沟通，即使这是一个很年轻的团队，也可以输出质量不错的测试用例。

5.1.4　和领导或投资决策者沟通

对领导或投资决策者来说，他们一般不会太关注测试的细节，而会更关心下面所列内容：

❑ 产品测试结果和产品的质量评估结论。
❑ 重要 bug。
❑ 重要风险。
❑ 进度。

因此我们在和他们沟通时，首先要避免陷入沟通产品测试的细节中。在措辞方面，少用"可能""感觉"等这类不确定的词语，在表达上也不要轻易下结论，尽量不让不好的沟通习惯在领导面前形成一种不够成熟稳重的印象，使领导对你的基本素质产生怀疑。

在沟通产品测试结果和产品的质量评估结论时，我们可以将测试覆盖情况、质量目标的达成、遗留缺陷作为沟通重点。沟通内容可以参考第 6 章中的质量评估模型。

重要 bug 需要沟通的是当前进展、修改方式或规避措施。对典型的缺陷、后续改进计划也可以作为沟通内容。

如果在沟通时你发现你对某些信息还不清楚，就承认自己不清楚，并声明自己马上会去询问相关信息，并承诺反馈时间（承诺反馈时间非常重要）。

当你想做一些改革或创新时，最好先和你的直接领导沟通一下，听取他的意见，而不要直接跨级沟通。实际上，改革和创新都是需要付出代价的，领导可以站在更高的角度为你审查，帮你把关。在这个合作的时代，一些改革和创新可能还需要开发人员、系统架构师等其他领域角色的配合，远比想象的复杂，如果能够得到领导或投资决策者的大力支持，就等于成功了一半。如果目前领导或投资决策者对你的改革或创新并不买账，那么建议将这个想法先放一下，韬光养晦，之后找准机会再顺势而为。

5.2 写出漂亮的测试用例

在第 4 章，我们讨论了测试分析和测试设计的技术。但是我们会发现，即使我们熟练掌握了各种测试设计技术，写出来的测试用例也总是那么不尽如人意，下面这些情况在测试用例中十分常见：

- ❏ 测试用例只有作者才能看懂，其他人看起来会觉得很吃力。有时候其他人会恨不得把测试用例拿来自己重写一遍。
- ❏ 测试用例由不同的人来执行，结果差别很大。
- ❏ 有的测试用例读起来很笼统，有的测试用例又写得特别细，粒度不统一。

这说明，要想写出漂亮的测试用例，光掌握那些测试技术是不够的，我们还需要注意测试用例的表达。事实证明，只要我们在测试用例表达上稍加注意，就能大大提升测试用例的质量。

5.2.1 测试用例模板

表 5-2 是一个"测试用例"的编写模板。

表 5-2 测试用例模板

用例编号	用例标题	预置条件	测试数据	测试步骤	预期结果

- ❏ 测试用例编号：测试用例的唯一标记。
- ❏ 用例标题：概述测试用例的主要内容，明确该测试用例的意图。
- ❏ 预置条件：测试用例顺利执行的前提条件，如一些基本的配置。

❑ 测试数据：测试时使用的测试数据。

❑ 测试步骤：如何执行这个测试用例，每步的操作是什么。

❑ 预期结果：和测试步骤对应起来，操作后希望系统的返回。

我们在编写测试用例之前，需要先想一下谁会用测试用例，那就是测试执行者。测试执行者对被测对象应该有所了解，有搭建测试环境的能力，并能使用相关工具，是专业人士。因此我们真没有必要把测试用例写得面面俱到，非常细致，而应该简洁无歧义，突出测试用例的目的，描述清楚关键的步骤和检查点即可。好的测试用例，通过阅读标题，就能清楚地知道这个用例的测试目的。和测试目的密切相关的步骤才会放在测试步骤中，那些基础的操作步骤则是简洁地放在预置条件中，使得执行者能够快速抓住测试的重点，并且预期结果应该是清楚准确、没有歧义的。

除此之外，我们还需要控制用例的粒度。

所谓用例的粒度，通俗来讲就是指一个用例包含的测试内容。从项目的角度来说，我们希望项目中所有测试用例的粒度都是基本统一的，这样才便于估计工作量和布置工作任务。从测试执行者的角度来说，过细的测试用例会让执行者感到烦琐、疲惫，过粗的测试用例又容易遗漏掉检查点。下述经验值可以作为大家在控制测试用例粒度时的参考：

❑ 测试用例标题不要超过 30 个汉字。

❑ 测试步骤不要多于 7 步，不要少于 2 步。

❑ 预期结果不要多于 5 个，不要少于 1 个。

接下来我们将要讨论测试用例在描述中需要注意的一些技巧。

5.2.2 测试用例标题要是一个完整的句子

只有当测试用例标题是一个完整的句子时，读者才能完整地了解这个测试用例的意图。推荐使用如图 5-2 所示的句式。

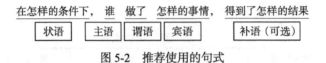

图 5-2 推荐使用的句式

举例：测试用例标题描述

例 1

修改前：同时对源 IP 和目的 IP 进行限制。

点评：缺少主语，不知道对象是什么（其实是个在线抓包工具）；另外为什么要限制？

测试目标不确定(目标是验证抓包工具能否只抓取指定源 IP 和目的 IP 的数据包)。

修改后:在线抓包工具抓取指定源 IP 和目的 IP 的数据包测试。

例 2

修改前:防火墙转发带 MSS 选项带 TCP SYN 报文测试。

点评:没有明确条件——不同的测试条件会造成测试结果的不同,所以在测试用例标题中最好明确需要在怎样的条件下进行测试。

修改后:开启 MSS 调整功能后转发防火墙转发带 MSS 选项的 TCP SYN 报文测试。

5.2.3 用条件而不是参数来描述测试用例标题

做完测试分析,我们得到的其实是一些条件集(如 ××× 流程路径、××× 场景的集合)和一些数据集(如输入参数)。这使得测试用例标题有两种表述方式:

❑ 以条件作为用例标题;
❑ 以参数作为用例标题。

哪种表达方式更好?让我们来看个具体的例子。

举例:

下面这个例子是"××× 产品的 PPPoE 接口针对 TCP 报文的 MSS 调整功能"的测试设计。该功能的实现流程如图 5-3 所示。

根据这个流程,使用路径分析法(详见 4.4.4 节),可以得到如下线性无关路径:

路径一:PPPoE 接口转发 TCP SYN 消息,调整 MSS。

路径二:PPPoE 接口转发 TCP SYN 消息,不调整 MSS。

路径三:关闭 PPPoE 接口 MSS 功能,转发 TCP SYN 消息。

路径四:PPPoE 接口转发不带 MSS 选项的 TCP SYN 消息。

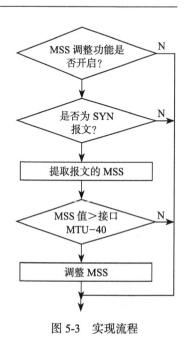

图 5-3 实现流程

上述 4 条线性无关路径，就构成了该功能的条件集。

根据这 4 条路径，也可以得到能够覆盖到这些路径的测试数据，即该功能的参数集，见表 5-3。

表 5-3　参数集

		MTU	MSS
测试数据 1：需要防火墙 PPPoE 接口调整 MSS	PC	1500（默认）	1460（默认）
	防火墙 PPPoE 接口	1492（默认）	
测试数据 2：需要防火墙 PPPoE 接口调整 MSS	PC	1500（默认）	1460（默认）
	防火墙 PPPoE 接口	1499（边界值）	
测试数据 3：需要防火墙 PPPoE 接口调整 MSS	PC	1500（默认）	1460（默认）
	防火墙 PPPoE 接口	128（边界值）	
测试数据 4：不需要防火墙 PPPoE 接口调整 MSS	PC	1500（默认）	1460（默认）
	防火墙 PPPoE 接口	1500（MSS=接口 MTU−40）	
测试数据 5：不需要防火墙 PPPoE 接口调整 MSS	PC	1500（默认）	1460（默认）
	防火墙 PPPoE 接口	1600（边界值）	
测试数据 6：不需要防火墙 PPPoE 接口调整 MSS	PC	128	88
	防火墙 PPPoE 接口	128（边界值）	

如果我们以条件集来作为测试用例标题，在这个例子中，每条测试路径都就可以作为一个测试用例，见表 5-4。

表 5-4　测试路径作为测试用例

测试用例编号	测试用例标题
测试用例 1	PPPoE 接口转发 TCP SYN 消息，需要调整 MSS
测试用例 2	PPPoE 接口转发 TCP SYN 消息，不调整 MSS
测试用例 3	关闭 PPPoE 接口 MSS 功能，转发 TCP SYN 消息
测试用例 4	PPPoE 接口转发不带 MSS 选项的 TCP SYN 消息

如果我们以参数集来作为测试用例标题，在这个例子中，每组参数的取值都可以作为一个测试用例，见表 5-5。

表 5-5　参数的取值作为测试用例

测试用例编号	测试用例标题
测试用例 1	防火墙 PPPoE 接口的 MTU 值为默认，PC 的 MTU 值也为默认
测试用例 2	防火墙 PPPoE 接口的 MTU 值为 1499，PC 的 MTU 值为默认
测试用例 3	防火墙 PPPoE 接口的 MTU 值为 128，PC 的 MTU 值为默认

（续）

测试用例编号	测试用例标题
测试用例 4	防火墙 PPPoE 接口的 MTU 值为 1500，PC 的 MTU 值也为默认
测试用例 5	防火墙 PPPoE 接口的 MTU 值为 1600，PC 的 MTU 值为默认
测试用例 6	防火墙 PPPoE 接口的 MTU 值为 128，PC 的 MTU 值为 128

两者对比我们可以发现，使用条件来作为测试用例标题，和使用参数相比，前者更能突出设计这个测试用例的目标，也易于读者理解测试用例的设计意图，也更易于维护。

可见，在描述测试用例标题时，更适合用条件，而不是参数。参数更适合在测试用例模板中的测试数据部分体现，不要把它们罗列在测试用例标题中。

5.2.4　如果一个用例中包含有多个参数，用例中应该是每个参数的取值

一个测试条件，可能会有多个参数，这些参数又可能会取不同的值。我们在写测试用例的时候，应该对涉及的每个参数给出确定的值。如图 5-4 所示，这个测试条件包含了 3 个参数（分别是"参数 1""参数 2"和"参数 3"），"参数 1"有 3 个参数值（A1、A2、A3），"参数 2"有两个参数值（B1、B2），"参数 3"有 4 个参数值（C1、C2、C3、C4）。

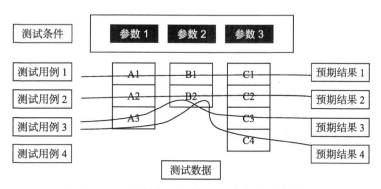

图 5-4　测试用例中测试条件和参数的对应关系

这时我们在写测试用例的时候，测试数据应该是"参数 1""参数 2"和"参数 3"分别取一个确定的值来构成的参数组，见表 5-6。

表 5-6　测试数据的"参数组"

	测试数据		测试数据
测试用例 1	A1、B1、C1	测试用例 3	A3、B2、C3
测试用例 2	A2、B2、C2	测试用例 4	A3、B2、C4

而不应该将每个参数作为一个测试用例，将这个参数中的参数值作为测试数据中的参数组，分别如图 5-5 所示和见表 5-7。

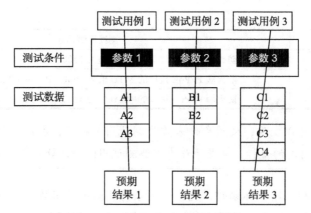

图 5-5　以参数作为测试用例示意

表 5-7　以参数值作为测试数据举例

测试用例	测试数据	测试用例	测试数据
测试用例 1	A1、A2、A3	测试用例 3	C1、C2、C3、C4
测试用例 2	B1、B2		

其实上例的用例 1，用户通过认证后，访问服务，30 分钟内不需要再次认证，就是将一个参数的所有取值作为一个测试用例来设计的。这个参数是用户认证，本例中用户认证这个参数中包含 5 个取值：普通用户 + 密码、普通用户 + 数字证书、高级用户 + 数字证书、高级用户 + 动态密码和高级用户 + 数字证书 + 动态密码 。本例将这 5 个测试数据设计在一个测试用例里面，导致这个用例变得太大，粒度难于控制。事实上，这每个取值都应该是一个单独的测试用例。

举例

测试条件：用户通过认证后，访问服务，30 分钟内不需要再次认证

测试参数：

参数 1：用户认证类型

1	普通用户
2	高级用户

参数 2：认证方式

1	密码	3	动态密码
2	数字证书	4	数字证书 + 动态密码

假设两个参数需要考虑的组合为：

1	普通用户 + 密码	4	高级用户 + 动态密码
2	普通用户 + 数字证书	5	高级用户 + 数字证书 + 动态密码
3	高级用户 + 数字证书		

编写出的测试用例应该为（只给出测试用例标题，测试步骤等略），见表5-8。

表 5-8　编写出的测试用例

测试用例	测试用例标题
1	用户通过普通用户 + 密码认证后，访问服务，30 分钟内不需要再次认证
2	用户通过普通用户 + 数字证书认证后，访问服务，30 分钟内不需要再次认证
3	用户通过高级用户 + 数字证书认证后，访问服务，30 分钟内不需要再次认证
4	用户通过高级用户 + 动态密码认证后，访问服务，30 分钟内不需要再次认证
5	用户通过高级用户 + 数字证书 + 动态密码认证后，访问服务，30 分钟内不需要再次认证

而不应该是这样，见表 5-9。

表 5-9　错误的测试用例

测试用例	测试用例标题
1	不同的用户类型，访问服务，30 分钟内不需要再次认证
2	用户认证方式遍历测试

5.2.5　不要在测试用例中引用别的测试用例

在编写测试用例时，不宜在测试步骤中又引用别的测试用例。

举例：在测试用例中引用别的测试用例（表 5-10）

测试用例 1：用户通过认证后，访问服务，30 分钟内不需要再次认证。

测试用例 2：用户认证通过后，超过 30 分钟重新认证后访问服务。

表 5-10　引用其他测试用例

预置条件	测试数据	测试步骤	预期结果
系统已经有用户的信息	认证方式：普通用户 + 密码	（1）执行测试用例 1； （2）等待超过 30 分钟，该用户再次访问服务 [check1]； （3）用户再次认证后，重新访问服务 [check2]	[check1] 用户不能正常访问服务，系统提示不需要再次认证； [check2] 用户重新认证后，能够正常访问服务

在上面的例子中，我们在测试用例 2 的测试步骤 1 中，又引用了测试用例 1。这样编写

测试用例，会使得测试用例的内容变多，不仅测试执行者在执行用例时容易遗漏，也不利于测试计划的安排，还会给后期用例的修改、维护和移植带来麻烦。

我们会在测试用例中引用另外一个测试用例，在很大程度上是因为用例在执行中存在先后关系，即测试用例 2 一定会在测试用例 1 之后执行。这时我们可以考虑这样来编写测试用例：

方法 1：把测试用例 1 和测试用例 2 合并成一个大的测试用例。

方法 2：把测试用例 1 的主要内容放到测试用例 2 的预置条件中。

方法 1 比较适合测试用例 1 和测试用例 2 都比较简单的情况，相对来说方法 2 更通用一些。

我们来看具体如何改造上面这个测试用例。

举例：用方法 1 对测试用例 1 进行改造

考虑合并测试用例 1 和测试用例 2，得到新测试用例 3，见表 5-11。测试用例 3：用户通过普通用户＋密码认证后，访问服务测试。

表 5-11　测试用例 3

预置条件	测试数据	测试步骤	预期结果
系统已经有用户的信息	认证方式：普通用户＋密码	（1）用户访问服务，服务弹出页面，要求认证； （2）用户按照要求输入用户名和密码 [check1]； （3）用户立即再次访问服务 [check2]； （4）等待 30 分钟，该用户再次访问服务 [check2]； （5）等待超过 30 分钟，该用户再次访问服务 [check3]； （6）用户再次认证后，重新访问服务 [check2]	[check1] 用户认证通过； [check2] 用户能够正常访问服务，且不需要再次认证； [check3] 用户不能正常访问服务，系统提示不需要再次认证

在测试用例 3 中，步骤 1 ～步骤 4 即为原测试用例 1 的步骤，步骤 5 ～步骤 6 为原来测试用例 2 的步骤。

举例：用方法 2 对测试用例 2 进行改造

我们考虑将测试用例 1 中的主要内容，总结为测试用例 2 的预置条件，见表 5-12。测

试用例 2：用户通过普通用户 + 密码认证后，超过 30 分钟重新认证后访问服务

表 5-12 测试用例 2 的预置条件

预置条件	测试数据	测试步骤	预期结果
1. 系统已经有用户的信息； 2. 用户通过认证后，访问服务	认证方式：普通用户 + 密码	（1）等待超过 30 分钟，该用户再次访问服务 [check1]； （2）用户再次认证，重新访问服务 [check2]	[check1] 用户不能正常访问服务，系统提示不需要再次认证； [check2] 用户重新认证后，能够正常访问服务

其中用户通过认证后，访问服务，就是对原测试用例 1 的概要描述。

5.2.6 避免测试用例中包含过多的用户接口细节

在介绍测试用例模板时，我们已经提出用例执行者应该是专业人士，测试用例不必写得面面俱到。我们来看下面的例子。

举例：在测试步骤中描述得面面俱到的测试用例

测试用例 4：首次购物的用户，先选择物品，再登录系统购物测试，见表 5-13。

表 5-13 测试用例 4

预置条件	测试数据	测试步骤	预期结果
（1）用户首次注册成功，但从未成功购物（未填写过用户信息）； （2）用户在购物前并没有登录购物网站	商品类型：女装 购买数量：1 件	（1）用户访问购物网站，选择特定的商品类型； （2）用户选择需要购买的商品和数量，点击结账 [check1]； （3）用户输入正确的 ID 和密码，然后点击 ok [check2]； （4）用户输入正确的姓名、街道地址、城市、州、邮编、电话号码，然后点击 ok[check3]； （5）用户输入正确的信用卡卡号、开户银行、有效期、信用卡类型，然后点击 ok[check4]； （6）用户确认产品、地址和信用卡卡号后，点击确认付款 [check5]	[check1] 系统验证用户信息，发现用户没有登录，页面跳转到登录页面； [check2] 系统提示用户登录成功，并将页面跳转到用户详细信息页面； [check3] 系统提示用户详细信息更新成功，转到网银支付页面； [check4] 系统提示支付信息输入成功，转到支付确认页面； [check5] 系统显示购物成功

这个测试在测试步骤中描述了很多用户接口细节，如："用户输入正确的 ID 和密码""用户输入正确的姓名、街道地址、城市、州、邮编、电话号码""用户输入正确的信用卡卡号、

开户银行、有效期、信用卡类型"，并且还不忘描述"点击 ok""点击确认付款"等操作。过多的细节使得测试执行者无法快速抓住用例执行步骤的重点，而且一旦产品在细节的设计上有所变化，测试用例也需要修改，不利于测试用例的后期维护。

所以用例步骤最好是对系统操作的概括描述，无须叙述所有细节。基于这个思路，我们来对测试用例 4 进行改造。

举例：改造测试用例 4

测试用例 4：首次购物的用户，先选择物品，再登录系统购物测试，见表 5-14。

表 5-14　改造后的测试用例 4

预置条件	测试数据	测试步骤	预期结果
（1）用户首次注册成功，但从未成功购物（未填写过用户信息）； （2）用户在购物前并没有登录购物网站	商品类型：女装 购买数量：1 件	（1）用户访问购物网站，选择特定的商品类型； （2）用户成功选择需要购买的商品和数量 [check1]； （3）用户成功登录系统 [check2]； （4）用户输入正确的网购地址信息 [check3]； （5）用户输入正确的信用卡支付信息 [check4]； （6）用户确认产品、地址和信用卡信息后确认付款 [check5]	[check1] 系统验证用户信息，发现用户没有登录，页面跳转到登录页面； [check2] 系统提示用户登录成功，并将页面跳转到用户详细信息页面； [check3] 系统提示用户详细信息更新成功，转到网银支付页面； [check4] 系统提示支付信息输入成功，转到支付确认页面； [check5] 系统显示购物成功

经过改造后的测试用例步骤是不是看起来清晰、简洁多了？

5.2.7　明确测试步骤和预期结果的对应关系

一个测试用例通常会包含好几个测试步骤和多个预期结果。有时候不同的测试步骤可能会有相同的预期结果，为了描述简便，很多测试用例作者会省略相同的预期结果。另外，也不是所有的测试步骤都有预期结果，一般是重要、关键的测试步骤才会有预期结果。这时我们可以在测试用例中，增加简单的标记（如 [check n]）来明确测试步骤和预期结果之间的对应关系，让测试执行人员一目了然。

举例：在测试用例中增加 [check] 标记来明确测试步骤和预期结果之间的对应关系
（表 5-15）

表 5-15　测试步骤和预期结果之间的对应关系

预置条件	测试数据	测试步骤	预期结果
系统已经有用户的信息	认证方式：普通用户 + 密码	（1）用户访问服务，服务弹出页面，要求认证； （2）用户按照要求输入用户名和密码 [check1]； （3）用户立即再次访问服务 [check2]； （4）等待 30 分钟，该用户再次访问服务 [check2]； （5）等待超过 30 分钟，该用户再次访问服务 [check3]； （6）用户再次认证后，重新访问服务 [check2]	[check1] 用户认证通过； [check2] 用户能够正常访问服务，且不需要再次认证； [check3] 用户不能正常访问服务，系统提示不需要再次认证

5.2.8　避免在测试步骤中使用笼统的词

我们在描述测试步骤时，需要尽量避免那些笼统的表述方式，如"反复""长时间""大量"等。因为这样描述，不同的测试执行者的理解会有所不同。比如"反复"，有人会认为执行两次就是反复了，有人可能会认为要执行至少 10 次，这样就会造成测试执行上的差异，很可能会达不到测试的效果。

那么，我们在测试用例中该如何进行描述呢？

1. 测试用例中需要反复、多次操作的描述方法

问题 1：反复执行接口 up/down 的操作

解决方法 1：在测试用例中确定反复的具体次数。

修改 1：反复执行接口 up/down 操作 **100 次**。

解决方法 2：也可以为测试用例确定一个反复的范围。

修改 2：反复执行接口 up/down 操作**至少 100 次**。

解决方法 3：如果反复多次执行某个操作多次后，会出现某种特定的效果（例如内存会升高到某个特别值），但是需要反复执行多少次这样的操作却并不确定，可以这样描述。

修改 3：反复执行接口 up/down 操作，直至系统内存值达到最大值的 45%。

2. 测试用例中需要长时间测试的描述方法

问题 2：系统长时间转发 HTTP 业务。

解决方法 1：在测试用例中确定长时间的测试时长。

修改 1：系统**持续**转发 HTTP 业务 **24 小时**。

解决方法 2：也可以为测试用例确定一个长时间的测试时间范围。

修改 2：系统**持续**转发 HTTP 业务**至少 24 小时**。

3. 测试用例中需要大量操作的描述方法

问题 3：大量用户同时连接服务器。

解决方法 1：需要确定大量的具体数量，如 1000、2000。

修改 1：2000 个用户同时连接服务器。

解决方法 2：可以以产品规格作为大量的参照值，如满规格、系统支持数的 50%。

修改 2：**满规格**用户同时连接服务器。

第三部分 *Part 3*

修炼：软件测试
架构师的核心技能

从第三部分开始，我们将要讨论如何在产品测试中灵活应用第二部分介绍的测试技术；如何平衡产品的商业目标、成本和技术；如何综合考虑质量、成本和进度，来确定"最适合"当前产品实际状况的测试方式，进行刚刚好的测试——如何制定我们的产品测试策略。这也是作为软件测试架构师在修炼途中需要掌握的核心技能。

我们将会分三章来讨论如何获得这项技能。

第6章 如何才能制定好测试策略：主要为大家介绍制定测试策略的方法和技术。包括四步测试策略制定法、产品质量评估模型、风险分析技术和分层测试技术。其中产品质量评估模型可以帮助我们快速确定产品质量目标，在测试过程中帮助实时调整测试策略，评估测试结果；风险分析技术描述了产品通用的风险分析 checklist 和针对老功能进行风险分析的方法，能够帮助我们基于风险来开展测试，设置测试优先级；分层测试技术能够帮助我们确定在什么测试阶段需要做怎样的测试，从而使我们可以有条不紊地完成测试目标。

第7章 测试策略实战攻略：本章是对第6章的实践，主要描述在实际项目中，随着项目的深入，软件测试架构师如何一步步制定出测试策略。

第8章 版本测试策略和产品质量评估：本章也是对第6章的实践，主要描述当项目进入测试执行阶段后，软件测试架构师该如何确定每个测试版本的测试策略，如何跟踪测试制定，如何评估版本质量。本书是以传统瀑布开发模式来进行测试分层的。但是里面叙述的内容同样适用于各种敏捷、迭代开发模式。

第 6 章 *Chapter 6*

如何才能制定好测试策略

制定测试策略是软件测试架构师最核心的技能，但是要想做好这项工作并不是一件容易的事情。本章将围绕理解测试策略，编写测试策略的总体思路，制定测试策略相关的技术、模型和方法来展开叙述。对有志于成为软件测试架构师的读者来说，本章的内容将会是修炼之路上的重要基础。

6.1 理解测试策略

对软件测试架构师来说，制定好测试策略的第一步，就是理解它。

1. 什么是测试策略？

"测试策略"通俗来讲就是 6 个字："测什么"和"怎么测"。

具体来讲，就是答好和产品测试相关的六大问题：

❑ 测试的对象和范围是什么？
❑ 测试的目标是什么？
❑ 测试的重点和难点是什么？
❑ 测试的深度和广度？
❑ 如何安排各种测试活动（先测试什么，再测试什么）？
❑ 如何评价测试的效果？

拿官方的话来说，测试策略就是指我们将如何开展我们的测试活动。

如果你想看看测试策略的例子，不妨先跳到本书的 7.3.6 节看看总体测试策略的例子。

2. 测试策略等于测试方针？

测试策略并不等同于测试方针，但这是很容易被我们混淆的一对概念。

那么什么是测试方针呢？

测试方针是产品测试中的通用要求、原则或底线。

通用是测试方针的显著特点：它不针对某个特定产品，而是一个产品族，或是一个产品系列，并且在较长的一段时间内都是适用的。

下面是一些测试方针的例子：

测试方针举例：

❑ 产品的缺陷修复率要达到 75% 以上，才能发布。

❑ 开发转给测试的版本，需要进行自测，并出具测试报告。

❑ 对发布版本，无论代码修改了多少，都要对基本功能进行回归测试。

❑ 产品升级后发现有功能丢失了，这类缺陷的等级为严重。

测试策略仅针对当前特定的产品版本而言，并不像测试方针那样具备通用性。反过来，我们倒是可以这样理解测试策略：

遵循测试方针 + 项目实际情况 = 测试策略

测试策略需要遵循测试方针，并不意味着我们不能根据项目的实际情况来对测试方针进行调整。

以产品的缺陷修复率要达到 75% 以上，才能发布这条测试方针为例。如果当前某个特定产品版本，对产品质量的要求特别高，在制定测试策略的时候，我们可以考虑将这条测试方针调整为"产品的缺陷修复率要达到 90% 以上，严重以上的缺陷修复率为 100%"。

3. 测试策略等于测试计划？

测试策略也不是测试计划，它们之间的关系是：通过测试策略确定的测试活动，在测试计划中被拆解为一个个任务，并为每个任务确定工期、执行的先后次序和责任人，如图 6-1 所示。

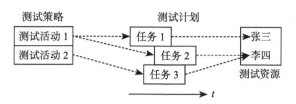

图 6-1 测试策略与测试计划的关系

表 6-1 是一个"测试计划"示例。

表 6-1 "测试计划"示例

任务名称	责任人	任务起止时间	优先级
测试任务 1	张三	2015/8/5—2015/8/7	高
测试任务 2	李四	2015/8/5—2015/8/6	中
测试任务 3	王五	2015/8/5—2015/8/15	低

此外，测试计划的制订者是测试经理，属于测试管理的范畴。而测试策略的制定者是软件测试架构师，属于测试技术的范畴。

4. 测试策略等于测试方案?

根据我的调查，很多公司并没有区分测试策略和测试方案，事实上测试策略和测试方案并不相同。

1）测试方案主要解决的是特性在测试设计和测试执行方面的问题

测试策略要解决的是产品测试的六大问题。显然，测试方案要解决的问题没有那么"高大上"，就是如何对特性进行测试设计和如何安排这个特性的测试执行，具体包括：

❑ 对特性的需求、场景、设计进行分析，提取测试点。
❑ 对测试点选择合适的测试设计方法（如使用怎样的测试设计模型、测试数据的选择），生成测试用例。
❑ 自动化测试设计。
❑ 测试执行时需要按照怎样的顺序来执行这些测试用例。

举例如下：

测试方案模板（以一个"特性"为单位）：

1. × × 特性的场景

　　a）用户场景描述。

描述用户会如何使用这个特性。

b）测试场景描述。

描述测试时会怎样模拟用户的使用，模拟和实际的差别在哪里，是否会有风险，等等。

2.××特性设计分析

a）产品实现中的关键业务流程。

b）重要的算法（或实现技术）的分析。

c）其他需要注意的内容分析。

3.××特性测试分析

a）测试类型分析。

b）功能交互分析。

4.××特性测试设计

对测试点使用四步测试设计法，逐一得到测试用例。

以"树"形结构来组织这些测试用例。

为测试用例划分优先级。

5.××特性测试执行

哪些测试用例准备进行手工测试。

哪些用例计划进行自动化测试。

哪些地方可能还需要进行探索测试。

测试用例是否需要考虑测试执行顺序。

2）测试方案需要遵循测试策略

测试方案需要遵循测试策略对具体某个特性的测试深度和广度的要求。

例如，某测试策略对特性 A 和特性 B 的测试说明，见表6-2。

表 6-2　测试说明

特性	测试优先级（测试重点）	测试说明（测试深度和广度）
特性 A	高	1. 需要进行全面、深入的功能测试； 2. 需要考虑各种测试类型，尤其是可靠性方面的测试
特性 B	低	只需要进行基本功能验证测试即可

在编写特性 A 的测试方案时，我们需要覆盖"车轮图"所有的内容。而在编写特性 B 的测试方案时，我们只需要使用"车轮图"中的"单运行正常值输入法"和"单运行边界值输入法"即可，如图 6-2 所示。

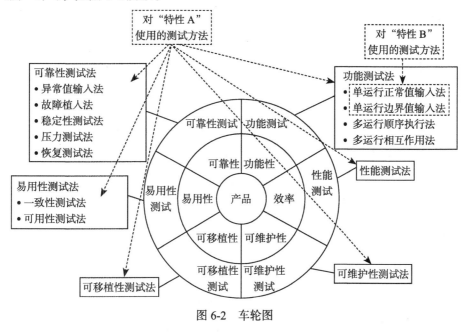

图 6-2　车轮图

从责任人的角度来说，测试策略的责任人是软件测试架构师，而测试方案的责任人是各个特性测试责任人。

6.2　四步测试策略制定法

通过上一节的叙述，大家可能会认为，我们只需要像做论述题一样，把测试策略需要关注的六大问题逐一答一遍，测试策略就可以制定好了。但是如果你真的按照这个思路去操作，马上就会发现很多问题：

❑ 该在什么时候开始制定测试策略？如果在项目开头进行，你会发现很多和测试策略相关的内容根本就还不明了，无从下手；如果在项目后期进行，内容是明了，但是做测试策略的意义又在哪里呢？

❏ 测试策略中的每个问题看起来都不难，但要想答好却不简单，有没有方法或模型可以帮助我们来进行系统的思考和分析？

❏ 如何让测试策略真正起到指导测试的作用？

可见，我们还是需要一套方法来指导我们制定测试策略的整个过程，"四步测试策略制定法"应运而生，如图 6-3 所示。

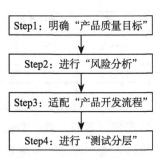

图 6-3　四步测试策略制定法

1. 明确"产品质量目标"

明确"产品质量目标"是我们在制定测试策略过程中十分关键的一个步骤。对我们而言，不仅需要关注操作层面的具体方法，更要理解其中蕴含的测试策略思想。

1）我们的测试目标就是让产品在发布的时候能够满足事先约定的质量目标

对测试来说，我们的测试目标就是让产品在发布的时候，能够满足事先约定的质量目标。我们制定测试策略，也就是为了让产品经过各种测试后，最后能够达到质量目标，可以发布。

在操作层面上，"产品质量评估模型"可以用来帮助我们确定产品的质量目标。关于这个模型的具体内容，将在 6.3 节中为大家详细描述。

2）围绕产品质量目标进行刚刚好的测试

我们先来做一个小测试。下述情况是否和你有相符的地方呢？

❏ 这是一个新开发的特性，大家都不熟悉，要作为重点好好测试一下。
❏ 这个特性，感觉没有什么用吧，随便测试一下就好了。
❏ 这个特性，使用的技术还比较新，要作为重点好好测试一下。
❏ 这个特性还是很有意思的，好好测试一下。
❏ 我想在这个特性中试试 ×× 测试方法。

如果答案是肯定的，说明你充满好奇心，是个技术控。但如果你在制定测试策略的过程中，过多地被这些因素左右，你的测试将很有可能偏离本来的测试目标，变成了"凭感觉"的测试。

"不凭感觉"，"理性"的测试是这样的：

❏ 产品质量要求高的是测试重点，反之为非重点。
❏ 产品质量要求高的测试投入大，反之小。
❏ 产品质量要求高的要测得深，反之浅。

总而言之，要"围绕产品质量"进行。我们并不需要试图将每个地方都测试得全面深入，"刚刚好"才是我们真正需要追求的测试状态。

这部分内容，我们还将在第 7 章中为大家详细讨论。

3）将目标—行为—评估形成闭环

产品质量目标也使得产品质量评估变得可行。对此，我们的思路是这样的，如图 6-4 所示。

首先，我们将产品质量评估模型作用于具体的产品，得到产品质量目标。

其次，我们根据产品质量目标来制定测试策略，确定接下来的测试活动。

再次，执行各种测试活动。

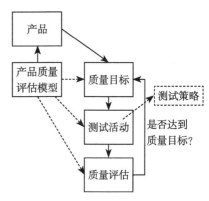

图 6-4　产品质量评估

最后，对测试效果进行评估，评估产品的质量目标是否达到。

此时我们的目标（产品质量目标）、行为（测试活动）和评估（质量评估）会形成一个闭环。这时测试策略就好像一艘船上的舵，一旦发现没有达到产品质量目标，我们就调整测试策略，让整个测试始终保持在达到产品质量目标的航线上。

这部分内容，我们还将在第 8 章中为大家详细讨论。

2. 进行"风险分析"

对产品而言，质量目标可能最后都是能够满足用户的商用需求。虽然产品质量评估模型可以帮助分解质量目标，让我们能够基于质量目标来制定测试策略，保证产品发布时的质量可控、可评估，但是我们在执行测试策略的时候，却总能感到些许困惑和无奈：

❑ 想要顺利完成测试策略并不是一件容易的事情，总有各种问题会阻碍测试活动的进程。
❑ 我们要做的测试活动总是很多，整个测试策略感觉很笨重。

这说明我们在制定测试策略的时候，一定漏掉了一些重要的东西。没错，我们漏掉了"风险分析"。

1）提前识别项目中可能存在哪些会阻塞测试的风险，然后基于风险来调整测试策略

实际项目中真的有很多问题，都会让我们的测试变得举步维艰。

举例：实际项目中测试活动无法顺利开展的一些例子

例1：在需求阶段，需求工程师未能提供全面的产品需求文档，导致测试设计时场景缺失，无法达到测试设计的预期效果。

例2：在测试设计时，开发未能提供相关的设计文档，或是文档未能及时更新，导致测试设计遗漏或不准确，无法达到测试设计的预期效果。

例3：在测试执行时，发现一些测试用例因为缺陷或者代码提交的原因阻塞了，不能按照计划进行测试执行。

例4：在测试执行时，发现缺陷迟迟不能修改，缺陷分析的结果不能达到预期。

"骨感"的现实告诉我们，需要提前识别项目中可能存在哪些会阻塞测试的风险，然后基于风险来调整我们的测试策略，增加一些测试活动或者质量保证活动。

例如，对例1，我们可以考虑开展需求澄清会、加强对需求的评审、明确需求的验收条件等活动来应对风险。对例2，我们可以考虑加强对文档的评审和跟踪、开发和测试进行设计澄清、让开发参与测试用例评审等活动来应对风险。

接下来，我们将在6.7节中为大家详细介绍风险分析技术，在第7章中为大家详细介绍如何制订风险应对措施。

2）基于风险来加强和降低测试投入

一般来说，我们的产品中会存在全新开发的功能和老功能。对一个新开发的版本来说，老功能在老版本中已经被测试过，质量的起点相比全新开发的功能要高，失效的风险更低。即使全新开发的功能和老功能的质量目标是一样的，我们也没有必要等同投入资源——理想的状态是测试能够基于风险来进行测试：

❏ 对高风险的部分加强测试投入。
❏ 对低风险的部分降低测试投入。

因此我们完全可以减少那些质量情况较好的老功能测试，而将测试重点放到老功能中风险大的地方。后续我们还将在6.7.2节中为大家介绍老功能分析技术。

3. 适配"产品研发流程"

通过前面的讨论，我们了解到制定测试策略需要围绕质量目标，充分考虑风险，根据风险来对测试活动进行调整，但是有两个问题我们一直没有提及，就是：

❏ 何时开展测试策略的制定活动？

❑ 制定测试策略是一次到位，还是要分几次完成？

这就需要我们将测试策略的制定和研发流程结合起来。

1）测试策略的结构

如果我们希望测试策略能够统领并指导后续的测试活动，制定测试策略的时间就应该是在项目初期。据我所知，一些公司会要求在需求分析的阶段就开始投入准备测试策略的制定工作。

但是制定测试策略投入得越早，项目的各种不确定的因素也就越多。软件测试架构师很难在项目的需求分析阶段，就制定出一份非常详尽的测试策略。如果测试策略的内容只是一些大方向、大原则，那么到执行层面很容易就变形，也就违背了我们制定测试策略的初衷。

解决这个问题的方法是，按照产品研发流程，根据在哪个阶段项目能够确定到哪种程度的实际情况，来为测试策略设计一个符合这种进程的结构。

图 6-5 是一个传统研发流程示意图。针对这个研发流程，我们设计了总体测试策略—阶段测试策略—测试执行策略这样的测试策略结构。

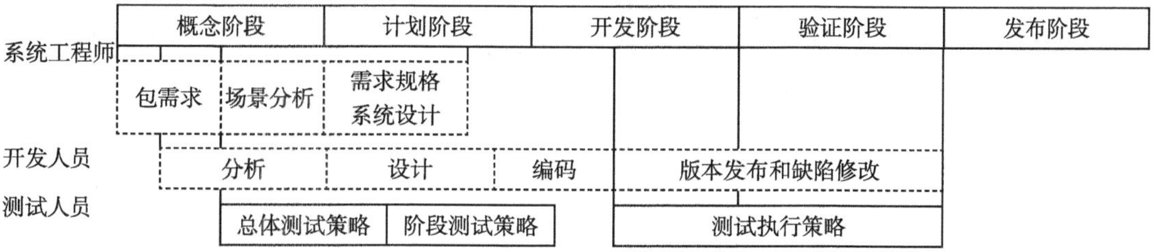

图 6-5　传统研发流程示意图

有了这样的结构，我们能够将当前的测试策略总是控制在"当下"，即项目的情况总是在比较确定的范围内，避免我们过于纠结"未来"。

这样操作还有一个好处，就是我们能够真正将测试策略贯穿于测试，甚至研发项目的始终，做到既能包含大方向、大原则，又能细到对版本和功能测试的指导与控制，实现测试策略的价值。

有些公司的测试组织可能会事先就帮我们设计好了测试策略的结构，我们只需在每个节点输出符合要求的测试策略即可。在这种情况下，这个步骤自然可以省略。当然，我们也可以结合项目的实际情况，来对组织建议的测试策略结构进行裁剪。

我们还将在第 7 章继续和大家一起来深入讨论和测试策略的结构相关的问题。

2）根据研发流程来安排测试活动

测试策略中具体的内容，也需要和研发流程保持一致，确保测试和开发的节奏能够彼此吻合。

从大层面来说，测试在各个阶段的活动和开发的活动是能够配合起来的。例如，在开发人员进行产品设计的时候，测试人员的主要活动应该是测试分析，而不应该是测试执行。开发人员在进行功能集成的时候，测试人员的主要活动应该是测试执行，而不应该是测试设计，如图 6-6 所示：

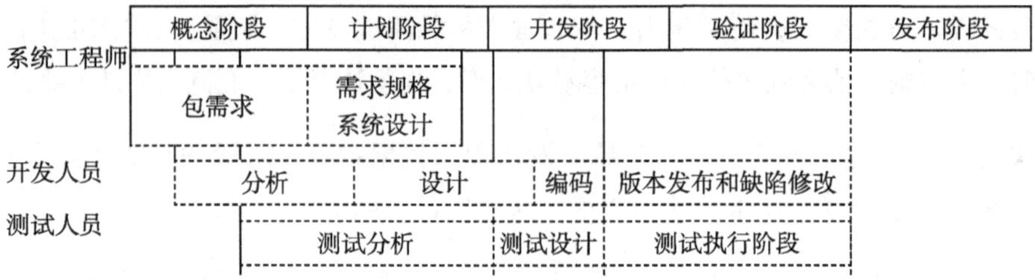

	概念阶段	计划阶段	开发阶段	验证阶段	发布阶段
系统工程师	包需求	需求规格 系统设计			
开发人员	分析	设计	编码	版本发布和缺陷修改	
测试人员		测试分析	测试设计	测试执行阶段	

图 6-6　测试人员职责

要达到这个大层面的吻合，是比较容易的。相对比较困难的是，是在版本测试阶段，开发活动和测试活动彼此配合的问题。简单地说，就是开发人员在做计划的时候是否考虑了测试活动：

❑ 是否只是提交了一个"中间层"而非最后用户可见的功能？提交的功能是否可测？
❑ 测试能否有足够的时间进行测试准备？
❑ 测试能否在下个版本提交之前完成测试？

这就需要软件测试架构师能够做好版本测试策略，能够和开发人员进行有效沟通，使得双方能够理解彼此的节奏，达到更好的配合。

除此之外，我们即将要介绍的测试分层，也能帮助我们更好地制定版本测试策略。

4. 进行"测试分层"

到目前为止，我们已经能够综合考虑研发流程、风险，并基于产品质量目标来制定测试策略。通过上面的分析，我们可以得到很多测试活动，会发现有那么多要做的事情，现在的问题是我们该以什么策略去安排这些测试活动？

这个问题的最佳答案就是进行"测试分层"。

测试分层是指将有共同测试目的的测试活动放在一起形成一个组，然后一组一组地逐一进行测试。

分好层后，我们只要确定先测哪层，再测哪层，就能把各种测试活动安排下去了。对软件测试架构师来说，这比一个个去考虑先做什么测试活动，再做什么，效率要高很多，也能够让测试的整体思路变得更为清晰。

对测试团队来说，分层测试后，每层的测试内容、测试重点和测试方法都会有所不同，可以减少测试团队总是感到在重复执行相同内容的困惑，增加新鲜感。

但是，这些都不是测试分层最大的价值。测试分层最大的价值在于：通过测试分层，我们能够将一个大的测试目标，分到不同层次中分阶段去完成；合理的测试分层，能够让测试目标 SMART 化。能够让我们将目标（产品质量目标）—行为（测试活动）—评估（质量评估）的闭环，真正在产品测试中落地。

我们还将在 6.8 节中为大家继续讨论分层测试技术，在第 7 章中为大家介绍分层测试策略。

5. "四步测试策略制定法"中的测试技术

❑ 通过前面的介绍，我们了解到在使用四步测试策略制定法来制定测试策略时，会使用到一些方式或者模型。总的来说，如图 6-7 所示。

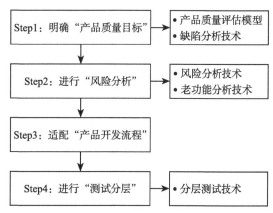

本章接下来的部分，将先为大家详细介绍这些模型和技术，为我们后面进行测试策略实战做好准备。

图 6-7　四步测试策略制定法中用到的方式或模型

6.3　产品质量评估模型

产品质量评估模型将用在测试目标的确定和评估上，它是整个测试策略的基础。在介绍这个重要模型之前，我们想先花一点笔墨来讨论一下一个优秀的产品质量评估模型应该具备哪些特征。

6.3.1　优秀的产品质量评估模型的特征

单纯从质量评估的角度来说，下面的场景也许大家并不会陌生：

产品质量评估中的几个场景

场景 1：项目计划的时间到了，就发布产品。

场景 2：将缺陷修复率作为产品的质量目标。产品必须达到一定的缺陷修复率，才能发布。

场景 3：我们为产品建立了很多指标来作为质量目标，如缺陷修复率、测试代码覆盖率等。产品必须达到制订的质量目标，才能发布。

场景 1 说明测试团队当前还没有产品质量评估的具体办法，于是只有将"时间"作为底线。改善方法之一就是引入质量评估的方法。

场景 2 和场景 1 相比，已经有了判断标准，可以说是有质的改变，但场景 2 也有"软肋"，就是评价的标准太过于单一。而对一个产品来说，要想对它的质量进行客观准确的评价，并不像我们在超市中买水果，要判断这个水果好不好，咬一口尝一尝这么简单，产品质量本身涉及的属性就有六大类，和开发过程及测试过程也息息相关，单纯通过一个指标很难判断准确。

场景 3 看起来很好，但是在实际操作的时候，我们往往会发现，我们费时费力地对这些指标进行了统计、分析和跟踪，最后也都达到了，但是我们对产品质量的好坏依然感到心里没底——这实在太让人沮丧了。

我分析出现场景 3 中的问题，主要原因有 3 点：

第一，这些指标覆盖的维度可能不全，我们可能遗漏掉了一些重要的考察项。

第二，"指标"本身比较容易被"聪明人"绕过去，变得形同虚设。

第三，整个质量评价体系中全是指标，缺少定性的分析。

例如，我们以测试的代码覆盖度要达到 90% 作为一项质量目标。为了达到这个目标，我们可能会选择一些容易进行测试"覆盖"，但实际上风险并不大的地方进行测试。虽然最终能达到 90% 的测试覆盖目标，但是没有被测试到的 10% 那部分情况如何，是否真的不需要测试，可能会有哪些风险，对我们来说都是"未知"的。未知正是心里没底的源头。

如果我们将这个问题从评估引申到目标的层面，如果我们在制订目标的时候，考虑的不仅仅是指标，而能包含一些如"对重要特性，要达到 100% 的测试覆盖""测试方法要包含语句覆盖、判断覆盖、路径覆盖"等的描述，以此作为要达到的质量目标，不仅能解决上述的问题，还能更好地帮助我们确定要进行的测试活动。

综上，一个优秀的产品质量评估模型，应该具备如下特质：

❑ 多维度：能够覆盖质量评估的各个纬度，能够帮助评估者全面分析和考虑。

❑ 定量 + 定性：指标和分析相结合，能够有效避免在只有指标的情况下，被"绕"过去，变得形同虚设。

❑ 过程 + 结果：不仅评估测试的结果，还对过程进行分析和评估。

6.3.2　软件产品质量评估模型

我们将从 3 个方面来建立软件产品质量评估模型，对产品质量进行分析、确定和评估（图 6-8）：

测试覆盖度评估：对测试范围及测试的深度与广度进行分析和评估。

测试过程评估：对测试过程和测试的投入情况来进行分析与评估。

缺陷分析：对测试结果进行分析和评估。

1. 测试覆盖度评估

测试覆盖度评估包括需求覆盖度评估和路径覆盖度分析两个方面，从"需求"和"实现"两个纬度来对测试的全面性进行分析和评估，属于定量指标。

2. 测试过程评估

测试过程评估包括测试用例分析、测试方法分析和测试投入分析 3 个方面，既包含定量指标，又包含定性分析。

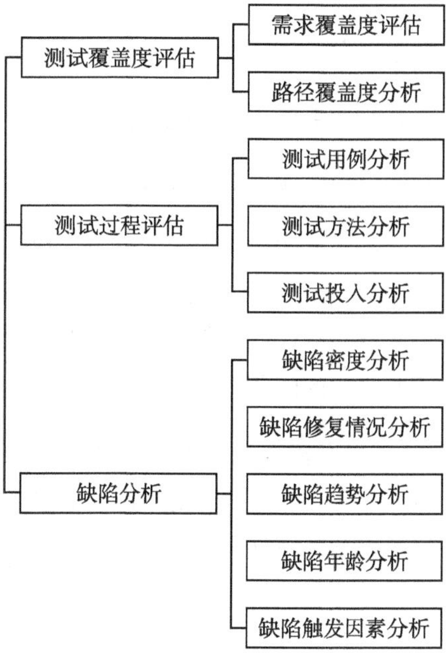

图 6-8　产品质量评估模型

3. 缺陷分析

缺陷分析包括缺陷密度分析、缺陷修复情况分析、缺陷趋势分析、缺陷年龄分析和缺陷触发因素分析 5 个方面，从这 5 个方面来对测试结果进行分析和评估，也是既包含定量指标，又包含定性分析。

接下来我们将逐一为大家进行详细介绍。

6.4　测试覆盖度评估

测试覆盖度评估是对产品测试的全面性的分析和评估，是产品测试能够对产品质量进行评估的基础。在评估时，又可以从需求覆盖度和路径覆盖度两个方面进行分析评估，其定义和属性，见表 6-3。

表 6-3 测试覆盖度评估的定义与属性

产品质量评估维度	产品质量评估项目	定义	属性
测试覆盖度评估			
	需求覆盖度	已经测试验证的产品需求数和产品需求规格总数的比值	定量指标
	路径覆盖度	已经测试到的语句的数量和程序中可执行语句的总数量的比值	定性分析

6.4.1 需求覆盖度评估

需求覆盖度是"已经测试验证的产品需求数"和"产品需求规格总数"的比值。

需求覆盖度的目标必须为 100%，即测试保证对产品承诺要实现的需求都进行了验证，并要对产品是否满足需求给出评估。如果测试无法做到对"需求进行 100% 的测试验证"，那么没有测试的这部分"需求"是什么情况？是实现了，还是没有实现？实现得是否正确？这些重要的问题都变得未知，无法对产品的质量做出正确的判断。

"需求覆盖度"中的"需求"，可以是"包需求"，也可以是"需求规格""story""user case"等可以代表项目中产品需求的内容，大家可以根据项目的实际情况来选择，本书在叙述这部分时不区分这些概念，统一写为"需求"。

需求覆盖度评估有以下两种方法。

方法 1：直接在需求表中确认测试情况

方法 1 是各个测试责任人直接在产品的需求表中对需求的测试情况进行确认，见表 6-4。

表 6-4 确认测试情况

需求编号	需求描述	是否验证	测试结果	测试责任人
需求 1	××××	是（ ） 否（ ）	PASS（ ） FAILED（ ） BLOCK（ ）	张小明
需求 2	××××	是（ ） 否（ ）	PASS（ ） FAILED（ ） BLOCK（ ）	王大成
……	……	……	……	……

方法 1 一般会在测试结束后进行，如果在确认时发现存在测试遗漏，虽然一般来说还

是有时间补救，但是很可能会打乱整个测试节奏，影响整个项目的进度，所以方法 1 最好不要在测试快结束的时候才进行，可以根据开发的合入计划，一边测试，一边确认，如图 6-9 所示。

方法 2：建立测试用例和需求的对应关系

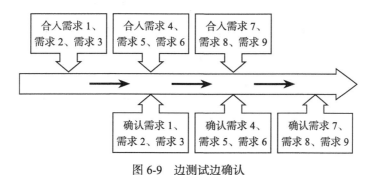

图 6-9　边测试边确认

方法 2 是在测试设计的时候，通过编号来建立需求和测试用例的对应关系。这样我们只要保证这些测试用例都被执行了，需求也就都被测试验证了，见表 6-5。

表 6-5　需求和测试用例的对应关系

需求编号	需求描述	测试用例编号	测试用例	测试设计责任人
需求 1	×××××	用例 1	×××××	张小明
需求 2	×××××	用例 2	×××××	王大成
……	……	……	……	……

方法 2 的优势是，测试能够从一开始就保证需求的覆盖，从源头上避免了需求遗漏的风险；还很容易通过不同的测试设计方法，让不同优先级的需求能够有不同的测试深度，更利于软件测试架构师对整个项目进行把控。

但是方法 2 也有一些需要注意的地方：

❑ 需要注意需求变化的部分：特别是在项目后期"增加""修改"和"删除"的需求，避免遗漏。

❑ 方法 2 和测试设计的关系变得比较紧密，测试设计遗漏可能会影响对需求覆盖度的评估。

另外在实际项目中，需求和测试用例的对应关系，可能也并不像前面表格的例子中那样标准的一对一的关系，而是一对多、多对一或多对多这种比较混乱的情况，要想手工维护好这些关系并不是一件容易的事情，特别是当遇到需求发生变化了，或是通过缺陷来增加测试用例等情况的时候，要修改的地方就更多了。所以，方法 2 最好能够有工具支持，能够通过工具来维护这些对应关系。

6.4.2 路径覆盖度评估

路径覆盖度是"已经测试到的语句的数量"和"程序中可执行语句的总数量"的比值。

对产品测试的路径覆盖情况进行分析，需要用到路径分析法（详见4.4.4节路径分析法），为了便于后文叙述，我们再对这些方法进行总结，见表6-6。

表6-6　路径分析法总结

路径分析法	定义
语句覆盖	覆盖系统中所有判定和过程的最小路径集合
分支覆盖	覆盖系统中每个判定的所有分支所需的最小路径数
全覆盖	100%地覆盖系统所有可能的路径的集合
最小线性无关覆盖	保证流程图中每个路径片段能够被至少执行一次的最少的路径组合

这4种路径分析方法，对产品设计的测试覆盖度是不同的。软件测试架构师可以使用如下步骤来对产品的路径覆盖度进行评估。

第一步：确定路径覆盖策略。

软件测试架构师可以以特性或者功能为粒度，根据该功能的质量目标来确定路径覆盖策略。在如何选择确定路径覆盖策略上，我建议如下：

❏ 可以将最小线性无关覆盖作为一个基本的路径覆盖方式。

❏ 对优先级高的功能特性，可以在最小线性无关覆盖的基础上增加一些路径。

❏ 对优先级低的功能特性，可以在最小线性无关覆盖的基础上减少一些路径。

❏ 不建议全面进行全覆盖，也不建议使用语句覆盖。

我们可以使用类似的表格对功能或特性的路径覆盖策略进行记录，见表6-7。

表6-7　路径覆盖策略的记录

功能	路径覆盖策略
A	最小线性无关覆盖
B	最小线性无关覆盖
C	分支覆盖
D	语句覆盖
……	……

第二步：使用路径分析法设计测试用例。

接下来软件测试架构师就可以组织测试团队按照路径覆盖策略来设计测试用例，具体的用例设计方法可以参考4.4.4节流程类测试设计：路径分析法。

第三步：跟踪测试用例的执行情况。

当测试团队按照路径覆盖策略完成了用例设计后，对路径覆盖度的评估，就转换为了测试用例执行情况的评估。我们的目标是这些设计的用例能够至少被执行一遍，并且测试结果为"通过"。如果存在测试用例在产品发布的时候都被"阻塞"，无法执行的情况，我们就需要对阻塞的情况进行分析，评估当前的覆盖度是否能够满足测试的基本要求。

6.5　测试过程评估

测试过程评估分析的对象是测试用例、测试方法和测试投入。

为什么进行产品质量评估还需要对测试过程进行分析呢？试想对一个产品测试来说：

❑ 有充分完备的测试用例和没有测试用例进行随机测试相比，哪一种测试的结果更可靠？

❑ 使用了多种测试方法与测试方法单一相比，哪一种测试结果更有助于进行产品质量评估？

❑ 有经验的测试人员、充足的测试投入与没有经验的测试人员、测试投入不足相比，哪种测试情况更有利于测试目标的实现呢？

可见，对测试过程进行评估，对产品质量评估而言十分重要。不仅如此，如果我们能够在测试之前就对测试过程进行计划，还能帮助我们更好地进行测试，更好地完成产品的测试目标。

6.5.1　测试用例评估

我们可以通过如下 3 个指标来对"测试用例"进行评估：

❑ 测试用例执行率。

❑ 测试用例执行通过率。

❑ 测试用例和非测试用例发现缺陷比。

1. 测试用例执行率

测试用例执行率是指"已经执行的测试用例数目"和"测试用例总数"的比值。其中"已经执行的测试用例数目"包含了测试结果为"通过"和"失败"的测试用例。例如我们一共需要执行 1000 个用例，已经执行了 600 个用例，其中有 500 个测试用例执行结果为"通过"，100 个测试用例的执行结果为"失败"，测试用例执行率是 60%。

测试用例执行率可以帮助我们分析测试的全面性，因此我们希望这个指标在测试过程中能够达到 100%，实际中可能有如下一些情况会影响测试用例的执行率：

❏ 测试阻塞：指测试用例因为产品开发（一般是指缺陷）、测试（如测试环境不具备）等原因，无法被执行的测试用例。

❏ 未执行：指可以执行，但是因为进度、人力或其他原因等还没有被执行的测试用例。

对"阻塞"这种情况，软件测试架构师需要提前识别这些问题，进行风险识别和控制，如果这些问题已经是"缺陷"了，就需要要求开发人员优先解决这些问题。

此外，软件测试架构师还需要对测试用例划分优先级。这样在项目进行或者人力紧张的情况下，就可以优先保证高优先级的测试用例执行率，不执行某些低优先级的测试用例。

有时，一个测试用例会被反复执行多遍，在统计测试用例执行率时，反复执行的测试用例只用被记录一次。例如我们需要执行的测试用例有 2000 个，已经执行的测试用例有 200 个，其中有 100 个测试用例执行了 2 遍，此时的测试用例执行依然为 200/2000=10%，而非（100 × 2+100）/2000=15%。

2. 测试用例执行通过率

测试用例执行通过率是指"测试用例执行结果为'通过'的测试用例数"和"已经执行的测试用例数目"的比值。由于一个测试用例可能会被反复执行多次，按照测试用例是在第一次执行时就通过的，还是在后续测试时通过的，我们将测试用例执行通过率细分为如下两项：

❏ 测试用例首次执行通过率：指"第一次执行该测试用例的结果为'通过'的测试用例数"和"已经执行的测试用例数目"的比值。

❏ 测试用例累积执行通过率：指"测试用例结果为'通过'的测试用例数"和"已经执行的测试用例数目"的比值。

测试用例首次执行通过率可以帮助我们评估开发版本的质量——测试用例首次执行通过率越高，说明开发的版本质量不错；相反，如果开发需要多次修复，最后才能使得测试用例执行通过，说明版本质量可能不高，产品在设计、编码方面可能存在一些问题，即便是修复 bug，在修复时引入新 bug 的风险也会更大一些。

测试用例累积执行通过率可以帮助我们评估产品在发布时的质量。一般说来，测试用例累积执行通过率越高，说明当前的版本质量可能已经达到了基本要求，可以考虑发布。

3. 测试用例和非测试用例发现缺陷比

测试人员在按照测试用例执行测试的时候，也会抛开测试用例，自我发挥，做些随机测试。显然，随机测试也能发现缺陷，有时候甚至比测试用例更能发现产品缺陷，而且"突然一个灵感来了，然后去测试，并且真的发现了产品缺陷"的过程，会让人很有成就感。

因此在团队中，我们往往会鼓励大家在执行测试用例的时候适当进行一些发散测试，挖掘bug，找找感觉。

我们希望"通过测试用例发现的缺陷"和"发散测试，也就是非测试用例发现的缺陷"的比值能够在一个合理的范围内。

如果比值过低，即大部分缺陷都是通过发散测试发现的，可能的问题是：

❑ 随机测试投入过多。

❑ 测试设计水平不高，存在测试设计遗漏。

❑ 对产品的需求或者设计的理解不正确、不准确或者不深入，存在测试设计错误。

如果比值过高，大多数缺陷都是通过测试用例发现的，可能的问题是：

❑ 测试人员不愿意进行发散测试（这样的测试团队可能也是一个比较沉闷、缺乏激情、只是完成任务的测试团队）。

❑ 测试投入不足，没有时间进行发散测试。

❑ 测试思路还没有打开。如果存在这种情况，说明测试设计可能也不够全面。

软件测试架构师可以在测试之前先确定好一个目标范围，并围绕目标来安排测试活动。在项目过程中，如果出现偏差，需要对缺陷进行分析，更新测试策略。

6.5.2　测试方法分析

在第4章我们曾经详细讨论了测试方法（详见4.3节），此处我们不再赘述，而聚焦到软件测试架构师如何对测试方法进行分析。

对软件测试架构师来说，在测试之前，我们就需要根据产品的质量要求，根据测试目标、测试的深度和广度来确定测试方法；在测试设计和测试执行中跟进，保证各个特性使用的测试方法和测试策略相符，并通过缺陷来确认测试策略是否合适，是否需要调整测试策略。

图6-10更为详细地总结了这个过程。

其中"分析测试设计是否和测试策略中的测试方法符合"，可以通过测试设计的过程跟踪、测试评审等方式去跟踪和分析。

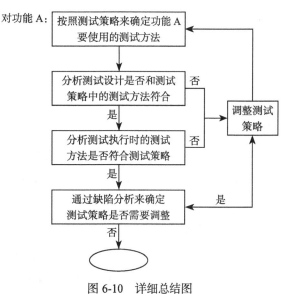

图6-10　详细总结图

"分析测试执行时的测试方法是否符合测试策略"，可以通过测试执行时的日报、周报，测试用例执行情况等方式去跟踪和分析。

"通过缺陷分析来确定测试策略是否需要调整"，主要是对缺陷进行缺陷触发因素分析，相关的内容将在 6.6 节中为大家详细描述。

6.5.3 测试投入分析

测试投入分析也是很重要的一项测试过程评估项目，在这里我们主要从测试人员安排和测试投入工作量来进行分析，确认重要的、高风险的特性能够保证测试投入，符合测试策略。

在实际分析时，可以使用类似表 6-8 的形式，来对测试的投入情况进行分析。

表 6-8　测试投入分析

序号	特性名	测试责任人	能力	投入阶段	投入工时
1	×××	张三	初级测试工程师	系统测试、验收测试	50 人／天
		赵五	中级测试工程师	集成测试、系统测试	40 人／天
2	×××	李四	实习生	验收测试	15 人／天
3	×××	王二	高级测试工程师	集成测试、系统测试、验收测试	70 人／天
……	……	……	……	……	……

如果发现测试投入和测试策略不符，则需要考虑调整测试投入，或者调整测试策略。进行风险识别和风险控制，及时调整测试策略。

6.6　缺陷分析

缺陷是指在产品测试中发现产品不符合需求和设计的地方。但是如果我们仅仅把缺陷当成产品问题的记录，而不去挖掘缺陷数据背后隐含的和产品质量有关的信息，就显得太可惜了。

本节将为大家介绍缺陷分析技术和这些缺陷分析技术在产品质量评估方面的作用，并讨论如何将这些分析技术组合起来，能够对产品质量进行较为全面评估。

6.6.1 缺陷密度

缺陷密度是指每千行代码发现的缺陷数。我们在确定了缺陷密度后，还可以顺带得到缺陷总数。对一个产品研发项目而言，确定、分析缺陷密度的重要意义在于：

❑ 通过缺陷密度，我们可以预测产品中可能会有多少缺陷。

❑ 通过缺陷密度，可以帮助我们评估当前已经发现的缺陷总数是否足够多。如果"缺陷密度"和预期偏差较大，原则上不应该退出测试，发布产品。

我们能够在产品测试之前，较为准确地预测产品的缺陷密度并将此作为一个测试目标，主要基于如下假设：

在系统复杂度、研发能力一定的情况下，由各个环节引入系统中的缺陷总数也会是基本一致的。

例如产品 A，截止到产品发布时一共发现了 1000 个缺陷。一个和产品 A 复杂度类似的产品 B，由和产品 A 能力相似的研发团队开发，测试类似的周期，也应该发现 1000 个左右的缺陷。

如果产品 B 和产品 A 在复杂度、研发能力上有较为明显的差别，我们也可以通过乘以一些系数来对产品 B 的缺陷密度进行折算。

当然，如果产品团队能够有专人度量这些数据，建立基线，让缺陷密度的估计变得更为准确，则更有实际意义。

不过在实际项目中，真实的缺陷密度不会和估计的缺陷密度恰好相等，往往会有一定的偏差。对此，我的建议是，我们在确定缺陷密度的同时，也可以确定一个允许的偏差范围（比如 3%）。只要实际的缺陷密度在这个允许的偏差范围内，我们都认为是正常的（如图 6-11 所示的"实际的缺陷密度 3"）；一旦缺陷密度落到了偏差范围外，就需要我们进行分析了（如图 6-11 所示的"实际的缺陷密度 1"和"实际的缺陷密度 2"）。

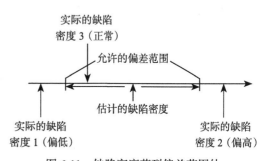

图 6-11　缺陷密度落到偏差范围外

如果我们发现实际的缺陷密度值偏高（如图 6-11 的"实际的缺陷密度 2"），通常最可能的原因为：产品整体质量不高。此时，软件测试架构师可以：

❑ 提高缺陷密度的预估值。

❑ 对缺陷较多的地方增加测试投入，如增加测试人力、增加测试时间、使用更多的测试方法等。

❑ 考虑和研发经理、开发人员、系统工程师等一起进行一些质量改进和质量保证工作，如加强评审等。

如果我们发现实际的缺陷密度值偏低（如图 6-11 的"实际的缺陷密度 1"），通常最可能的原因为：

❏ 产品整体质量较好。

❏ 测试能力不足，未能充分暴露缺陷。

❏ 测试投入不足，未能充分暴露缺陷。

如果是第一种情况，实际的缺陷密度值较低，我们可以认为是正常情况。如果是后面两种情况，软件测试架构师可以采取增加测试投入、在测试团队中引入更有效的测试方法等措施来解决相关的问题。

6.6.2　缺陷修复率

缺陷修复率是指产品"已经修复解决的缺陷总数"和"已经发现缺陷总数"的比值。例如，产品已经发现的缺陷数目为 1000 个，已经修复解决的缺陷数目为 900 个，当前的缺陷修复率就是 90%。

缺陷修复率能够帮助我们确定当前产品发现的缺陷是否被有效修复，为当前的产品质量是否达到测试质量目标提供最直接的判断依据。这需要我们：

❏ 在每个测试分层（如集成测试、系统测试）开始的时候确定缺陷修复率目标。

❏ 在每个测试分层结束时判断是否达到目标，是否可以进入下一阶段的测试。

❏ 如果最终的缺陷修复率不能达到预期，原则上不应该退出测试，发布产品。

有时候产品的缺陷实在太多，为了保证重要缺陷能够被优先修复，我们可以对缺陷按照严重程度进行划分，然后按照不同的严重程度来确定缺陷修复率。

1. 缺陷的严重程度

缺陷的严重程度是基于缺陷如果不修改会对用户造成的影响来划分的。表 6-9 是缺陷的严重程度的定义和示例。

表 6-9　缺陷的严重程度的定义与示例

缺陷的严重程度	定义	示例
致命	缺陷发生后，产品的主要功能会失效，业务会陷入瘫痪状态，关键数据损坏或丢失，且故障无法自行恢复（如无法自动重启恢复）	（1）产品主要功能失效 / 和用户期望不符，用户无法正常使用； （2）由程序引起的死机、反复重启等，并且故障无法自动恢复； （3）死循环、死锁、内存泄露、内存重释放等； （4）系统存在严重的安全漏洞； （5）用户的关键数据毁坏或丢失并不可恢复

（续）

缺陷的严重程度	定义	示例
严重	缺陷发生后，主要功能无法使用、失效，存在可靠性、安全、性能方面的重要问题，但在出现问题后一般可以自行恢复（如可以通过自动重启恢复）	（1）产品重要功能不稳定； （2）由程序引起的非法退出、重启等，但是故障可以自行恢复； （3）文档与产品严重不符、缺失，或存在关键性错误； （4）产品难于理解和操作； （5）产品无法进行正常的维护性； （6）产品升级后功能出现丢失、性能下降等； （7）性能达不到系统规格； （8）产品不符合标准规范，存在严重的兼容性问题
一般	缺陷发生后，系统在功能、性能、可靠性、易用性、可维护性、可安装性等方面的一般性问题	（1）产品一般性的功能失效或不稳定； （2）产品未进行输入限制（如对正确值和错误值的界定）； （3）一般性的文档错误； （4）产品一般性的规范性和兼容性问题； （5）系统报表、日志、统计信息显示出现错误； （6）系统调试信息难于理解或存在错误
提示	缺陷发生后，对用户只会造成轻微的影响，这些影响一般在用户可以忍受的范围内	（1）产品的输出正确，但是不够规范； （2）产品的提示信息不够清晰准确，难于理解； （3）文档中存在错别字、语句不通顺等问题； （4）长时间操作未给用户提供进度提示

2. 考虑了缺陷的严重程度的缺陷修复率

考虑了缺陷的严重程度后，缺陷修复率变成了在某些特定的严重程度下，缺陷的修复率，例如：

- ❑ 一般以上缺陷的修复率：缺陷的严重程度为"一般""严重"和"致命"的修复率。
- ❑ 严重以上缺陷的修复率：缺陷的严重程度为"严重"和"致命"的修复率。

考虑了缺陷的严重程度后，有助于开发人员和测试人员把精力聚焦到对用户影响更为严重的缺陷的解决和验证上。例如，某产品发现了1000个缺陷，其中"致命"缺陷50个，"严重"缺陷200个，"一般"缺陷550个，"提示"缺陷200个。解决了200个"严重"缺陷和解决了200个"提示"缺陷，"缺陷修复率"都是20%，但显而易见的是，前者对用户、对产品质量都更有意义。

6.6.3　缺陷趋势分析

缺陷趋势是指"随着测试时间的进行，测试发现的缺陷趋势和开发解决缺陷的趋势"。我们进行此项分析的重要原因在于：缺陷趋势分析能够帮助我们判断当前系统是否还能很容易地发现缺陷，进而帮我们确定是否可以退出测试，发布产品。

1. 绘制缺陷趋势图

进行缺陷趋势分析的第一步是绘制缺陷趋势分析图。方法很简单，我们只需要记录每天"发现的缺陷数"和"解决的缺陷数"，并由此算出每天"累积发现的缺陷数"和"累积解决的缺陷数"即可，见表 6-10。

表 6-10　缺陷趋势分析表

测试时间	2014-9-2	2014-9-3	2014-9-4	2014-9-5	2014-9-9	2014-9-10	2014-9-11	…
累积发现的缺陷数	150	161	177	189	197	201	202	…
新发现的缺陷数	10	11	16	12	8	4	2	…
累积解决的缺陷数	120	129	141	153	164	178	194	…
当前解决的缺陷数	7	9	12	12	11	14	16	…

对表中的统计项说明如下：

❑ 累积发现的缺陷数：从开始测试到现在，测试团队发现的缺陷总数。

❑ 新发现的缺陷数：测试团队当天新发现的缺陷总数。

❑ 累积解决的缺陷数：从开始测试到现在，经测试确认已经被正确修复了的缺陷总数。

❑ 当前解决的缺陷数：当天新被测试确认已经被正确修复了的缺陷总数。

我们将表 6-10 绘成图，就得到了如图 6-12 所示的缺陷趋势分析图。

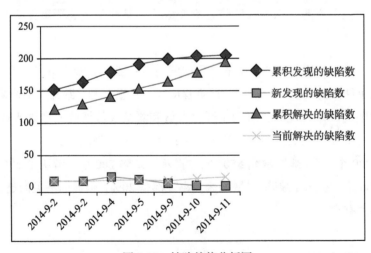

图 6-12　缺陷趋势分析图

在绘制缺陷趋势分析图时，不要忘记去掉节假日、周末公休日等"没有工作的日子"。例如，在本例中我们去掉了"周末"（2014-9-6 和 2014-9-7）和"中秋节"（2014-9-8）。

绘好缺陷趋势图后，接下来的工作就是进行缺陷趋势分析。此处我们主要的分析对象是"累积发现的缺陷数"和"累积解决的缺陷数"的变化趋势。

2. 缺陷趋势曲线的"凹凸性"和"拐点"

数学中对曲线趋势进行分析时，会用到"凹凸性"和"拐点"的概念。简单来说，拥有凹函数特性的曲线，呈现出递增的变化趋势；反之，拥有凸函数特性的曲线，呈现出递减的变化趋势；而拐点就是凹函数和凸函数中间的连接点，即函数的变化趋势出现改变的点，如图 6-13 所示。

在这里，我们将借用数学中的"凹凸性"和"拐点"的概念，来对缺陷趋势进行定性分析。

1）理想的"累积发现的缺陷趋势"曲线

在理想情况下，我们希望"累积发现的缺陷趋势"曲线随测试时间，在不同的测试阶段（可以理解为一个或多个测试版本）呈现如图 6-14 所示的变化趋势。

（1）在一个新的测试阶段开始的时候，希望"累积发现缺陷的趋势"为凹函数（如图 6-14 中"①"所示）。

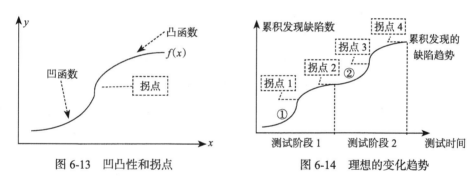

图 6-13　凹凸性和拐点　　　　　图 6-14　理想的变化趋势

"累积发现的缺陷趋势"为"凹函数"，说明测试团队每天能够发现的缺陷数目呈现越来越多的趋势，当前的测试策略（测试人力投入、测试方法等）能够有效发现产品的缺陷，并且未来还可能发现大量缺陷。

（2）在测试策略不变的情况下，测试一段时间后，出现"拐点"（如图 6-14 中"拐点 1"）。

在测试策略不变的情况下，出现"拐点"，说明当前的测试方法已经不能有效去除系统的缺陷，当前的测试可以按照计划结束，进入下一阶段的测试。

这里强调测试策略不变非常重要。例如，测试团队的投入减少了，也可能会导致"拐点"的出现。这时就需要我们调整测试策略来达到测试目标，而不是准备结束测试了。

（3）完成本阶段的测试内容和测试目标，开始进入下一阶段的测试。由于对测试策略进行了更新，"累积发现的缺陷趋势"又变为凹函数（如图 6-14 中"②"所示），出现"拐点"

（如图 6-14 中"拐点 2"）。

2）"累积发现的缺陷趋势"的"拐点"出现得过早

很多时候，我们会发现"累积发现的缺陷趋势"的"拐点"会比预期出现得早，如图 6-15 所示（以"虚线"表示"理想"的情况，实线表示实际项目中的情况）。

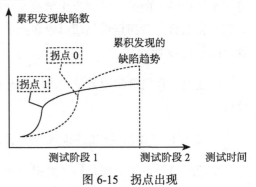

图 6-15 拐点出现

"拐点"的出现，意味着测试团队在这个测试阶段里已经无法有效发现产品的缺陷了。出现这种情况，可能的原因有：

❑ 测试团队的投入发生了变化（如人员调动或者减少），并且已经影响了测试。

❑ 测试发生了阻塞（如产品质量差，存在会阻塞测试执行的缺陷），无法有效开展测试活动。

❑ 测试策略不当，当前的测试方法确实已经发现不了产品的缺陷了。

显然，无论是上述哪种情况，只要我们"对症下药"，有针对性地更新测试策略，都能有效地解决上述的问题。例如，第一种情况我们可以想办法调整测试的人力投入，使其更为合理；第二种情况我们只需要确定并清除造成阻塞的原因即可。

判断问题是否被有效解决的方法也比较简单：分析"累积发现的缺陷趋势"曲线是否出现由凸函数变为凹函数的拐点，如图 6-16 的"拐点 2"所示（以"虚线"表示"理想"的情况，实线表示实际项目中的情况）。

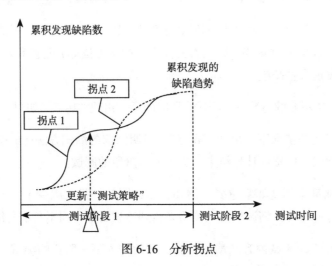

图 6-16 分析拐点

3）"累积发现的缺陷趋势"的拐点未出现

在实际项目中，还有一种情况是"累积发现的缺陷趋势"的"拐点"一直未出现，如图 6-17 所示（以"虚线"表示"理想"的情况，实线表示实际项目中的情况）。

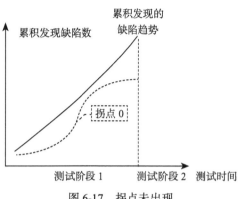

图 6-17　拐点未出现

这说明在这个测试阶段里，测试团队依然可以发现产品大量的问题。出现这种情况，可能的原因是：

❑ 测试团队未按照测试策略进行测试，可能使用了更多、更复杂的方法来发现产品缺陷。
❑ 版本质量太差，缺陷密度高于预期。

出现第一种情况，这个团队的测试者水平应该比较不错（至少掌握的测试方法比较多）；也应该比较有测试激情（不是按照软件测试架构师要求的任务测完就结束了，而是自己主动去发现系统更多的问题）；另外版本的质量可能也不错（至少还能够使用各种测试方法来"折腾"系统），没有严重的测试阻塞。但这依然需要软件测试架构师和测试者仔细核对测试计划，确认测试者是在保证了测试计划的前提下才进行发挥的——核对的过程可能会让人感到有些尴尬，但我们的核心理念是：通过测试策略来进行"刚刚好"的测试，而不仅是为了发现产品的缺陷。

所以，我们的测试内容会包含一些不太容易发现缺陷，但很重要的项目。我们必须保证对这部分内容的确认，尽管这可能影响我们发现的缺陷总数。

如果确认发现测试计划存在偏差，需要在下个版本中进行补充测试，并和测试者做好沟通。

出现第二种情况，软件测试架构师可以考虑从如下几个方面来更新后续的测试策略：

❑ 增加相关内容的测试用例执行次数。
❑ 加强相关内容的回归测试。
❑ 对发现的缺陷进行逆向分析，增加探索式测试。

3. 缺陷是否收敛
我们在判断缺陷趋势是否收敛时，需要具备以下两个条件，缺一不可（图 6-18）：

❑ "累积发现的缺陷趋势"变为凸函数。

❑ "累积发现的缺陷趋势"和"累积解决的缺陷趋势"两条曲线越来越靠近，最后逐渐趋于一点。

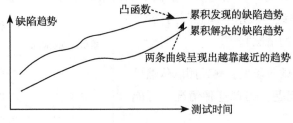

图 6-18　判断缺陷趋势是否收敛

缺陷收敛说明当前测试已经不能有效发现问题，并且发现的缺陷也已经被有效修复。每做完一个测试分层（如集成测试、系统测试）的测试，都需要进行一次缺陷收敛分析，以确认是否满足该阶段测试的出入口条件。此外，缺陷收敛还是我们最后判断测试是否能够退出的必要条件——即便按照计划，测试时间已经到了，如果缺陷不收敛，也不应该退出测试，发布产品。

下述几种缺陷趋势图，都不算缺陷收敛。

（1）两条曲线未出现越靠越近的趋势，如图 6-19 所示。

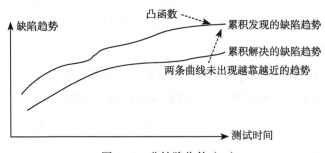

图 6-19　非缺陷收敛（一）

这时最主要的问题在于开发还有较多的缺陷需要修复，测试还有较多的缺陷需要验证。我们不应该忽视缺陷修复带来的代码改动或引入的新问题。缺陷验证、回归测试和基于缺陷的探索式测试都可能再发现一些新的缺陷，甚至迎来新一轮的"缺陷小高峰"，"累积发现的缺陷趋势"出现新的"拐点"。因此我们可以认为有限、可控的代码改动是缺陷收敛的必要条件。当我们发现缺陷不收敛时，做好代码改动方面的控制，是一个很好的思路：

❑ 严格控制代码改动，非必要不改动。
❑ 做好代码的静态检查。

❑ 做好和修改相关的功能自测，避免因为缺陷修改而引入新的问题。

（2）累积发现的缺陷趋势为凹函数。如果累积发现的缺陷趋势为凹函数，即使累积发现的缺陷趋势和累积解决的缺陷趋势呈现出越靠越近的趋势，也不算缺陷收敛——但是能说明开发修改缺陷的速度还蛮快的，如图 6-20 所示。

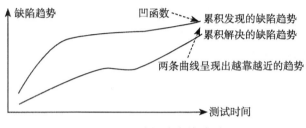

图 6-20　非缺陷收敛（二）

此时最主要的问题是测试还能发现产品大量的缺陷。读者可以参考上一节中的分析来确定解决措施。

6.6.4　缺陷年龄分析

缺陷年龄是指软件（系统）产生或引入缺陷的时间。为了便于对缺陷年龄进行分析，我们对不同阶段引入的缺陷年龄的定义见表 6-11。

表 6-11　缺陷年龄的定义

缺陷年龄	描述
继承或历史遗留	属于历史版本、继承版本或是移植代码中的问题，非新开发的问题
需求阶段引入	缺陷是在产品需求设计阶段引入的，主要包括如下情况： （1）"需求不清"的问题； （2）"需求错误"的问题； （3）"系统整体设计"的问题
设计阶段引入	缺陷是在产品设计阶段引入的问题，主要包括如下情况： （1）"功能和功能之间接口"的问题； （2）"功能交互"的问题； （3）"边界值设计"方面的问题； （4）"流程、逻辑设计相关"的问题； （5）"算法设计"方面的问题
编码阶段引入	缺陷是在编码阶段引入的问题，主要包括如下情况： （1）"流程、逻辑实现相关"的问题； （2）"算法实现相关"的问题； （3）"编程规范相关"的问题； （4）"模块和模块之间接口"的问题
新需求或变更引入	缺陷是因为新需求、需求变更或设计变更引入的问题

（续）

缺陷年龄	描述
缺陷修改引入	缺陷是因为修改缺陷时引入的问题。如开发虽然成功修复了一个缺陷，但修改又引入了新的缺陷

进行缺陷年龄分析，能够帮助我们确认每个可能引入缺陷环节、可能引入的缺陷是否都已经被有效去除。具体操作时，我们通过以下简单的 3 个步骤来开展缺陷年龄分析活动。

第一步：确定缺陷的缺陷年龄。

如果你的项目有缺陷的管理工具（如 bugzilla），可以增加缺陷年龄的选项。在开发修复缺陷的时候，可以对缺陷年龄进行选择。

如果没有缺陷管理工具也没有关系，你可以使用类似表 6-12 的形式来确定缺陷年龄。

表 6-12 缺陷年龄确定方法

缺陷 ID	产品缺陷列表	缺陷年龄	缺陷 ID	产品缺陷列表	缺陷年龄
1	缺陷 1	继承或历史遗留	4	缺陷 4	缺陷修改引入
2	缺陷 2	设计阶段引入	5	缺陷 5	新需求或变更引入
3	缺陷 3	编码阶段引入	……	……	……

第二步：统计出各类缺陷年龄的数量，绘制缺陷年龄分析图。

接下来我们需要统计出各类缺陷年龄的数量，见表 6-13。

表 6-13 缺陷年龄的数量

缺陷年龄	缺陷数	缺陷年龄	缺陷数
继承或历史遗留	15	编码阶段引入	30
需求阶段引入	20	缺陷修改引入	20
设计阶段引入	40	新需求或变更引入	10

并根据表中的数据绘出缺陷年龄分析图，如图 6-21 所示。

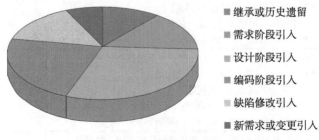

■继承或历史遗留

■需求阶段引入

■设计阶段引入

■编码阶段引入

■缺陷修改引入

■新需求或变更引入

图 6-21 缺陷年龄分析图

第三步：进行缺陷年龄分析。

我们在进行缺陷年龄分析之前，需要先理解一下理想的缺陷年龄应该具有怎样的特点。

1）理想的缺陷年龄分析图

理想的缺陷年龄分析图应该是如下这样的。

（1）在缺陷的引入阶段就能及时发现该类缺陷，缺陷不会逃逸到下个阶段，如图 6-22 所示。

需求	设计	编码
需求 review：去除"需求阶段引入的缺陷"	设计 review：去除"设计阶段引入的缺陷"	编码 review：去除"编码阶段引入的缺陷"
		单元测试：去除"编码阶段引入的缺陷"

图 6-22　引入阶段

例如，当你分析设计阶段的缺陷年龄时，分析结果就是一个"大圆饼"——所有的缺陷年龄都是在设计阶段引入的，没有在需求阶段引入的缺陷。换句话说，需求阶段引入的缺陷在需求分析阶段就已经被完全去除了。

如果真能达到这样的水平，测试也就可以"光荣"失业了。但实际情况是，每个阶段都会有一些缺陷"逃逸"到下一阶段，需要"测试"来发现这些逃掉的缺陷。

通过前几章的叙述，我们已经了解到测试不应该想到哪里就测到哪里，而应该进行分层测试：在每个测试分层围绕不同的测试目标，使用不同的测试方法来进行测试。因此，针对测试阶段理想的缺陷年龄分析图应该是下面这样的。

（2）在特定的测试分层发现该层的问题，如图 6-23 所示。

需求	设计	编码	测试
需求 review：去除"需求阶段引入的缺陷"	设计 review：去除"设计阶段引入的缺陷"	编码 review：去除"编码阶段引入的缺陷"	集成测试：去除"编码阶段"和"设计阶段"引入的缺陷
		单元测试：去除"编码阶段引入的缺陷"	系统测试：去除"编码阶段"和"设计阶段"引入的缺陷
			验收测试：去除"设计阶段"引入的缺陷

图 6-23　发现特定测试分层问题

例如，在集成测试和系统测试阶段发现的缺陷，主要是在编码阶段引入的和在设计阶段引入的。在验收测试阶段发现的缺陷主要是在设计阶段引入的。

对其他几类缺陷年龄，我们的期望是：

❑ 没有继承或历史遗留引入的缺陷。
❑ 没有新需求或变更引入的缺陷。
❑ 没有缺陷修改引入的缺陷。

2）没有在特定的测试层次发现该层的缺陷

例如，在集成测试阶段，我们希望发现在编码阶段和设计阶段引入的缺陷，但实际上却发现了大量的在需求阶段引入的缺陷。这说明：

❑ 产品需求的质量不高，需求存在不清晰或错误的情况。
❑ 系统架构设计的质量不高。
❑ 需求质量不高，产品功能的质量也不会太高。
❑ 系统架构设计的质量不高，产品在非功能属性方面的质量也不会太高。

这就需要测试或整个研发团队来有针对性地进行改进。例如：

❑ 对需求再次进行检测，确保尚未集成的功能对应的需求的正确性。
❑ 分析架构设计中的问题，找出对非功能属性方面的主要影响，调整测试策略，尽量
   提前并加大这些内容的测试力度。
❑ 调整测试策略，增加相关功能的测试力度和回归测试的规模。

3）继承或历史遗留引入的缺陷过多

当我们发现测试中出现了很多因为继承或历史遗留引入的缺陷时，这就说明产品还存在一些"旧账"尚未清理，这时我们需要：

❑ 进行或重新进行老功能分析（详见 6.7.2 节），更新测试策略。
❑ 对这些缺陷进行分析，由此更新测试策略，进行探索式测试。
❑ 如果被继承的版本处于维护阶段，考虑这些缺陷是否需要在维护版本中解决，并发
   布补丁或升级包。
❑ 确认被继承的版本在维护阶段发现的其他缺陷，是否需要同步到当前新版本中。

如图 6-24 所示。

4）新需求或变更引入的缺陷过多

当我们在进行缺陷年龄分析时，发现了很多因为新需求或变更引入的缺陷，出现这种

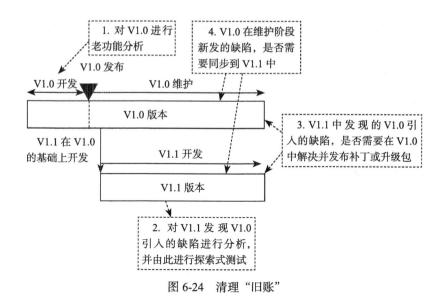

图 6-24　清理"旧账"

情况可能的原因是：

❑ 新需求或需求变化的部分比较多，引入了缺陷。

❑ 新需求的质量可能不高，引入了缺陷。

❑ 产品设计的质量可能不高，导致设计需要频繁更改，从而引入缺陷。

对软件测试架构师来说，可以采取的措施有：

❑ 对这些缺陷进行分析，由此更新测试策略，增加探索或测试。

❑ 增加或加强和需求澄清相关的活动。

❑ 增加或加强和开发人员与测试人员之间针对产品设计进行的沟通活动。

❑ 增加一些功能交互测试和场景测试。

但想从根本上改善上述问题，还是需要研发经理、系统架构师和开发者一起来回溯总结，做好变更控制，提高变更内容（需求或设计）的质量。

5）缺陷修改引入的缺陷过多

在进行缺陷年龄分析时，如果出现了很多因为缺陷修改引入的缺陷，说明开发修改缺陷的质量不高，对软件测试架构师而言，可以采取的措施有：

❑ 验证缺陷时，除了验证缺陷本身是否被正确修复外，还需要围绕缺陷展开探索式测试。

❑ 加大对基本功能进行回归测试的比例。

❑ 增加或加强和开发人员与测试人员之间对缺陷修改的内容、影响的沟通，尤其是针对重点或修改较大的缺陷。

❑ 可以和开发人员约定一些有利于缺陷修改质量提升的措施，如对修改的代码要进行
review 后才能合入，每个修复的缺陷开发都需要提供自验报告，等等。

缺陷修改引入缺陷还会带来的另外一个影响，就是缺陷不会收敛。也就是说，我们可
以通过控制提高缺陷修复的质量，来促进缺陷的快速收敛，这点对软件测试架构师制定、
更新测试策略来说尤为重要。

6.6.5　缺陷触发因素分析

缺陷的触发因素就是测试者发现缺陷的测试方法。缺陷触发因素分析，就是对测试中
使用的测试方法进行分析。

对缺陷触发因素进行分析，能够帮助我们确认产品测试是否已经进行得足够全面和
深入——缺陷触发因素越全面，说明测试中使用的测试方法越多，测试得也越深入；反
之意味着测试方法可能比较单一，测试得比较浅，产品可能还存在一些缺陷未能被有效
去除。

和缺陷年龄分析方法类似，我们也可以通过下面 3 个步骤来进行缺陷触发因素分析。

第一步：确定缺陷的测试方法和测试类型。

如果你的项目有缺陷的管理工具（如 bugzilla），可以增加测试方法和测试类型的选项，
在测试发现缺陷的时候来记录相关的信息。

如果没有缺陷管理工具也没有关系，你可以使用类似表 6-14 的形式，来确定该缺陷的
测试方法和测试类型。

表 6-14　确定缺陷测试方法和测试类型

缺陷 ID	产品缺陷列表	测试方法	测试类型
1	缺陷 1	单运行正常输入	功能测试
2	缺陷 2	多运行相互作用	功能测试
3	缺陷 3	多运行顺序执行	功能测试
4	缺陷 4	多运行相互作用	功能测试
5	缺陷 5	单运行边界值输入	功能测试
6	缺陷 6	稳定性测试法	可靠性测试
7	缺陷 7	压力测试法	可靠性测试
8	缺陷 8	可用性测试法	易用性测试
……	……	……	……

第二步：统计出各种测试方法发现的缺陷数目，绘制缺陷触发因素分析图。

接下来我们需要统计出各类测试方法的数量，见表 6-15。

表 6-15　测试方法数量

测试类型	测试方法	缺陷数目	测试类型	测试方法	缺陷数目
功能测试	单运行正常输入	20	可靠性测试	稳定性测试法	10
功能测试	多运行相互作用	15	可靠性测试	压力测试法	5
功能测试	多运行顺序执行	8	易用性测试	可用性测试法	4
功能测试	单运行边界值输入	7	……	……	……

并根据表中的数据绘出缺陷触发因素分析图，如图 6-25 所示。

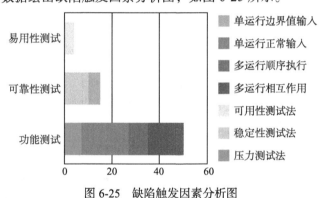

图 6-25　缺陷触发因素分析图

第三步：进行缺陷触发因素分析

在理想情况下，我们希望做出的缺陷触发因素图和测试策略是吻合的。例如，当前版本我们的测试策略是：

对功能首先进行配置的遍历测试，需要保证新提交的命令行和以前已有的 Web 页面功能具有一致性；再进行基本功能测试，能够覆盖业务流程的基本路径；最后进行满规格的测试。

按照上述测试策略，我们希望的缺陷触发因素图包含的测试方法和对应的测试内容大致为：

❑ 功能测试——单运行正常输入：进行基本功能测试，覆盖业务流程的基本路径测试时发现的问题。

❑ 功能测试——单运行边界值测试：进行配置测试时发现的问题。

❑ 功能测试——多运行相互作用：进行基本功能测试，覆盖业务流程的基本路径和配置测试时发现的问题。

❑ 性能测试：进行满规格测试时发现的问题。

如果我们持续对产品进行缺陷触发因素分析，参考历史数据，结合自身的经验，我们还可以得到"不同的测试方法发现缺陷的大致比值和分布"。当然，这个比值可能不是很准，但是也可以作为软件测试架构师对数据进行分析时的参考。

很多时候，我们都会发现，根据实际测试结果绘出的缺陷触发因素图可能会和之前预期的缺陷触发因素图存在一定的偏差，可能的情况有如下两种。

1）有些测试方法没能发现缺陷或者发现的缺陷很少

出现这种情况，可以按照如下思路来进行分析：

确认测试团队是否按照测试策略的要求使用了这种测试方法进行测试？

如果答案是"否定"的，需要我们进一步确认原因。常见的原因有：

❑ 存在测试阻塞（如缺陷），无法使用该方法进行测试。
❑ 测试投入（如人、时间）不足，来不及使用该方法进行测试。
❑ 没有掌握该项测试方法。

然后我们再根据具体原因对症下药，更新测试策略即可。

如果答案是"肯定"的，即团队遵循了测试策略使用该测试方法进行了测试，测试投入和测试方法都没有问题，但是确实没有发现问题，或者发现的问题较少，这说明当前这种测试方法确实不能发现产品的缺陷，这样的结果应该是合理的。

对软件测试架构师来说，还需要意识到的一点就是，这样的数据结果可能暗示了产品在这方面的质量不错，和其他地方相比风险较低，我们可以考虑调整测试策略，降低这方面的测试投入，减少对该测试方法的使用，等等。

2）有些测试方法发现的缺陷特别多

如果我们发现有些测试方法发现的缺陷特别多，说明这种测试方法比较能够有效去除产品的缺陷，产品在这方面的质量可能不高，相对其他方面的风险较高，此时也需要我们调整测试策略，如增加这部分的测试投入，增加对这部分测试的方法的使用，等等。

6.6.6 组合使用各种缺陷分析技术

截至目前，我们已经介绍了 5 种缺陷分析技术。每一种缺陷分析技术，都能够从某些方面来对产品质量进行评估，总结见表 6-16。

表 6-16　产品质量评估表

缺陷分析方法	产品质量评估
缺陷密度	（1）预测产品可能会有多少缺陷； （2）评估当前发现的缺陷总数是否足够多
缺陷修复率	发现的缺陷是否已经被有效修复
缺陷趋势分析	系统是否还能被继续发现缺陷
缺陷年龄分析	每个可能引入缺陷环节，可能引入的缺陷是否都已经被有效去除
缺陷触发因素分析	测试是否已经足够全面

但是我们进行缺陷分析，并不满足只对产品质量的某一个方面进行评估，这就需要我们组合使用这些缺陷分析技术。

图 6-26 是一个在产品测试中组合使用缺陷分析技术示意图。

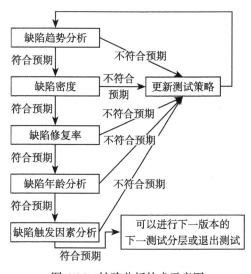

图 6-26　缺陷分析技术示意图

这套组合策略隐含了一个条件，就是缺陷分析应该在测试项目中持续地活动，每个版本、每个测试层次，在产品发布时，都需要进行缺陷分析。在本书的第 8 章中，我们还将为大家详细叙述如何使用缺陷组合分析技术来进行产品质量评估。

6.7　风险分析技术

我们将风险分析技术用在保证测试策略的顺利进行和基于风险来加强或降低测试投入上，涉及的主要技术为风险识别、风险评估、风险应对和老功能分析。

6.7.1 风险分析

此处我们讨论的风险分析的对象是测试策略，目标是提前识别那些可能会阻塞测试策略顺利进行的问题，包括风险识别和风险评估两个部分。

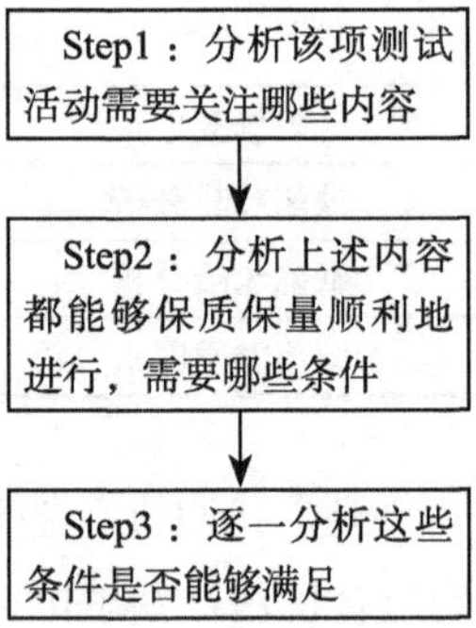

1. 风险识别

我们可以根据测试策略的内容，逐一分析哪些问题可能会对测试策略的开展带来阻碍，并进行风险识别，具体的方法如图6-27所示。

Step3中不能满足的那些条件，就是我们寻觅的风险点。

为了更好地说明问题，我们来看一个具体的例子。

图 6-27　风险识别的方法

举例：对测试设计进行风险识别

对测试设计活动进行风险识别：

Step1：首先分析测试设计需要关注哪些内容。例如：

❏ 需要对某个重要的特性进行深入的测试，需要能够通过路径分析法来对开发人员的设计流程进行全面的覆盖，不遗漏基本的流程。

❏ 需要能够通过功能交互分析对功能间的相互作用进行深入的测试。

❏ 需要能够进行压力、稳定性和性能方面的测试。

Step2：分析上述内容都能够保质保量顺利地进行，需要哪些条件。例如：

❏ 条件1：开发能够提供相关的设计材料（如相关的概要设计文档），并且能够保证材料的内容是正确的。

❏ 条件2：有条件或者有机制能够保证开发人员和测试人员之间的有效沟通。

❏ 条件3：测试人员对产品的使用场景、多个特性都有一定的理解，能够进行全面的功能交互分析。

❏ 条件4：测试人员能够理解并掌握压力、稳定性和性能方面的测试方法，有能力结合测试方法和产品实现来进行测试设计。

Step3：逐一分析这些条件是否能够满足。假如条件1和条件4可能无法满足，那么识别出来的风险点就是：

风险1：开发可能会缺失重要的设计文档，或者一些设计文档更新不及时。

风险2：测试人员对压力、稳定性和性能方面的测试方法掌握不足，可能会出现测试设计遗漏。

需要特别说明的是，虽然此处我们进行风险分析的对象是测试策略，围绕测试活动能否正常展开，但并不等于我们只在测试内部识别风险点——我们依然要从整个项目的角度来进行风险识别。我们可以使用表 6-17 风险识别清单，来帮助我们进行风险识别。

表 6-17　风险识别清单

分类	清单	说明
需求	产品的业务需求、用户需求、功能需求和系统需求是否完整、清晰？	检查需求的质量，确保需求能够有效指导开发和测试
	开发人员在进行产品设计之前是否充分理解了产品的需求？	实际上，在项目中非常容易出现开发人员并没有完全理解产品的需求，就开始设计编码，直到系统测试阶段才发现和需求不符的问题。一旦出现这样的问题，产品很有可能就会返工，对产品来说将会是致命的打击
设计	是否使用了"新技术"？	包括产品之前未使用的新架构、新平台、新算法等
	系统中是否会存在一些设计"瓶颈"？如果存在，是否有应对措施？	例如，产品的老架构能否满足产品新增特性的性能、可靠性方面的要求？
	产品是否设计得过于复杂，难以理解？	在项目中，难于理解的设计，问题往往也是比较多的，这提示我们需要重点关注
	开发人员是否能够讲清楚产品设计？	一般来说，开发人员是可以讲清楚自己的设计的。如果开发人员无法讲清楚自己的设计，这说明设计本身可能存在一些问题。另外，这部分设计的可维护性、可移植性可能也不会太好
	开发人员对异常、非功能方面的内容是否考虑得足够全面？	例如，如果数据被损坏了，会发生什么，将如何处理？这个功能使用的资源或组件有没有可能被其他功能修改或影响？有没有考虑能够处理的最大负载？等等
	开发人员在设计中是否存在一些比较担心的地方？	测试人员可以适当多关注一些开发人员的主观感受，而不仅仅是设计文档
	开发人员是否会考虑和设计一些可测试性或者易于定位的功能？	由"不易于验证的设计"可以推测出开发人员在设计编码时的自验可能也是不充分的，这部分代码的质量可能并不高，相对风险更高
	对一个需要多人（或多组）才能配合完成的功能，是否有人会进行整体的设计、协调和把关？	当开发人员的设计会依赖于其他的设计时，开发人员一般都会假设接口能够满足自己的需求，而忽视彼此的沟通和确认的环节，使得产品在集成开发时候出现问题，影响产品质量和项目进度
	对有依赖或约束的内容，是否有充分考虑？	例如，与产品配套的日志、审计类产品是否能够满足产品的发布周期？与产品相关的平台是否稳定？
流程	项目是否使用了新的流程、开发方法等？	例如，从传统瀑布开发模式到开始使用敏捷开发的模式
	开发人员是否会进行自测？是如何进行自测的？测试的深度和发现问题的情况如何？	开发自测是产品代码质量的重要保证活动。测试需要关注开发人员的自测方法和发现问题的情况。一般来说，自测充分的模块，代码质量可能会相对较好，反之就有可能就会比较差
	开发人员如何进行代码修改，是如何保证修改的正确性的？	例如，开发人员是否会对修改方案进行评审？是否会对修改的代码进行检视和评估？是否会对修改进行测试验证？是否会进行回归测试？等等
	开发人员是如何进行版本管理的？	例如，开发人员是否存在版本分支管理混乱的问题？是否会随意修改、合入代码，而不对变动做记录和控制？

（续）

分类	清单	说明
变更	新版本在旧功能方面做了哪些修改？修改后的主要影响是什么？	开发人员常常会在新版本中对旧功能进行优化。有时候因为优化的代码量并不大（如只改了一行代码），开发人员会忘记告诉其他开发人员或测试人员，但很多时候，就是这一行代码的修改，却会导致产品的一些功能失效，影响测试执行计划。因此，测试人员需要关注开发人员的修改，做好控制和验证
	在项目过程中，需求是否总是在变更？	如果在项目过程中，需求总是在频繁变化，会对开发设计和测试执行都造成明显的影响
组织和人	哪些模块是由其他组织开发的？他们在哪里开发？开发流程、能力如何？	例如，产品哪些部分使用的是开源代码？哪些部分是由外包团队提供的？等等？
	产品的研发团队（包括需求、开发和测试）是否存在于不同的地方？彼此分工如何？沟通是否顺畅？	目前很多产品研发都存在异地开发的情况，不能有效沟通是这类开发模式比较严重的问题
	团队人员能力如何？经验如何（包括需求、开发和测试团队）？	
	团队是否稳定（包括需求、开发和测试团队）？	
	团队的人手是否充足（包括需求、开发和测试团队）？	
	测试环境是否具备（包括必备的工具、硬件设备）？	在大多数公司，申请测试资源都不是一件容易的事情。而且即使申请成功，到位也需要时间。所以对测试中需要的资源，需要提早识别，尽早准备，有备无患
历史	哪些特性在产品测试时就存在有很多 bug？	根据"bug 聚集性"的理论，历史上的 bug 重灾区，当前版本可能继续需要重点关注
	哪些特性存在较多的客户反馈问题？	客户反馈的问题比较多，说明之前可能存在一些测试不充分的地方，在当前版本需要重点关注
	历史上哪些情况曾经导致过阻塞测试活动的问题？	需要对这些问题进行根因分析和总结，防止同样的问题在新的项目中再度发生，历史悲剧再度重演

2. 风险评估

机会成本告诉我们，要想用有限的资源获得最大的收益，就需要我们优先处理最可能会发生、影响（如损失）最大的事件。这就需要我们对识别出来的风险点进行评估，确定风险优先级，然后优先处理高风险的问题。简言之，风险评估的目标就是确定风险优先级。

1）风险优先级正交表

我们可以从两个方面来进行风险评估，确定风险优先级，即风险发生频率和风险影响程度，如图 6-28 所示。

具体操作时，我们可以使用正交表（表 6-18）来确定风险优先级。

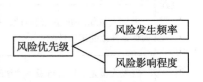

图 6-28 风险评估的两个方面

例如，某风险的风险发生频率为"中"，风险影响程度为"高"，根据"正交表"，对应的风险优先级就是"中高"。

表 6-18　正交表

风险优先级		风险发生频率		
		高	中	低
风险影响程度	高	高	中高	中
	中	中高	中	中低
	低	中	中低	低

接下来的问题是，我们该如何判定风险发生频率和风险影响程度是"高""中"还是"低"呢？参考"风险识别清单"中的分类，我对其中部分的风险发生频率和风险影响程度进行了分析，供读者参考。

2）需求类的风险

需求类的风险主要表现在如下两点：

❑ 需求的质量不高，不足以支撑后续开发和测试。

❑ 开发和测试未能正确理解需求。

上述风险一旦成了问题，可能导致返工或者需求变更，对设计、编码和测试都会有较大的影响，而且风险发生的概率也会比较高。因此，对需求类的风险，建议将它的风险的影响程度和风险发生频率设置为"高"，重点关注。

3）设计类的风险

设计类的风险主要集中在设计的正确性和全面性上。这些风险一旦成了问题，就是产品缺陷。换句话说，它们的风险发生频率总是很高的。并且比较麻烦的是，很多时候，一个风险最后会向系统引入很多缺陷。对测试而言，会增加测试的工作量，影响测试进度，影响产品质量。

我们如何判断设计类的风险的风险影响程度呢？我们假设这些风险最后成了缺陷，对这些由风险引入的缺陷，我们评估一下：

❑ 测试容易发现这些缺陷吗？

❑ 开发修复这些缺陷的改动大吗？影响的功能模块多吗？

❑ 测试容易验证这个缺陷吗？回归测试的工作量大吗？

❑ 如果这个缺陷逃逸到了用户处，对用户的影响大吗？

一般来说，测试难于发现的缺陷，风险的影响程度更高；基础的、底层的、共用的设计，风险的影响程度更高；需要特殊测试工具或复杂测试环境才能验证的，风险的影响程度更高；在用户处发生概率高、会对用户的业务造成严重影响的问题，风险的影响程度更高。

4）流程类的风险

由于大家都要遵循流程，所以流程类风险的风险发生频率往往很高，建议至少为中级。

从风险影响程度的角度来说，会影响到团队合作，或是涉及规范性方面的风险，风险的影响程度更高，建议至少为中级。

5）历史类的风险

"历史总是会被一次次地重演"，历史类的风险也是一样的——历史上曾经发生过的问题，再次成为问题的风险依然很大。所以历史类的风险，风险发生的概率应该总是高的。

历史类风险的风险影响程度，可以参考历史的风险影响程度来确定。

6.7.2 风险应对

在风险管理中，风险应对主要分为如下 4 种：

❑ 回避风险：指主动避开损失发生的可能性。
❑ 转移风险：指通过某种安排，将自己面临的风险全部或部分转移给其他一方。
❑ 减轻风险：指采取预防措施，以降低损失发生的可能性和影响程度。
❑ 接受风险：指自己理性或非理性地主动承担风险。
下面是一个使用上述 4 种不同的方式进行风险应对的例子：

"风险应对"举例：新需求在开发过程中不断被增加

❑ "回避风险"的做法：置之不理。
❑ "转移风险"的做法：将新需求外包。
❑ "减轻风险"的做法：寻求额外资源或裁剪其他优先级低的需求。
❑ "接受风险"的做法：将新需求加入项目范围，通过加班来完成新需求。

对测试来说，可以结合风险和当前项目的实际情况，来选择合适的风险应对方案。

此外，我也总结了一些项目中常见的风险和应对这些风险比较通用的思路，供读者参考（表 6-19）。

表 6-19　常见风险及应对思路

分类	风险举例	风险应对思路
需求类的风险	产品需求在业务场景上描述不够完整、清晰,不能有效指导开发人员和测试人员的工作	(1)加强对业务场景的评审; (2)加强开发、测试和需求工程师对业务场景的沟通、讨论,保证开发、测试和需求工程师对场景的验收条件的理解是一致的
	开发人员在进行产品设计之前并没有充分理解了产品需求,特别是在易用性和性能需求方面	(1)开展开发人员对需求工程师进行需求确认的活动,确保需求理解的一致性; (2)开发人员需要逐一根据需求编写验收测试用例,确保需求能够被正确实现,无遗漏; (3)开发人员针对易用性进行低保真、高保真设计,并和需求工程师进行评审确认; (4)在需求中需要明确产品的性能规格; (5)测试人员尽早展开和产品性能相关的摸底测试
设计类的风险	产品使用了新的技术平台	(1)将新平台和旧平台进行差异性分析,确定变化点; (2)针对变化点进行专项测试
设计类的风险	产品设计得过于复杂,难以理解	(1)和需求工程师进行沟通,确认设计没有超过需求要求的范围; (2)要求开发人员对设计进行讲解; (3)增加这部分的测试投入
	产品中存在需要多人(或多组)才能配合完成的功能,且缺少这个功能的总体责任人	(1)建议开发增加一位总体责任人,负责确认接口、整体协调等; (2)建议开发人员对该功能设计自测用例,并在评审开发自测用例时进行确认; (3)将该功能作为接收测试用例,避免该功能造成测试阻塞
流程类的风险	开发自测不充分	(1)和开发人员约定,在本轮版本转测试的时候,需要提供详细的自测报告; (2)评估开发人员自测用例的质量,必要时提供用例设计指导或直接提供测试用例; (3)搭建自动化测试环境,供开发人员自测使用
变更类的风险	在项目过程中,需求是否总是在增加	(1)和开发人员、需求工程师进行沟通,进行需求控制; (2)裁剪部分低优先级的需求
组织和人	测试团队大部分人员没有测试设计的经验	(1)在进行测试设计之前,找写得好的测试用例作为例子; (2)增加测试设计的评审检查点,如对测试分析、测试标题和测试内容分别进行评审; (3)必要时,测试架构师对测试工程师进行测试设计一对一的辅导
	××测试工具不具备,需要购买	(1)定期跟踪工具购买进展; (2)寻找是否有替代工具
历史类的风险	××特性在基线版本中就存在很多 bug	对基线版本该特性的缺陷进行分析,分析哪些测试手段容易发现该特性的问题,据此增加探索式测试
	基线版本中,开发人员修改引入缺陷导致缺陷趋势无法收敛,对测试进度和产品发布造成了影响,在继承性版本中可能存在相同的风险	对基线版本中开发人员修改引入缺陷的问题进行根因分析,针对根因来制订措施

6.7.3 老功能分析

很多时候，我们的被测对象并不是全新开发的功能，而是在之前版本上已经测试过的老功能。对一个新开发的版本来说，老功能和新功能的质量要求可能是相同的。如果我们需要基于质量要求来制定测试策略，那么在测试的时候，老功能和新功能的测试投入就应该是一样的。

但是，事实上老功能已经被测试过，老功能和新功能的质量起点是不同的。执行 10 个新功能的测试用例和执行 10 个老功能的测试用例相比，前者更容易发现问题，失效的风险更大。

此外，老功能的测试用例，如果在之前测试的时候没有发现问题，想在新版本上发现问题的可能性并不高（注意，是"不高"，不是"绝对没有"）。

可见，更明智的做法是对老功能进行风险分析，以此来确定老功能在新版本中的测试深度和测试广度，制定"刚刚好"的测试策略。

对老功能进行风险分析就是老功能分析。我们可以从差异性分析和历史测试情况分析两方面来进行分析，如图 6-29 所示。

图 6-29　老功能分析的两个方面

1. 差异性分析

差异性分析是指找出老功能在新版本和老版本上的差异。这些差异包括需求、设计、平台、实现等各种差异。"找差异"也是在新版本中做好老功能测试的金钥匙。

老功能在新版本和老版本上的差异举例

❑ 老功能在老版本上的性能要求是需要支持每秒新建 5 个用例，在新版本上要求支持每秒新建 10 个用例。

❑ 老功能在老版本上只支持 Windows 7、Windows 8，在新版本上要支持 ISO 和安卓系统。

❑ 老功能在新版本上重新进行了设计，做了重构。

❑ 老功能改由平台提供相关功能。

很多测试团队会要求开发提供产品的老功能的改动说明和测试建议，这是获得老功能在新版本上差异的好办法，但它却不怎么有效——根据我的访谈来看，大多数测试团队对开发提供的改动说明和测试建议不满意，它们不是描述笼统，就是细到几乎罗列出所有修改了的函数名，无法起到很好的测试指导作用。

有的测试团队会从设计文档中来收集差异，这也是个获得差异的不错途径，但是它也不是那么有效——很多开发团队不会再对老功能写设计文档，而且文档也存在更新的问题。

如果你遇到的窘况和上面描述的一样，我建议你可以试着和开发人员面对面地沟通——面对面沟通的效率和效果可能会超乎你的想象。

当然，为了让沟通更有针对性、更有效，事先准备一个沟通提纲是绝对有必要的。下面是一个"差异性分析沟通提纲"的示例，供大家参考（表 6-20）。

表 6-20　差异性分析沟通提纲示例

差异性分析沟通提纲	记录
和之前相比，产品的"底层"或一些"公共模块"是否有修改？为什么要进行修改？修改的代码量有多大？据你所知，这些修改可能会影响哪些功能？	
和之前相比，"××功能"是否进行了功能、性能、可靠性、可维护性、易用性、可移植性、可维护性方面的优化？为什么要进行优化？修改的代码量有多大？这些修改会影响其他功能吗？	
和之前相比，和"××功能"相关的开源代码是否进行了版本升级？	
和之前相比，"××功能"的流程是否有所变化？变化有是哪些？	
和之前相比，新版本在资源分配（如内存、CPU 的分配）上有什么不同，是否会对"××功能"造成影响？	
针对修改，你（开发）准备做哪些自测（或已经做了哪些自测）？	
有没有我（测试）需要特别关注的地方？	

这样的沟通活动持续一段时间后，我们还会发现它还会带来一些意想不到的"正作用"：开发提供的"修改说明"和"测试建议"逐渐变得有用，开发人员和测试人员之间变得更有默契。

2. 历史测试情况分析

历史测试情况分析是对老功能在老版本中的测试情况（包括测试策略、测试用例、缺陷）进行分析，以此来确定老功能在新版本中需要采用怎样的测试策略。

我们可以按照如图 6-30 所示的思路来对老功能的历史测试情况进行分析。

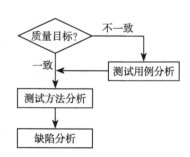

图 6-30　老功能的历史测试情况

1）确认老功能在新版本和老版本中的质量要求是否一致

需要我们特别注意的情况是，老功能在老版本中的质量要求比较低，例如就是给用户演示的功能，但是在新版本中，我们对它的质量要求提高了，提高到要完全满足用户的商用。

此时虽然老功能在之前的版本中就测试过，但是相对较低的质量要求使得老功能测试场景、测试深度等都还远远不够。这时我们需要对老功能旧的测试用例进行分析，确定在新版本测试时哪些地方还需要增加测试用例（至少可以确定大致的工作量，降低在工作时估计遗漏此部分工作量时的风险）。

2）进行测试方法分析

可以从表6-21中的这些角度对老功能进行测试方法分析。

表 6-21 分析角度

序号	分析点
1	进行功能、可靠性、性能、易用性、可维护性等测试时使用了哪些测试方法？深度如何？是否达到预期？
2	测试过程中使用了哪些测试工具？使用情况如何？
3	是否进行了探索性测试？效果如何？
4	回归测试情况如何？
5	场景测试情况如何？
6	自动化测试情况如何？

3）进行缺陷分析

我们可以使用6.6节中提供的缺陷分析方法，围绕表6-22中的分析点，来对老功能的历史缺陷进行分析。

表 6-22 老功能历史缺陷分析点

序号	分析点
1	老功能在老版本中存在哪些遗留缺陷？缺陷被遗留的原因是什么？哪些遗留缺陷必须在新版本中解决？
2	老功能在老版本中发现缺陷的数量是否符合预期？如果不符合预期，分析可能的原因。对此，是否需要在新版本中增加一些测试内容？
3	老功能在老版本中发现缺陷的手段是否丰富？哪些手段需要在"新版本"中加强？
4	从老功能在老版本中发现的缺陷来看，是否存在测试策略漏测、测试设计漏测和测试执行漏测？是否需要在新版本中增加相应的内容？

4）对"组织和人"进行分析

如果老功能是其他测试团队测试的，对这个测试团队的情况进行分析也是非常有必要的（表6-23）。

表 6-23 测试团队分析

序号	分析点
1	测试团队人员经验如何？
2	测试团队是否稳定？例如，是否在测试过程中出现人员离职、被动更换测试人员的情况？
3	测试团队是否有一些测试总结或技术总结？如果有，这些总结一定要收集过来，会是很好的参考材料

6.8 分层测试技术

我们将分层测试运用在测试目标的 SMART 化上和测试活动的安排上。对软件测试架构师而言，可能需要根据实际情况来设计自己项目的分层测试，分层测试中的主要技术，就是如何通过适当的分层，让测试目标变得"SMART"。为了能够很好地说明这个问题，我们先来看几个例子。

6.8.1 V 模型

最经典的测试分层，就是 V 模型——准确地说应该是"V 模型"和测试相关的"右边"部分，被分为单元测试、集成测试、系统测试和验收测试 4 个层次，如图 6-31 所示

对 V 模型而言，每个测试分层测试图测试的重点为：

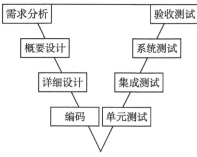

图 6-31 V 模型

❑ 单元测试：从产品实现的函数单元的角度，验证函数单元是否正确。

❑ 集成测试：从产品模块和功能的角度，验证功能模块和模块之间的接口是否正确。

❑ 系统测试：从系统的角度，验证功能是否正确，验证系统的非功能属性是否能够满足用户的需求。

❑ 验收测试：从用户的角度，确认产品是否能够满足用户的业务需求。

在第 7 章，我还将为大家介绍每个测试分层的测试策略。

6.8.2 设计测试层次

要想分层测试有效，根据产品的实际特点来设计测试层次非常重要。

和所有设计一样，测试层次的设计也没有一定的定式可言，但是有一条基本原则可以为我们提供指导，就是使得每个测试层次中的测试目标都是"SMART"（具体、可衡量、可获得、具有相关性和时限性）化的。

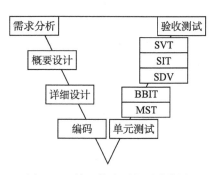

图 6-32 某通信公司的测试分层

1. 某通信公司的测试分层

某通信公司的测试分层如图 6-32 所示。

和 V 模型相比，集成测试在本例中被分成了 MST

和 BBIT；系统测试被分成了 SDV、SIT 和 SVT。

- ❑ 模块级系统测试（MST）：保证软件开发项目组各个单元/模块之间的接口正确，以及对项目组级别的功能进行验证。
- ❑ Building Block Integrated Test（BBIT）：验证的是子系统之间的单元/模块的接口的正确性，也就是我们常说的开发"联调"。
- ❑ 系统设计确认（SDV）：从系统的角度来验证功能的正确性。
- ❑ 系统集成测试（SIT）：从系统的角度来验证功能交互和非功能方面的正确性。
- ❑ 系统验证测试（SVT）：验证场景、解决方案的正确性。

为什么此处的"测试分层"要这么复杂呢？这是因为在这个例子中，被测对象是通信产品。我们知道，通信产品需要包含硬件、驱动和软件，业务也比较复杂，还会涉及很多协议和规范。在设计上常常会包含多个子系统，涉及很多接口。用户不仅关注功能，还特别关注可靠性、性能等方面的质量，对产品质量整体要求很高。

如果我们还是按照前面经典的 V 模型中的测试层次进行集成测试，我们可能会在功能模块还不好用的情况下就开始进行"子系统"的集成测试，使得联调受阻。也就是说，这时集成测试的测试目标是不够 SMART 的。

将集成测试划为"MST"和"BBIT"两个层次后，可以让我们在"MST 层"重点关注各个子系统内部的功能模块的正确性；在"BBIT 层"重点关注"这些子系统能不能正确对接上"，这样我们在集成阶段的测试目标就变得足够 SMART 了。

如果我们还是按照前面 V 模型中的测试层次进行系统测试，我们可能会在硬件和驱动还不稳定的情况下就开始进行复杂功能、性能、稳定性等方面的测试，然后发现根本就测试不下去，全被硬件和驱动问题"阻塞"了；我们还有可能一直在模拟器或虚拟机上进行测试，导致和硬件相关的性能、稳定性方面的问题发现得过晚。

将系统测试划分为"SDV""SIT"和"SVT"3 个层次后，我们可以在"SDV 层"，在真实的硬件平台上验证基本功能的正确性；在"SIT 层"，在硬件和驱动相对稳定的情况下，进行复杂功能和非质量属性方面的测试；在"SVT 层"，再进行场景、解决方案方面的测试。经过这样的划分后，我们在系统测试阶段的测试目标也变得 SMART 起来了。

2. 某公司在敏捷环境下的测试分层

某公司在敏捷环境下的测试分层如图 6-33 所示。

和前面的介绍的测试分层相比，本例就显得简单多了：

功能测试	探索测试
单元测试	非功能测试

图 6-33　某公司在敏捷环境下的测试分层

❑ 单元测试（UT test）：针对代码或者组件的测试。

❑ 功能测试（function test）：针对产品功能方面的测试。

❑ 非功能测试（non-functional test）：指非功能方面的其他质量属性的测试。

❑ 探索测试（Explore test）：基于任务的测试。

这时被测对象是一个纯软件产品，根据用户的业务需求进行迭代开发，但总体来说并不复杂，基本不涉及协议或规范。用户比较关注功能、易用性和性能，对可靠性方面的问题有一定的容忍性，总的来说对质量的整体要求并不算太高，希望产品能够快速交付。

在这样的背景下，快速评估产品是否能够发布，进行快速测试是有必要的。如果我们还是按照 V 模型中的测试分层来进行测试，就显得太重了。在这个测试分层中，我们在单元测试层中测试代码、接口的质量；提交给测试后，在功能测试层中集中测试功能；待功能相对稳定后，在非功能测试层中再集中易用性、性能和可靠性等方面的内容；在探索测试层，再结合缺陷，进行补充测试和回归测试。

这个分层虽然很简单，但它每个层次的测试目标都很 SMART，且能够满足快速测试、快速发布的项目要求，是一个符合项目特点的测试分层设计。

测试策略实战攻略

从本章开始我们进行测试策略的实战，看看如何运用我们在第 6 章中介绍的思路和方法来制定测试策略。

假设现在有一个研发项目 A 开始了，我们的软件测试架构师也要投入项目了。此时项目产品的包需求已经基本完成，产品概念已经初步成型，如图 7-1 所示。

不过此时软件测试架构师对项目的了解还非常有限：

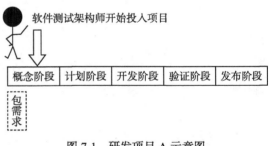

图 7-1　研发项目 A 示意图

❑ 知道项目叫什么名字。
❑ 项目大致要做些什么内容。
❑ 领导期望项目在什么时候结束。

下面就让我们来看看，这位软件测试架构师将如何运用我们在第 6 章中介绍的思路和方法来制定测试策略，指导产品测试，进行质量评估。

7.1　开始

此时，软件测试架构师对项目的了解还非常有限，在制定测试策略之前，收集了解更多的项目信息非常重要：

❑ 项目的范围。

❑ 人力投入。

❑ 历史情况。

❑ ……

7.2　初次使用"四步测试策略制定法"

当我们收集了一些项目信息，对项目有一定的了解后，就开始准备制定测试策略了。这也是我们初次在项目中使用"四步测试策略制定法"，如图 7-2 所示。

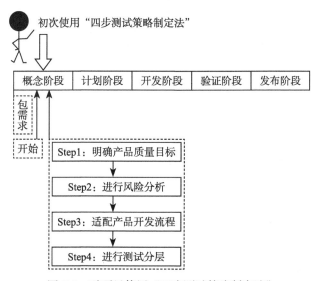

图 7-2　对项目使用"四步测试策略制定法"

7.2.1　产品质量等级

虽然我们已经有了产品质量评估模型，但该模型只能告诉我们该从哪些角度去评估产品质量，并没有告诉我们，怎样的评估结果可以被认为是好的质量，怎样的结果又是不好的质量。换句话说，我们还缺少一个评价质量的"刻度"，即产品质量等级。

从最终用户使用的角度，我们将产品质量分为如下 4 个等级。

第 1 级完全商用：特性完全满足用户的需求，有少量（或者无）遗留问题，用户使用时无任何限制。

第 2 级受限商用：特性无法满足用户的某些特定场景，有普通以上的遗留问题，但有规避措施。

第 3 级测试、演示或小范围试用：特性只能满足用户部分需求，有严重以上的遗留问题，且无有效的规避措施，问题一旦出现就会影响用户的使用，只能用于测试（如 Beta）或演示，或者小范围试用。

第 4 级不能使用：特性无法满足用户需求，存在严重以上的遗留问题，会导致用户基本功能失效，且无规避措施，产品根本无法使用。

需要特别说明的是，产品质量等级虽然是在项目初期确定的，但定义的是产品在发布时的质量，而不是产品在测试过程中的质量，如图 7-3 所示。

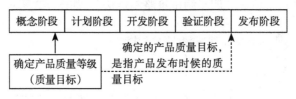

图 7-3 定义产品发布时的质量

7.2.2 确定项目中各个特性的质量等级

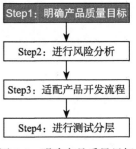

按照四步测试策略制定法，我们先围绕明确产品质量目标来展开分析，如图 7-4 所示

此时，软件测试架构师需要对本项目中包含的特性，逐一确定它们的"产品质量等级"（表 7-1）。

需要特别说明的是：

图 7-4 明确产品质量目标

❑ 该项活动能够顺利进行的前提是产品的特性已经基本确定完成了。

❑ 这项活动不应该仅由软件测试架构师来进行，需要需求工程师、研发经理等研发核心团队共同进行，对不同特性的产品质量等级能够达成一致。

表 7-1 确定产品质量等级

特性	质量目标（期望值）	特性	质量目标（期望值）
特性 1	完全商用	特性 4	测试、演示或小范围试用
特性 2	完全商用	……	……
特性 3	受限商用		

7.2.3 对项目整体进行风险分析

按照四步测试策略制定法，接下来我们将围绕风险来展开分析，如图 7-5 所示。

在这个阶段，软件测试架构师需要从项目整体角度进行风险分析。

此时，我们可以按照 6.7.1 节中介绍的"风险评估清单"，来对项目整体进行一次风险评估，并参考 6.7.2 节中的"风险应对表"来考虑应对措施，增加一些质量保证活动。

在确定风险应对措施的时候，需要区分这些活动是针对项目整体的，还是针对具体特性的。我习惯将具体特性的风险，直接记录在产品质量等级表中备忘（表 7-2）。

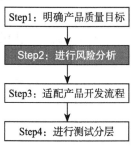

图 7-5 围绕风险展开分析

表 7-2 产品质量等级表

特性	质量目标（期望值）	计划的质量保证活动
特性 1	完全商用	
特性 2	完全商用	• 加强需求的 review • 加强对系统设计的 review
特性 3	受限商用	
特性 4	测试、演示或小范围试用	
……	……	

7.2.4 确定测试策略的结构

按照四步测试策略制定法，接下来我们将围绕产品开发流程来进行分析，如图 7-6 所示。

对软件测试架构师来说，此时的主要目标就是确定测试策略的结构，明确我们的测试策略要分几次输出，何时输出，每次输出的关注点是什么。

根据研发流程，我们采用总分式的测试策略结构，如图 7-7 所示。

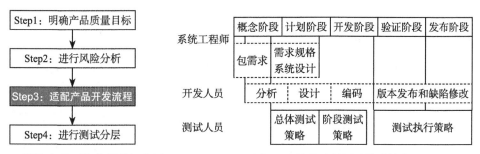

图 7-6 围绕产品开发流程进行分析　　　图 7-7 总分式的测试策略结构

- ❑ 总体测试策略：确定产品质量目标，进行项目整体的风险识别，从产品层面来确定测试重点和测试难点、测试深度和测试广度，是测试策略的总纲。
- ❑ 阶段测试策略：确定测试设计策略和测试执行策略需要达到的质量目标（产品质量

目标的分解）以及能够进行这些测试活动的入口条件。

❑ 测试执行策略：确定每个版本的测试目标、测试内容和每个版本的入口条件。

总体测试策略从概念阶段开始，在计划阶段前期完成比较合适。因为这时产品的需求、质量目标和整体形态都已经确定下来，已具备了制定总体测试策略的条件，而且也需要这样一份文档来总领后面的测试活动，让测试团队成员心中有数。

阶段测试策略在总体测试策略完成后随即展开，保证在开发阶段前期完成。这是因为，阶段测试策略最重要的目的，就是明确各个阶段的输入输出标准。在开发编码之前（或在前期）就把要求说清楚，可以让开发目标更明确，更有利于产品质量的提高。测试也可以根据双方达成的标准，准备接收测试用例、自动化测试环境等。如果阶段测试策略输出得过晚，这些活动可能就会来不及进行或者达不到期望的效果。

测试执行策略在测试执行阶段，每个版本转测试之前输出即可。测试执行策略除了对阶段测试目标进一步进行分解到每个版本的粒度，还需要根据上一个版本的测试执行情况，对测试策略进行调整。

各类测试策略之间的关系如图 7-8 所示。

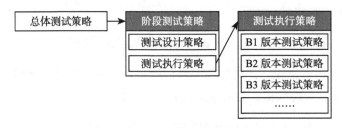

图 7-8　各类测试策略之间的关系

7.2.5　初步确定测试分层

按照四步测试策略制定法，接下来我们将进行与测试分层相关的分析，如图 7-9 所示。

对软件测试架构师来说，此时我们可以结合研发流程，来初步确定一个测试分层。假设此时我们采取经典 V 模型中的测试分层，然后将测试分层和研发流程，以及测试策略的结构放在一张图上，初步将三者的对应关系梳理出来了，如图 7-10 所示。

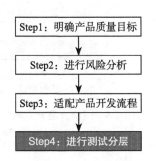

图 7-9　围绕测试分层进行分析

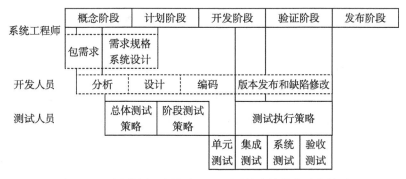

图 7-10 测试分层、研发流程和测试策略结构的对应关系

7.2.6 回顾

至此，我们按照四步测试策略制定法的思路，完成了一次分析。我们先来总结一下到目前为止，软件测试架构师取得了哪些进展：

❑ 明确了特性的质量等级，并且和各个研发核心团队的成员就质量目标达成一致意见。

❑ 从项目整体角度进行了风险分析，有了需要做哪些质量保证活动的初步计划。

❑ 确定了测试策略的结构为总体测试策略—阶段测试策略—测试执行策略。

❑ 初步确定了测试分层，并且梳理出了测试分层、研发流程和测试策略结构的对应关系，初步建立了一个测试的框架。

我们把上述进展填回到本章开头的图中，如图 7-11 所示。

图 7-11 回填后的示意图

通过这次实践，我们发现只使用一次四步测试策略制定法，是无法得到最终的测试策略的。

首先，这和项目所处的阶段有关。一些和测试策略制定相关的、必要的、重要的信息，只有到项目的某些阶段才会清晰，所以我们需要按照测试策略的结构，在项目的不同阶段多次使用四步测试策略制定法来制定测试策略，如图 7-12 所示。

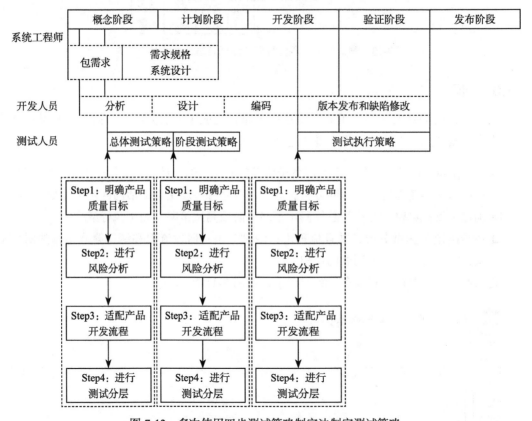

图 7-12　多次使用四步测试策略制定法制定测试策略

其次，四步测试策略制定法中的 4 个步骤之间并不是瀑布式的单向关系，而是全网状的双向关系。图 7-13 更为准确地表达了这 4 个节点之间的关系。

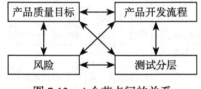

图 7-13　4 个节点间的关系

例如，产品质量目标变高了，对此我们可能会增加一些测试分层，这使得研发流程也发生变化，也引入了新的风险。

所以我们在使用四步测试策略制定法时，发现进行到某个步骤进行不下去了，可以将这个步骤停一下，进行下一个步骤，然后再回过头来进行这个没有做完的步骤，这时往往会有新的收获。也就是说，在制定测试策略的时候，我们可能需要循环使用四步测试策略制定法或循环使用其中的某些步骤。

回到我们的模拟实战项目中。现在，软件测试架构师需要输出总体测试策略。显然第一次使用四步测试策略制定法得到的内容，还不足以支持软件测试架构师完成总体测试策略的制定。接下来，就要循环使用四步测试策略制定法，来完成我们总体测试策略的输出。

7.3 制定总体测试策略

接下来我们将在之前分析的基础之上，再次使用四步测试策略制定法来制定总体测试策略，如图 7-14 所示。

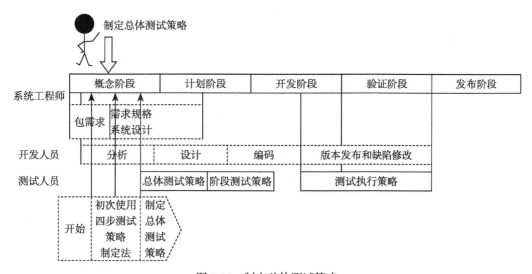

图 7-14 制定总体测试策略

7.3.1 分解产品质量目标

我们可以对质量等级再进行分解，整体思路如图 7-15 所示。

产品质量 评估模型	产品质量 评估项目	完全商用 （目标）	部分商用 （目标）	测试、演示或 小范围试用（目标）
测试覆盖度				
	需求覆盖度	100%	100	100%
	路径覆盖度	≥ 75%	≥ 60%	不涉及

产品质量 评估模型	产品质量 评估项目	完全商用（目标）			部分商用（目标）			测试、演示或小范围试用（目标）		
		集成测试 阶段目标	系统测试 阶段目标	发布 目标	集成测试 阶段目标	系统测试 阶段目标	发布 目标	集成测试 阶段目标	系统测试 阶段目标	发布 目标
测试覆盖度										
	需求覆盖度	85%	95%	100%	85%	95%	100%	85%	95%	100%
	路径覆盖度	≥ 65%	≥ 75%	≥ 75%	≥ 50%	≥ 60%	≥ 60%	不涉及	不涉及	不涉及
……	……									

图 7-15　分解质量等级

1. 根据质量等级来分解产品的质量目标

我们可以根据之前确定的产品质量等级，来为产品质量评估模型中的项目建立不同的质量标准，从而达到分解产品质量目标的目的。

产品质量评估模型中的项目包含定量指标和定性分析两种属性。对模型中的定量指标，我们可以根据项目的实际情况、历史情况和公司整体基线，确定出一个分级的标准，作为产品质量目标的分解项，见表 7-3（注：表中数据仅供参考）。

表 7-3　定量指标分级标准

产品质量评估模型	产品质量评估项目	完全商用（目标）	部分商用（目标）	测试、演示或小范围试用（目标）
测试覆盖度	需求覆盖度	100%	100%	100%
	路径覆盖度	≥ 75%	≥ 60%	不涉及
测试过程	测试用例执行率	100%	100%	85%
	测试用例首次执行 通过率	≥ 75%	≥ 70%	60%
	测试用例累积执行 通过率	≥ 95%	≥ 85%	80%
	测试用例和非测试 用例发现缺陷比	4：1	4：1	不涉及
缺陷	缺陷密度	15/ 千行代码	10/ 千行代码	不涉及
	缺陷修复率	≥ 90%	≥ 85%	≥ 75%

注：1. "不涉及"指该项目可以不予关注；
　　2. 可以根据项目和产品的实际情况选择部分分析项。

在上一节中，我们是根据不同的特性来确定的产品质量等级，同理，本节描述的对象也应该是特性。但是在实际操作的时候，软件测试架构师不必对每个特性，都输出一个质量目标分解表，而是在"特性—质量等级"表中加入一个超链接即可（表7-4）。

表 7-4　特性—质量等级表

特性	质量目标（期望值）	目标分解（期望值）	计划的质量保证活动
特性 1	完全商用	测试覆盖度 测试过程 缺陷	
特性 2	完全商用	测试覆盖度 测试过程 缺陷	（1）加强需求的 review； （2）加强对系统设计的 review
特性 3	受限商用	测试覆盖度 测试过程 缺陷	
特性 4	测试、演示或小范围试用	测试覆盖度 测试过程 缺陷	
……	……		

2. 为每个测试分层确定测试目标

接下来我们需要根据各个质量等级的质量目标，再确定每个测试分层需要达到的质量目标。以"完全商用"为例，见表7-5。

表 7-5　完全商用示例表

产品质量评估模型	产品质量评估项目	完全商用（目标） 集成测试阶段结束	完全商用（目标） 系统测试阶段结束	完全商用（目标） 发布
测试覆盖度	需求覆盖度	60%	100%	100%
	路径覆盖度	≥ 40%	≥ 75%	≥ 75%
测试过程	测试用例执行率	100%（集成测试阶段计划完成的测试用例）	100%（系统测试阶段计划完成的测试用例）	100%
	测试用例首次执行通过率	≥ 75%	≥ 75%	≥ 75%
	测试用例累积执行通过率	≥ 75%	≥ 85%	≥ 95%
	测试用例和非测试用例发现缺陷比	4：1	4：1	4：1
缺陷	缺陷密度	10/ 千行代码	15/ 千行代码	15/ 千行代码
	缺陷修复率	≥ 75%	≥ 85%	≥ 90%

7.3.2 使用老功能分析法来对特性进行分类

在现在这个阶段，开发还没有开始对特性中的功能进行设计，所以我们还无法使用老功能分析法来对每个功能特性进行详细的分析，但是我们已经基本能够知道：

❑ 哪些特性是新开发的。
❑ 哪些是从老版本上继承而来的。
❑ 哪些特性的改动估计会比较大。
❑ 从老版本继承而来的特性的历史测试情况。

这时，软件测试架构师可以根据项目的实际情况，考虑上述几个方面，来将被测对象做一下分类，并对每一类确定一个测试策略。事实上，这个分类并无标准答案可言，项目的实际情况不同，分类就会不同，而且"分类名"也是自己取、自己定义的。表 7-6 是一个例子，供大家参考。

表 7-6　示例

分类	说明	测试策略
全新特性	全新开发的功能特性	全面测试
老特性变化	对外，老特性对用户可见的接口（如 UI）发生了变化； 对内，是指功能的修改、性能规格的提高等	（1）对发生了变化的部分进行全面测试； （2）分析变化部分对老功能的影响，针对影响进行回归测试、探索式测试
老特性加强	对外，老特性对用户可见的接口（如 UI）并没有发生变化； 对内，是指功能的重构（包括功能依赖的中间层、底层发生了变化）、稳定性方面的提升等。	（1）分析加强部分对老功能的影响，针对影响进行回归测试、探索式测试； （2）进行稳定性方面的测试
老特性无变化	老特性对内对外都没有任何改变	回归测试 + 探索式测试

软件测试架构师可以把刚刚制定出来的分类继续刷新到"特性—质量等级"表中，见表 7-7。当然我们还可以顺便再刷一下风险，更新一下"计划的质量保证活动"。

表 7-7　刷新后的特性—质量等级表

特性	质量目标（期望值）	目标分解（期望值）	计划的质量保证活动	分类
特性 1	完全商用	测试覆盖度 测试过程 缺陷	需要更新之前的测试设计	老特性变化
特性 2	完全商用	测试覆盖度 测试过程 缺陷	（1）加强需求的 review； （2）加强对系统设计的 review	全新特性
特性 3	受限商用	测试覆盖度 测试过程 缺陷		老特性加强

（续）

特性	质量目标（期望值）	目标分解（期望值）	计划的质量保证活动	分类
特性 4	测试、演示或小范围试用	测试覆盖度 测试过程 缺陷		全新特性
……	……			

7.3.3　基于质量和风险来确定测试深度与测试广度

我们习惯于将测试深度和测试广度放在一起来说，使得很多朋友对这两个概念产生了混淆，觉得这两者说的差不多是同一个意思。事实上，"测试深度"和"测试广度"虽然都是用于描述测试策略的，但确实是两个完全不同的概念：

❑ 测试深度是指在测试过程中需要使用的测试方法。
❑ 测试广度是指测试的范围。

例如，特性 A 包含了三条需求，每个需求又对应了两条用例。测试广度就是指这三条需求以及这三条需求对应的六条用例。而测试深度是指我们会用怎样的测试方法来测试验证这三条需求和六条用例，如图 7-16 所示。（注意：这里的用例是指 user case，可以理解为需求的细化，而非测试用例。）

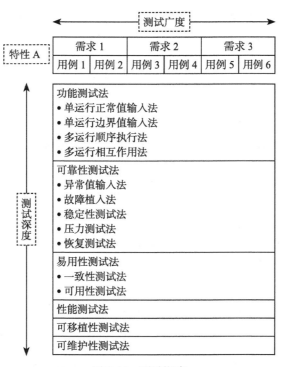

图 7-16　测试深度

对软件测试架构师来说，需要基于质量和风险（这里的风险因素主要是指前面老功能分析的结论）来为各个特性确定它们的测试深度和测试广度。

1. 使用产品质量评估模型来初步确定测试深度

我们使用产品质量评估模型中的测试过程—测试方法项，基于不同的质量要求，来确定测试深度，见表 7-8（注：表中内容仅供参考）。

表 7-8 确定测试深度

产品质量评估维度	产品质量评估项目	完全商用（目标）	部分商用（目标）	测试、演示或小范围试用（目标）
测试过程				
	测试方法	需要使用功能、性能、可靠性和易用性中所有的测试方法	需要使用功能测试的所有测试方法，可靠性中故障植入法和稳定性测试法	只需要使用功能测试方法即可

通过前面的分析我们已经了解到，仅靠产品质量评估模型得到的测试深度，只适用于全新特性。我们还需要结合前面的老功能分析，对测试深度进行调整。

2. 考虑用老功能分析来更新测试深度

我们再根据前面老功能分析中的测试策略，更新老功能中的测试深度（可以考虑先标记出需要调整的地方），见表 7-9。

表 7-9 更新老功能中的测试深度

分类	说明	测试策略	测试深度
全新特性	全新开发的功能特性	全面测试	和表 7-8 中的测试深度的定义保持一致
老特性变化	对外，老特性对用户可见的接口（如 UI）发生了变化；对内，是指功能的修改、性能规格的提高等	（1）对发生了变化的部分进行全面测试；（2）分析变化部分对老功能的影响，针对影响进行回归测试、探索式测试	和表 7-8 中的测试深度的定义保持一致
老特性加强	对外，老特性对用户可见的接口（如 UI）并没有发生变化；对内，是指功能的重构（包括功能依赖的中间层、底层发生了变化）、稳定性方面的提升等	（1）分析加强部分对老功能的影响，针对影响进行回归测试、探索式测试；（2）进行稳定性方面的测试	使用功能测试的所有测试方法，可靠性中故障植入法和稳定性测试法，不再按照质量等级进行划分
老特性无变化	老特性对内对外都没有任何改变	回归测试＋探索式测试	只使用功能测试中的单运行顺序执行法，不再按照质量等级进行划分

然后再将测试深度继续添加到前面的"特性—质量等级"表中（表 7-10）。

表 7-10　添加测试深度后的特性—质量等级表（一）

特性	质量目标 （期望值）	目标分解 （期望值）	计划的质量保证活动	分类	测试深度
特性 1	完全商用	测试覆盖度 测试过程 缺陷	需要更新之前的测试设计	老特性变化	需要使用功能、性能、可靠性和易用性中所有的测试方法
特性 2	完全商用	测试覆盖度 测试过程 缺陷	（1）加强需求的 review； （2）加强对系统设计的 review	全新特性	需要使用功能、性能、可靠性和易用性中所有的测试方法
特性 3	受限商用	测试覆盖度 测试过程 缺陷		老特性加强	使用功能测试的所有测试方法，可靠性中故障植入法和稳定性测试法
特性 4	测试、演示 或小范围试用	测试覆盖度 测试过程 缺陷		全新特性	只需要使用功能测试方法即可
……	……				

3. 基于老功能分析来初步确定测试广度

从产品质量评估模型的角度来说，无论产品的质量要求是高还是低，我们都希望在测试中能够对需求进行 100% 的覆盖，相应的所有测试广度都应该是 100% 覆盖。

但实际上，对一些老特性，特别是那些在新版本中没有改动，并且历史测试情况也不错的特性，我们可以考虑缩小测试范围，少测或者不测。不过毕竟现在我们还处于项目的概念或计划阶段初期，还没有进行详细的老功能分析，但这时我们还是可以初步分析出一些可以缩小测试范围的特性。

分析完成后，我们继续将测试广度添加到前面的"特性—质量等级"表中（表 7-11）。

表 7-11　添加测试深度后的特性—质量等级表（二）

特性	质量目标 （期望值）	目标分解 （期望值）	计划的质量 保证活动	分类	测试深度	测试广度 （初步）
特性 1	完全商用	测试覆盖度 测试过程 缺陷	需要更新之前的测试设计	老特性变化	需要使用功能、性能、可靠性和易用性中所有的测试方法	全面测试
特性 2	完全商用	测试覆盖度 测试过程 缺陷	（1）加强需求的 review； （2）加强对系统设计的 review	全新特性	需要使用功能、性能、可靠性和易用性中所有的测试方法	全面测试
特性 3	受限商用	测试覆盖度 测试过程 缺陷		老特性加强	使用功能测试的所有测试方法，可靠性中故障植入法和稳定性测试法	部分测试

（续）

特性	质量目标（期望值）	目标分解（期望值）	计划的质量保证活动	分类	测试深度	测试广度（初步）
特性 4	测试、演示或小范围试用	测试覆盖度测试过程缺陷		全新特性	只需要使用功能测试方法即可	全面测试
……	……					

7.3.4 确定测试优先级

接下来软件测试架构师可以根据质量目标和分类来确定测试优先级。基本原则是质量等级越高，优先级越高；在相同的质量等级下，全新特性比老特性的优先级高；改动越多的老特性，优先级越高。

确定测试优先级的一个简单的方法是使用评分表。我们首先对质量目标和分类分别设置一定的分值，见表 7-12 和表 7-13。

在这里，我们将分值设计为质量等级之间的分值差距大，分类之间的分值差距小，是想突出质量等级在优先级确定中比分类的影响更大，能够起到决定性的作用。但是这里的分值设置也只是举例，你可以根据项目的实际来设置更为合适的分值。

然后再准备一张优先级的分数范围表（表 7-14）。

表 7-12　质量目标分值表

质量等级	分值
完全商用	5
受限商用	3
测试、演示或小范围试用	1

表 7-13　分类分值表

分类	分值
全新特性	3
老特性变化	2
老特性加强	1
老特性不变	0

表 7-14　优先级的分数范围表

优先级等级	分值范围（质量等级 + 分类的分值和）
高	6～8
中	3～5
低	1～2

再逐一计算每个特性的质量等级 + 分类的分值和，就能得到测试的优先级。我们还是继续将优先级添加到前面的"特性—质量等级"表中，见表 7-15。

表 7-15　添加优先级后的特性—质量等级表

特性	质量目标（期望值）	目标分解（期望值）	计划的质量保证活动	分类	优先级	测试深度	测试广度（初步）
特性 1	完全商用	测试覆盖度测试过程缺陷	需要更新之前的测试设计	老特性变化	高	需要使用功能、性能、可靠性和易用性中所有的测试方法	全面测试

（续）

特性	质量目标（期望值）	目标分解（期望值）	计划的质量保证活动	分类	优先级	测试深度	测试广度（初步）
特性2	完全商用	测试覆盖度测试过程缺陷	（1）加强需求的review；（2）加强对系统设计的review	全新特性	高	需要使用功能、性能、可靠性和易用性中所有的测试方法	全面测试
特性3	受限商用	测试覆盖度测试过程缺陷		老特性加强	中	使用功能测试的所有测试方法，可靠性中故障植入法和稳定性测试法	部分测试
特性4	测试、演示或小范围试用	测试覆盖度测试过程缺陷		全新特性	中	只需要使用功能测试方法即可	全面测试
……	……						

确定的测试优先级，将主要用于测试投入的安排上。我们可以根据优先级的等级，制定出一个测试投入的策略，见表7-16。

表7-16　测试投入策略

优先级等级	测试投入策略
高	（1）中级或中级以上的测试工程师；（2）保证足够的测试投入工时；（3）尽量不在项目中途更换测试责任人
中	（1）初级或中级测试工程师；（2）尽量保证足够的测试投入工时，不排除减少投入工时的情况
低	（1）初级测试工程师或实习生；（2）尽量保证足够的测试投入工时，不排除减少或不投入工时的情况

7.3.5　确定测试的总体框架

最后我们再来把测试框架完善一下。

测试框架可以理解为如何组建测试。如果仅从字面意思上来看，我们可能会认为测试框架就是测试分层，但实际上测试框架所处的层级要比测试分层更高一些，并且测试框架其实包含了测试分层。

我们将测试框架构建为三层：策略层、活动层和保证层。

如果把测试整体看成一个"人"，策略层就像是人的大脑，负责指挥测试该如何进行，确保测试做的是正确的事情；而活动层就像是人的身体，负责具体的执行；保证层就像是人的五官，保证身体能够顺利地执行任务。

我们将测试策略和测试活动按照测试框架绘制出来，并按照研发流程和测试分层来组织这些测试活动的先后次序，作为测试的总体框架，如图 7-17 所示。

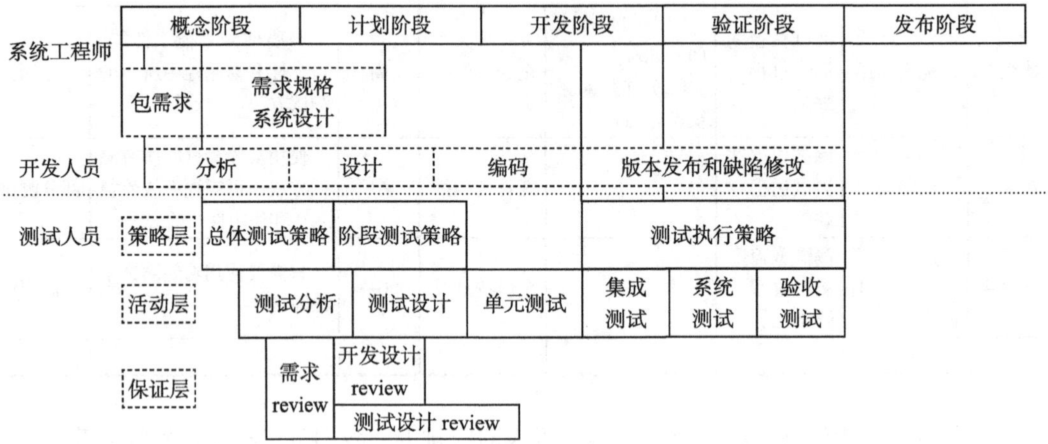

图 7-17 测试总体框架

7.3.6 回顾

让我们回顾一下，到目前为止我们取得的进展：

❏ 分解了产品质量目标。
❏ 基于风险对特性进行了分类。
❏ 确定了测试深度和广度以及测试优先级，确定了测试投入策略。
❏ 确定了测试的总体框架。

事实上，进行到现在，我们可以认为软件测试架构师完成了总体测试策略的制定。

总体测试策略最后的输出究竟是什么呢？其实就是两张表和一幅图。

第一张表，是我们在文中一直模糊地称其为"特性—质量等级"表并不断向其中添加内容的那张表，见表 7-17。

表 7-17 特性—质量等级表

特性	质量目标（期望值）	目标分解（期望值）	计划的质量保证活动	分类	优先级	测试深度	测试广度（初步）
特性 1	完全商用	测试覆盖度测试过程缺陷	需要更新之前的测试设计	老特性变化	高	需要使用功能、性能、可靠性和易用性中所有的测试方法	全面测试

（续）

特性	质量目标（期望值）	目标分解（期望值）	计划的质量保证活动	分类	优先级	测试深度	测试广度（初步）
特性2	完全商用	测试覆盖度测试过程缺陷	（1）加强需求的review；（2）加强对系统设计的review	全新特性	高	需要使用功能、性能、可靠性和易用性中所有的测试方法	全面测试
特性3	受限商用	测试覆盖度测试过程缺陷		老特性加强	中	使用功能测试的所有测试方法，可靠性中故障植入法和稳定性测试法	部分测试
特性4	测试、演示或小范围试用	测试覆盖度测试过程缺陷		全新特性	中	只需要使用功能测试方法即可	全面测试
……	……						

现在我们终于可以为其正名了——其实它的真名叫"总体测试策略分析表"。在实际项目中，我们也可以将这张表作为总体测试策略的模板，见表7-18。

表7-18 总体测试策略分析表

特性	质量目标（期望值）	目标分解（期望值）	计划的质量保证活动	分类	优先级	测试深度	测试广度（初步）

第二张表是测试投入策略表，见表7-19。

表7-19 测试投入策略表

优先级等级	测试投入策略
高	（1）中级或中级以上的测试工程师；（2）保证足够的测试投入工时；（3）尽量不在项目中途更换测试责任人
中	（1）初级或中级测试工程师；（2）尽量保证足够的测试投入工时，不排除减少投入工时的情况
低	（1）初级测试工程师或实习生；（2）尽量保证足够的测试投入工时，不排除减少或不投入工时的情况

最后的图就是我们的测试总体框架图，如图7-18所示。

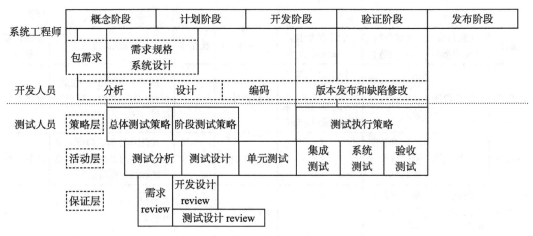

图 7-18　测试总体框架图

7.4　制定阶段测试策略

接下来软件测试架构师将要进入到制定阶段测试策略的环节了，如图 7-19 所示。

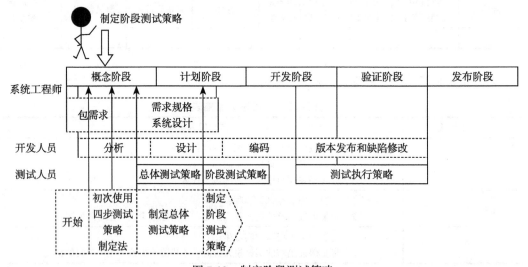

图 7-19　制定阶段测试策略

软件测试架构师在制定总体测试策略的时候基本处于"单打独斗"的状态，整个测试团队中可能就只有软件测试架构师投入。到了制定阶段测试策略的时候，测试团队中的其他成员才会开始投入，进行测试分析和设计。因此阶段测试策略需要能够向上承接总体测试策略，立马指导测试分析和设计，向下能够指导后面的测试执行。

7.4.1　测试设计策略

在制定总体测试策略的时候，软件测试架构师已经为产品特性确定了测试深度。但测试深度是从测试方法的角度去描述的，我们在测试执行的时候，并不会按照测试方法去测试，而是按照测试用例去测试。也就是说，我们需要按照测试深度来进行测试设计，然后我们再执行这些测试用例，以达到以特定的测试深度来进行测试执行的目的。

1. 使用"测试分析设计表"来保证测试设计符合测试策略

"测试分析设计表"是对每个功能或特性进行测试设计的辅助工具，使用测试分析表的好处是：

❑ 软件测试架构师可以通过配置"测试分析准备表"来控制测试设计的深度。
❑ 测试设计者能够在表中非常方便地记录下测试分析的过程。
❑ 评审者很容易看出设计者考虑了哪些地方，没有考虑哪些地方，考虑的深度是否合适。

"测试分析设计表"由3张表构成："测试分析准备表""测试类型分析表"和"功能交互分析表"。

1）测试分析准备表

"测试分析准备表"的主要作用是为被测对象配置在测试设计中需要考虑哪些"测试类型"（可以理解为测试方法，包括功能和非功能方面）和"功能交互"（可以理解为需要将哪些功能放在一起考虑，它们是否需要进行"多运行相互作用"和"多运行顺序执行"的测试）。

图7-20是一个示例。以其为例，这样配置的意思是：

❑ 被测对象需要从功能、配置、一致性、安全性、性能、压力、稳定性、兼容、升级、备份、易用性方面来考虑测试点。
❑ 被测对象需要分别和安全特性、VLAN等功能结合起来考虑测试点。

软件测试架构师可以通过配置"测试分析准备表"来控制测试深度。

	A	B	C	D
1	测试类型表			
2	测试类型	编码	备注	
3	功能测试	FUNC		
4	配置测试	CFG		
5	一致性测试	CONF		
6	安全性测试	SECU		
7	性能测试	PER		
8	压力测试	STR		
9	稳定性测试	LTME		
10	兼容测试	COMP		
11	升级测试	UP		
12	备份测试	BACX		
13	易用性测试	USE		
14				
15	开发特性表			
16	特性	编码	备注	
17	安全特性	SEC		
18	VLAN	VLAN		
19	QOS	QOS		
20	STP	STP		
21	组播	MIP		
22	端口汇聚	MINT		
23	端口镜像	MOR		
24	端口带宽控制	BC		
25	广播风暴抑制	SC		
26	设备管理	MNG		
27	设备维护	IN		
28				

图 7-20　示例

例如，在总体测试策略中，确定的特性 A 的测试深度为："使用功能测试的所有测试方法，可靠性中故障植入法和稳定性测试法。"

那么我们就可以这样来配置"测试分析准备表"，如图 7-21 所示。

	A	B	C	D
1	测试类型表			
2	测试类型	编码	备注	
3	功能测试	FUNC		
4	故障植入测试	ERR		
5	稳定性测试	LTME		
6				
7	开发特性表			
8	特性	编码	备注	
9	特性 B			
10	特性 C			
11	特性 D			
12				
13				
14				
15				
16				

图 7-21　测试分析准备表

如果某特性在测试特性中，不需要考虑"测试多运行相互作用"和"测试多运行顺序执行"，就直接不配置"开发特性表"，使其为空就好了，如图 7-22 所示。

	A	B	C	D
1	测试类型表			
2	测试类型	编码	备注	
3	功能测试	FUNC		
4	故障植入测试	ERR		
5	稳定性测试	LTME		
6				
7	开发特性表			
8	特性	编码	备注	
9				
10				
11				
12				
13				
14				
15				

图 7-22　开发特性表

接下来各个特性测试设计者，就可以根据"测试分析准备表"中的配置来分别进行功能交互分析和测试类型分析。

2）测试类型分析表

"测试类型分析表"如图 7-23 所示。

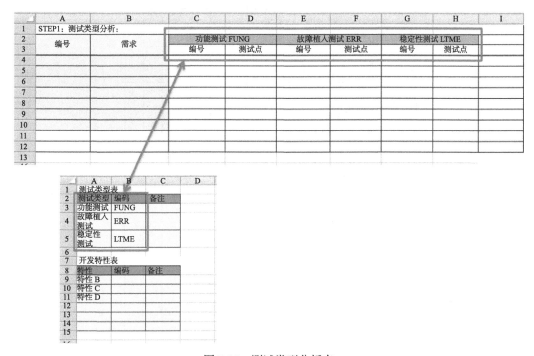

图 7-23　测试类型分析表

其中的"列"为待分析的需求，"行"为测试类型。至于行表头中会有哪些测试类型，这和我们在"测试分析准备表"中对测试类型表的配置有关——我们只对配置了的测试类型进行测试类型分析。这和我们希望对测试深度进行控制的策略是一致的。

"测试类型分析表"的使用方法是，对待分析的每一条"需求"，逐一分析在这些测试类型下是否有测试点。如果有，就把测试点记录到需求和测试类型正交的表格中；如果有多条测试点，紧接着在下面添加一行进行记录就可以了；如果没有测试点，就让这个正交的表格空着好了。

图 7-24 所示是一个参考实例。

分析完成后，我们将分析结果汇总到一个表中（图 7-25），并对分析结果进行简单的整理，就能得到原始需求经过测试类型分析后的测试点。

再对这些测试点进行筛选，得到需要后续进行功能交互分析的测试点（如图 7-25 中的"y"所示）。

	A	B	C	D	E	F	G	H	I	J	K	L	M	N	O	P	Q	R
1	STEP1：测试类型分析：																	
2	编号	原始测试点	功能测试 FUNC		配置测试 CFG		一般性测试 CONF		安全测试 SECU		性能测试 PER		压力测试 STR		稳定性测试 LTME		兼容测试 COMP	
3			编号	测试点	编号	测试点	编号	测试点	编号	测试点	编号	测试点	编号	测试点	编号	测试点	编号	测试
4	DR-001	支持 256VLAN			DR-CFG-001	满配置测试					DR-PER-001	满配置下吞吐量测试	DR-STR-001	满配置下压力测试（小包、混合包和流量形状）	DR-LTME-001	满配置下长时间测试（小包，大包，混合包）		
5											DR-PER-002	满配置下时延测试	DR-STR-002	满配置下压力恢复测试	DR-LTME-002	满配置下超长包测试		
6											DR-PER-003	满配置下丢包率测试			DR-LTME-003	满配置下超短包测试		
7															DR-LTME-004	满配置下CRC 错误短包测试		
8	DR-002，DR-006	支持 Access 端口，支持转发带 vlan 和不带 vlan 的报文	DR-FUNC-001	Access 口转发带 tag 的报文	DR-CFG-001	配置接口类型为 Access												
9			DR-FUNC-002	Access 口转发不带 tag 的报文	DR-CFG-002	修改 Access 接口类型												
10					DR-CFG-003	删除 Access 接口类（恢复为默认）												
11	DR-003，DR-006	支持 Trunk 端口，支持转发带 vlan 和不带 vlan 的报文	DR-FUNC-003	Trunk 口转发带 tag 的报文	DR-CFG-004	配置接口类型为 Trunk											DR-COMP-001	和 XX 厂对接测（带 v1 的情况
12			DR-FUNC-004	Trunk 口转发不带 tag 的报文	DR-CFG-005	修改 Trunk 接口类型												
13					DR-CFG-006	删除 Trunk 接口类（恢复为默认）												

图 7-24 参考实例

	A	B	C	D
1	编号	测试点	备注说明	是否需要做功能交互分析
2	DR-FUNC-001	Access 口转发带 tag 的报文		y
3	DR-FUNC-002	Access 口转发不带 tag 的报文		y
4	DR-FUNC-003	Trunk 口转发带 tag 的报文		y
5	DR-FUNC-004	Trunk 口转发不带 tag 的报文		y
6	DR-FUNC-005	Hybrid 口转发不带 tag 的报文		y
7	DR-FUNC-006	Hybrid 口转发带 tag 的报文		y
8	DR-CFG-001	配置接口类型为 Access		
9	DR-CFG-002	修改 Access 接口类型		
10	DR-CFG-003	删除 Access 接口类（恢复为默认）		
11	DR-CFG-004	配置接口类型为 Trunk		
12	DR-CFG-005	修改 Trunk 接口类型		
13	DR-CFG-006	删除 Trunk 接口类（恢复为默认）		
14	DR-CFG-007	配置接口类型为 hybrid		
15	DR-CFG-008	修改 hybrid 接口类型		
16	DR-CFG-009	删除 hybrid 接口类（恢复为默认）		
17	DR-FUNC-010	创建 vlan（1～256）		
18	DR-FUNC-011	修改 vlan		
19	DR-FUNC-012	删除 vlan		
20	DR-CONF-001	交换机构造带报文（加 tag）符合规范		
21	DR-SEC-001	协议异常测试		
22	DR-PER-001	满配置下吞吐量测试		
23	DR-PER-002	满配置下时延测试		
24	DR-PER-003	满配置下丢包率测试		
25	DR-PER-004	性能基线测试		
26	DR-STR-001	满配置下压力测试（小包、大包、混合包和流量形状）		
27	DR-STR-002	满配置下压力恢复测试		
28	DR-LTME-001	满配置下长时间测试（小包，大包，混合包）		

图 7-25　分析结果汇总表

3）功能交互分析表

"功能交互分析表"和"测试类型分析表"类似，如图 7-26 所示。

"行"表头中显示的需要进行功能交互分析的功能，依然和"测试分析准备表"中的"开发特性表"保持一致。而"列"的内容就不是"原始的需求"了，而是测试类型分析结束后，我们识别出的需要再进行功能交互分析的测试点。

接上一节的例子，参考示例如图 7-27 所示。

完成功能交互分析后，我们需要将功能交互分析中得出来的测试点，整理后再和测试类型分析中得到的测试点合并，就完成了被测对象的测试点分析。

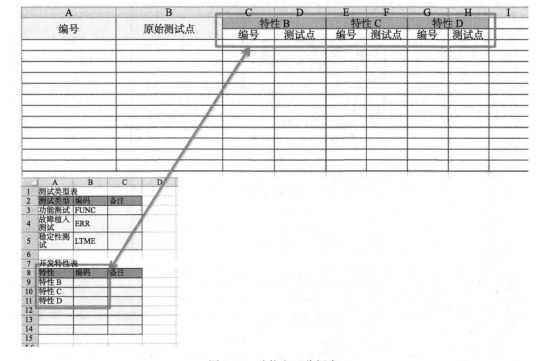

图 7-26　功能交互分析表

编号	原始测试点	安全特性 SEC		QOS QOS		STP STP		组播 MIP		端口汇聚 MINT		端口镜像 MOR		端口带宽控制 BC	
		编号	测试点	编号	测试点	编号	测试点	编号	测试点	编号	测试点	编号	测试点	编号	测试点
DR-FUNC-001	Access 口转发带 tag 的报文					DR-FUNC-STP-001	Access 口转发 STP 消息（带 tag）			DR-FUNC-MINT-001	Access 接口为汇聚口，转发带 tag 的报文	DR-FUNC-MOR-001	Access 接口为镜像口，（双、入、出）		
DR-FUNC-002	Access 口不转发带 tag 的报文					DR-FUNC-STP-002	Access 口转发 STP 消息（带 tag）	DR-FUNC-MIP-001	Access 口转发组播消息（不带 tag）	DR-FUNC-MINT-002	Access 接口为汇聚口，转发不带 tag 的报文	DR-FUNC-MOR-002	Access 接口为镜像口，（双、向、入、出）不带 tag		
DR-FUNC-003	Trunk 口转发带 tag 的报文					DR-FUNC-STP-003	Trunk 口转发 STP 消息（带 tag）	DR-FUNC-MIP-002	Trunk 口转发组播消息（带 tag）	DR-FUNC-MINT-003	Trunk 接口为汇聚口，转发带 tag 的报文	DR-FUNC-MOR-003	Trunk 接口为镜像口，（双、向、入、出）带 tag		
DR-FUNC-004	Trunk 口不转发带 tag 的报文									DR-FUNC-MINT-004	Trunk 接口为汇聚口，转发不带 tag 的报文	DR-FUNC-MOR-004	Trunk 接口为镜像口，（双、向、入、出）不带 tag		
DR-FUNC-005	Hybrid 口转发带 tag 的报文					DR-FUNC-STP-004	Hybrid 口转发 STP 消息（不带 tag）	DR-FUNC-MIP-003	Hybrid 口转发组播消息（不带 tag）	DR-FUNC-MINT-005	Hybrid 接口为汇聚口，转发带 tag 的报文	DR-FUNC-MOR-005	Hybrid 接口为镜像口，（双、向、入、出）带 tag		

图 7-27　参考示例

2. 四步测试设计法和测试广度

通过"测试分析设计表"输出测试点，完成了测试分析活动后，测试设计者就可以使用四步测试设计法来对测试点进行测试设计，输出测试用例了。

但是四步测试设计法会影响我们测试策略中的测试广度，特别是流程类中的路径分析法，使用不同的路径覆盖策略（语句覆盖、分支覆盖、全覆盖和最小线性无关覆盖），测试广度的差异会非常大。此时，需要软件测试架构师制定一个测试设计中的路径覆盖策略，以保证测试者设计的测试用例能够符合测试策略中的测试广度。

6.4.2 节已经介绍了路径覆盖度评估的基本方法，我们可以参考其中步骤 1 和步骤 2，用总体测试策略中优先级来定义不同的路径覆盖策略，见表 7-20。

表 7-20　用优先级定义路径覆盖策略

优先级等级	测试设计中的路径覆盖策略
高	在"最小线性无关覆盖"的基础上增加一些路径
中	进行"最小线性无关覆盖"
低	在保证"最小线性无关覆盖"中的"主路径"（最短路径）的基础上，增加一些路径，但是整体不达到"最小线性无关覆盖"

3. 测试用例等级

设计好了测试用例之后，建议软件测试架构师再让测试设计者对测试用例分一下级。我习惯将测试用例分为四级，每一级的定义，对应的测试深度和对应的测试分析设计表，见表 7-21。

表 7-21　测试用例分级

用例等级	定义	对应的测试深度（测试方法）	对应的测试分析设计表
level1	基本功能类测试用例（用户最常用的功能）	功能测试——单运行顺序执行 （对流程类的测试点——对应的测试路径为最短路径）	测试类型分析表——功能测试部分
level2	单功能类测试用例（除基本功能之外，其他的功能）	功能测试——单运行顺序执行 功能测试——单运行边界值输入	测试类型分析表——功能测试部分
level3	功能交互类和非功能类的测试用例	功能测试——多运行顺序执行 功能测试——多运行相互作用 可靠性测试——故障植入法 可靠性测试——稳定性测试法 易用性测试——一致性测试法 易用性测试——可用性测试法 性能测试法 可维护性测试法 可移植性测试法	功能交互分析表 测试类型分析表——非功能测试部分

（续）

用例等级	定义	对应的测试深度（测试方法）	对应的测试分析设计表
level4	一些操作或是输入上比较严苛的测试用例	可靠性测试——异常值输入法 可靠性测试——压力测试法 可靠性测试——恢复测试法 功能测试——多运行顺序执行 功能测试——多运行相互作用	测试类型分析表——可靠性测试 功能交互分析表

测试用例分级将会为后面的分层测试、回归测试、验收测试和自动化测试在如何选择用例方面，带来莫大的方便。

7.4.2 集成测试策略

集成测试位于产品研发流程的开发阶段。所谓"集成"，可以理解为不断开发功能并将功能集成到系统中，最后完成整个系统的开发过程。

1. "俄罗斯方块心"项目的集成开发

假设用户希望我们开发一款叫"俄罗斯方块心"的产品，如图 7-28 所示。

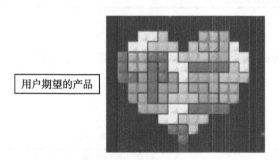

用户期望的产品

图 7-28　俄罗斯方块心

通过分析，开发很快将产品划分为如下几个基本功能，如图 7-29 所示。

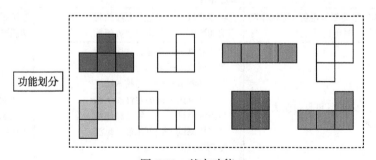

功能划分

图 7-29　基本功能

并制定了通过 4 个 build 来把功能开发完，并完成系统的集成计划（在 build1 对应的虚线框中，开发框中的 3 个图形；在 build2 中开发框中的两个图形，以此类推），如图 7-30 所示。

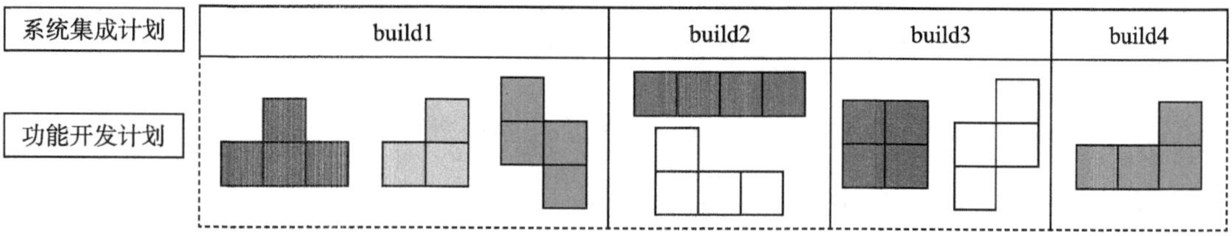

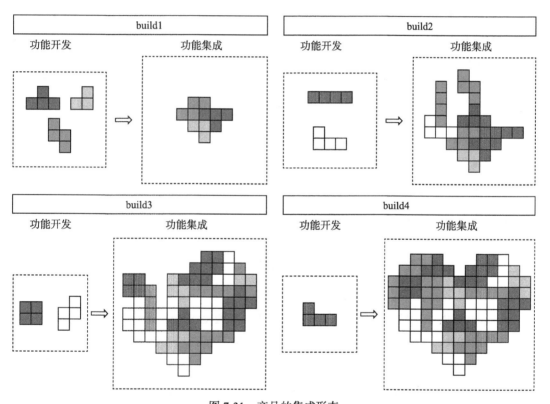

图 7-30　功能开发和系统集成计划

这样，每一个 build 后，产品的集成形态如图 7-31 所示。

图 7-31　产品的集成形态

4 个 build 完成后，我们的系统也就完全集成好了。

"俄罗斯方块心"虽然是个虚拟项目，却能帮我们很好地理解产品的集成开发过程，确定集成开发阶段的测试策略。

2. 集成测试的对象和测试目标

让我们再来仔细分析一下"俄罗斯方块心"的集成开发过程：

开发者按照计划，完成本 build 计划要集成到系统的功能开发后，需要通过单元测试来测试功能的正确性；测试通过后，开发者将功能集成起来，构造系统（这个过程有时候又叫"联调"）。构成完成之后的测试，就是我们的"集成测试"。

图 7-32 以"俄罗斯方块心"项目的"build2"为例，重新描绘了这个过程。

其中单元测试是为了测试"新开发的功能和模块是否符合设计"，是"白盒测试"，使用内部接口进行测试。

而集成测试相当于是在测试验证"新合入功能能否在系统中被正确地装配起来"，是"黑盒测试"，也是系统级的测试，应该使用系统提供给用户的输入接口来进行测试，使用提供给用户的输出接口来判断接口的正确性。

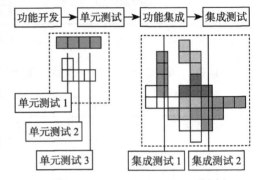

图 7-32　build2 的集成开发过程

"功能能够在系统中被正确装配"隐含了一个前提就是"功能是我们想要的那个功能"。而单元测试只能确认功能的实现是符合设计的，却不能保证功能恰好就是我们想要的。因此，集成测试需要测试的内容包括如下几项（图 7-33）：

❑ 使用黑盒测试的方法来确认新合入的功能是否正确。
❑ 验证功能集成后系统功能的正确性。
❑ 确认原来的系统功能没有被新合入的功能所破坏。

3. 入口准则——何时可以开始进行集成测试

集成测试的入口准则等同于"第一个集成计划中提交的功能能否进行集成测试"。我们以"俄罗斯方块心"项目的"build1"为例，如 7-34 所示。

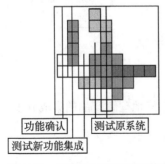

图 7-33　集成测试需要测试的内容

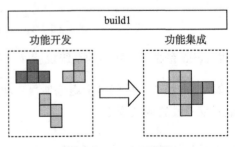

图 7-34　build1 示例

条件1：第一个集成计划中的功能开发完成，并完成了单元测试（图7-35）。

条件2：第一个集成计划中的功能集成完成，并可测（图7-36）。

条件2的重点在于"可测"，即开发需要提供基于用户的输入输出接口，而不能是内部的函数接口，确保测试能够进行系统级的黑盒测试。

条件3：测试团队已经做好了测试准备。

这里的测试准备，主要包括：

❑ 测试用例已经输出，并通过了评审。
❑ 测试资源已经到位。
❑ 测试环境已经准备好。

4. 测试用例选择

明确了测试内容，测试用例的选择就变得容易了（图7-37）：

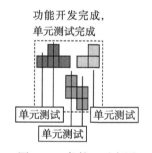

图7-35 条件1示意图

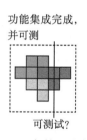

图7-36 条件2示意图

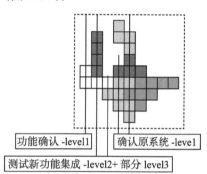

图7-37 测试用例的选择

❑ 针对功能确认的测试，可以选择相关功能 level 1 的测试用例。
❑ 针对"测试新功能集成"的测试，可以选择相关功能 level 2 的测试用例和部分 level 3 的测试用例。
❑ 针对"确认原系统"的测试，可以选择相关功能中 level 1 的测试用例。

其中"部分 level 3 的测试用例"是指在集成测试后期，系统已经相对比较成熟和稳定的时候，也可以适当选择一些性能、稳定性和压力方面的测试用例来进行测试，以避免这些"非功能"方面的问题在系统测试阶段密集爆发。

5. 出口准则

当我们达到了集成测试阶段的目标后，就可以退出集成测试。

出口准则包括：

❑ 系统需要集成的功能已经全部开放、集成完成。

❑ 计划执行的测试用例已经完成。

❑ 缺陷分析的结果符合预期。

❑ 达到了集成测试阶段的产品质量目标。

7.4.3 系统测试策略

从系统测试开始，产品研发流程进入到测试阶段。

1. 系统测试的对象和测试目标

我们还是继续以"俄罗斯方块心"为例。系统测试的测试对象为整个系统，对"俄罗斯方块心"这个项目来说，就是整个心形图案，如图 7-38 所示。

我们可能会有这样的疑问：在集成测试结束的时候，这个心形图案就已经完成了，并且我们也进行了测试，为什么还要再进行系统测试呢？或者说这个问题从测试的角度来看，就是已经在集成测试中执行了的测试用例，在系统测试中还需要再执行一遍吗？集成测试和系统测试的差异主要在哪里？

我们再来仔细回顾一下"俄罗斯方块心"的集成测试过程就会发现，我们在进行集成测试的时候，目光是紧盯着新开发的功能的。这种"专注性"，很容易让我们忽视对系统其他反应的判断。而且随着功能的不断集成，系统的复杂性开始急剧膨胀，我们很难（或者说没有足够的测试时间，或是说系统还不够稳定）来把和功能相关的所有组合都验证完。

例如，我们在测试"L"和"I"形的时候，可能会倾向于对左边的"L"和"I"的组合测试得比较充分，而忽视对右边躺着的那个"I"的测试。而右边的"I"，其实和它下面的"T"是有交互的，而且这部分在"针对原来系统的验证"中也很难被验证，如图 7-39 所示。

图 7-38　系统测试对象

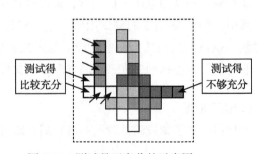

图 7-39　测试是否充分的示意图

更重要的是，集成测试主要还是针对功能的集成，在集成测试中我们无法（或者说没有足够的测试时间，或是说系统还不够稳定）对被测对象的其他非功能方面的质量来进行测试验证。这一切都说明，只通过集成测试无法对系统进行全面的测试，系统测试是有必要的，在系统测试中需要测试的主要内容包括：

❑ 从系统角度来验证测试功能的正确性。
❑ 从系统角度来验证各种非功能的质量的正确性。

2. 入口准则——何时可以开展系统测试

系统测试的入口准则，就是集成测试的出口准则，再加上一条：测试团队已经做好了测试准备，包括测试用例、测试资源和测试环境都已到位。

3. 测试用例选择

现在我们来回答本节开头提的问题：我们在集成测试中执行了的测试用例，在系统测试中还需要再执行一遍吗？

答案是，系统测试和集成测试的测试用例肯定会有相同的部分，但并不是简单地重复一遍，而是存在一定的选择策略。

❑ 针对"系统角度的功能测试"：可以选择 level1 和部分 level2 的测试用例。
❑ 针对"非功能的质量的正确性"：可以选择 level3 的测试用例和 level4 的测试用例。

4. 测试执行顺序

测试执行顺序是指先执行哪些测试用例，再执行哪些测试用例，或者说先使用哪些测试方法，再使用哪些测试方法。

我们在集成测试中并没有讨论测试执行顺序，是因为集成测试的测试对象很单一，就是"功能"。虽然后面我们提到在集成测试的后期，可以考虑增加一些"非功能方面"的测试，但是总的来说这并不会给测试带来先执行什么再执行什么的困扰。

和集成测试不同，系统测试需要对功能、可靠性、性能、易用性等各方面进行测试，如果不考虑测试执行的顺序，很容易遇到阻塞，影响测试的顺利进行。

软件测试架构师在考虑测试执行顺序的时候，可以基于如下几点：

❑ 有些测试方法本来就需要满足一些条件才能进行。例如，满规格测试需要在基本功能正常的情况下才能进行，否则将很难区分问题到底是出在规格上，还是功能上。这就需要我们按照测试方法本身的条件来安排测试执行顺序。例如，先进行稳定测试，再进行压力测试，然后进行恢复测试。

❑ 如果有两种测试方法，都能对测试对象进行测试，先进行复杂的，再进行简单的。或者说，尽量先执行复杂的、难的测试用例，再进行简单的测试用例。这样考虑的原因是，希望缺陷能够尽量在测试的前期发现，另外先执行难的测试用例也能保证这些测试用例有充足的测试时间。

❑ 可以考虑组合多种测试方法，或者说让测试者想办法把一些测试用例放在一起执行。例如，可以将功能测试的测试用例和满规格的测试用例放在一起进行，在满规格的情况下测试功能。这种测试执行顺序特别适合系统测试中需要重复执行、集成测试中已经执行过的那些测试用例，往往可以发现很多新的问题。

5. 出口准则

当我们达到了系统测试阶段的目标后，就可以退出系统测试。

出口准则包括：

❑ 计划执行的测试的用例已经完成。
❑ 缺陷分析的结果符合预期。
❑ 达到了系统测试阶段的产品质量目标。

7.4.4 验收测试策略

验收测试是产品在发布前的一种测试，它是对用户需求的确认（图 7-40）。事实上，我们进行验收测试已经不再是为了发现产品的问题，而是为产品能够正常发布建立信心。

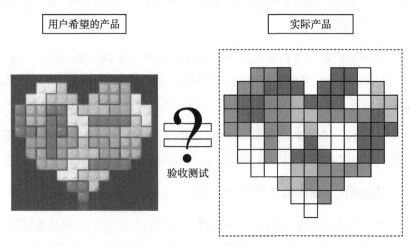

图 7-40 验收测试

验收测试的对象是需求，需要基于用户场景来测试。

验收测试包含 Alpha 测试和 Beta 测试两种。

1. Alpha 测试

Alpha 测试是由测试人员模拟用户进行的测试。

1）谁来进行 Alpha 测试

理想的 Alpha 测试人员，应该是不太了解产品实现细节，但是对用户非常了解的人。按照这个标准，市场人员、系统工程师或是技术支持人员都可以是理想的 Alpha 测试人员，他们可以站在用户的视角，对产品质量再次进行审视。

该功能的测试责任人并不适合作为 Alpha 测试人员，因为他们对自己测试的系统多半已经出现了"审美疲劳"，这会阻碍他们再进行有效的 Alpha 测试。

让测试组员相互进行交叉验收，似乎是个不错的选择——这确实可以消除"审美疲劳"，发现一些问题，但是交叉验收却很难达到从用户的角度再去审视一次产品的效果。与交叉测试相比，更有效的方法是，测试部专门成立一个"验收测试组"，由测试部中比较有经验、测试能力强，且对行业、对用户都有一定了解的测试人员来担任，让他们来作为产品发布前的最后一道防线，这无疑是最能保证 Alpha 测试效果的做法。

2）Alpha 测试策略

Alpha 测试不是系统测试的延续，它是产品交付的序曲，它的测试重点应该放在"确认在用户真实的环境下，用户的业务、用户的使用习惯是否能够满足"需求上。模拟用户的真实环境，把自己催眠为用户，能够以用户的思路来看待产品，是 Alpha 测试不折不扣的难点。

下面的清单也许可以帮助我们进行 Alpha 测试分析，找到产品在 Alpha 测试中需要关注的重点内容：

❑ 用户将会如何学习产品？
❑ 产品提供的资料（如手册、指南、视频）是否能够对用户提供切实的帮助？
❑ 用户会将产品安装部署在怎样的环境中（包括用户会使用到的硬件、操作系统、数据库、浏览器等）。
❑ 在用户的环境中能否正确升级？升级对业务的影响是否在用户容忍的范围内？升级对已有功能的影响是否符合用户需求（如升级后不能丢特性）？

   ❑ 产品在用户的环境中能否被正确移除？

   ❑ 产品在用户环境中的上下游设备是什么？在这样的环境中，产品能否正常使用？

   ❑ 用户环境中可能会有哪些业务？哪些业务是我们产品需要关注的，哪些业务是我们
      产品不需要关注的？对那些我们不需要关注的业务，我们的产品会怎么处理？

   ❑ 用户的环境中可能会有哪些故障？对这些故障，我们的产品会怎么处理？

   ❑ 用户会怎么管理、配置产品？

   ❑ 用户会如何使用产品的日志、告警、审计、报表等和运维相关的功能？

2. Beta 测试

Beta 测试是由用户参加的测试。常见的方式有如下两种：

   ❑ 在产品正式发布之前将产品提前发给用户，收集用户的反馈。

   ❑ 在产品开发完成后，交由用户对产品进行验收。

第一种方式下的 Beta 测试的困难之处在于确定测试的时间和参与者。对测试者来说，倒不需要对上面两个问题做出决策，而是分析、复现参与者发现的问题，将问题整理为 bug 报告，直至确认 bug 被解决。

第二种方式下的 Beta 测试，需要保证产品能够通过用户的验收测试，能够交付给用户使用，这时的测试需要围绕用户的验收方案进行，并结合用户的使用习惯和用户所在的行业特点，做好充分的准备。

3. 入口准则——何时开始进行验收测试

验收测试的入口准则，就是系统测试的出口准则再加上：

   ❑ Alpha 测试的人员、方案已经选好。

   ❑ Beta 测试的用户已经确定。

4. 出口准则——何时可以退出测试，发布产品

当我们根据产品质量评估模型，确认产品已经达到总体测试策略中的产品质量目标后，就可以退出测试。

这部分内容，我们将在第 8 章中再为大家详细描述。

7.4.5 回顾

现在软件测试架构师已经走到了图 7-41 中所示的位置。

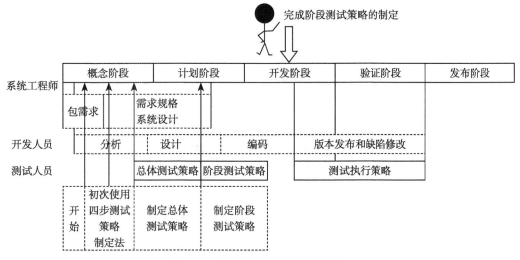

图 7-41 完成阶段测试策略的制定

我们还是先来总结一下，到目前为止，软件测试架构师已经确定了哪些内容：

❑ 确定了测试设计策略，通过《测试分析设计表》来保证测试团队的测试设计都能符合测试策略，并确定了测试用例的等级。

❑ 确定了各个测试阶段的测试策略。

从 7.2 节开始，我们就没有说明当前的活动对应的是四步测试策略制定法中的哪个步骤了，而是在尽量按照四步测试策略制定法的思路来组织文章的内容。

到目前为止，还没有进行产品测试，这使得我们的测试策略多少还是有点儿"纸上谈兵"的意思。进入产品测试阶段后，测试策略的效果立马就可以通过缺陷分析呈现出来，这时软件测试架构师的工作模式将变为图 7-42 所示的样子。

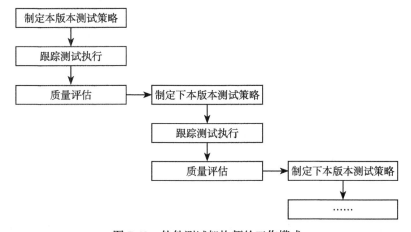

图 7-42 软件测试架构师的工作模式

Chapter 8　第 8 章

版本测试策略和产品质量评估

从现在开始，我们的项目开始进入到测试执行阶段，我们的软件测试架构师也要开始进入到测试执行策略的工作中了，如图 8-1 所示。

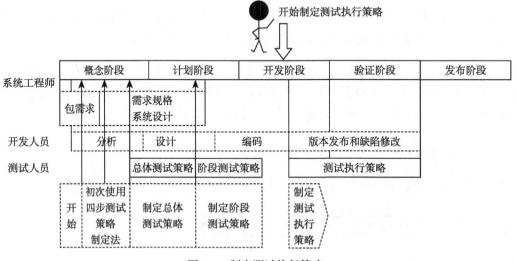

图 8-1　制定测试执行策略

8.1　开始

此时软件测试架构师手上应该有一份"版本计划"和"测试计划"（分别由开发人员和

测试人员输出）。

具体来说，此时开发人员提供的"版本计划"应该是针对集成开发阶段的功能集成计划，包括划分了几个 build、每个 build 计划合入哪些功能，以及每个 build 需要开发集成的时间。上一章中图 7-30 就是一个"版本计划"的例子。

不过实际项目中的"版本计划"会比这个复杂，也不会以图的方式来表述。不过没关系，在这里我们能理解"版本计划"的主要内容就好了。

"测试计划"是一个在集成测试、系统测试和验收测试分别需要测试多少个版本，以及每个版本包含的测试时间的计划，见表 8-1。

表 8-1　测试计划表

		测试策略	工期
集成测试	build1	功能集成	35 人 / 天
	build2	功能集成	35 人 / 天
	build3	功能集成	35 人 / 天
	build4	功能集成	35 人 / 天
	build5	回归测试	21 人 / 天
系统测试	ST1	功能测试	70 人 / 天
	ST2	功能测试 + 非功能测试	70 人 / 天
	ST3	探索式测试 + 回归测试	35 人 / 天
	ST4	探索式测试 + 回归测试	35 人 / 天
验收测试	AT1	场景测试	35 人 / 天
	AT2	回归测试	21 人 / 天

"测试计划"中也有简单的测试策略，主要用于标记每个版本的主要测试目标。我们倒不用太纠结这里的测试策略，因为对测试人员和软件测试架构师来说，在制订测试计划的时候，根据经验为每个版本估计一个大概的测试策略，还是很容易的。

我们将"版本计划"和"测试计划"合并在一起，就得到了我们的研发计划全景图，如图 8-2 所示。

产品发布

集成开发和测试阶段									系统测试阶段				验收测试阶段	
build1		build2		build3		build4		build5	ST1	ST2	ST3	ST4	AT1	AT2
功能开发集成 1	集成测试 1	功能开发集成 2	集成测试 2	功能开发集成 3	集成测试 3	功能开发集成 4	集成测试 4	回归测试	功能测试	功能测试 + 非功能测试	探索式测试 + 回归测试	探索式测试 + 回归测试	场景测试	回归测试

图 8-2　研发计划全景图

为了便于我们直观地了解软件测试架构师在整个测试阶段的活动，我们在这个研发计划图上进行标记，如图 8-3 所示。

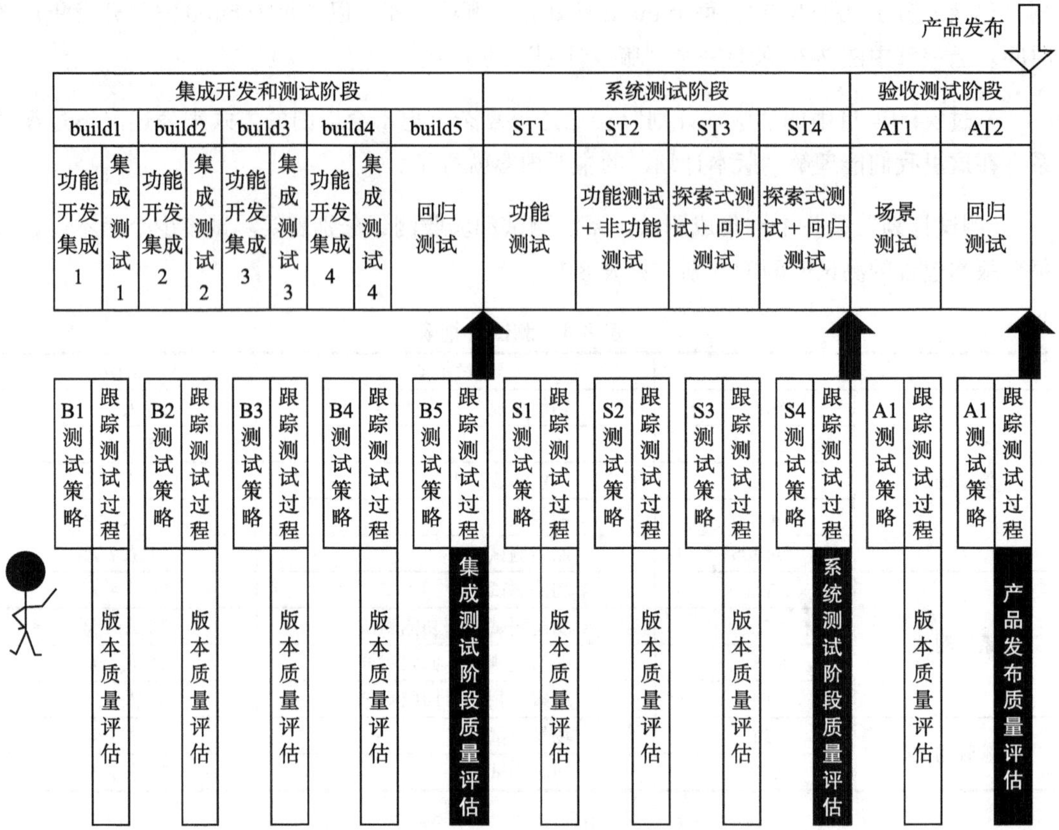

产品发布

集成开发和测试阶段					系统测试阶段				验收测试阶段	
build1	build2	build3	build4	build5	ST1	ST2	ST3	ST4	AT1	AT2
功能开发集成1	集成测试1	功能开发集成2	集成测试2	功能开发集成3	集成测试3	功能开发集成4	集成测试4	回归测试	功能测试	功能测试+非功能测试	探索式测试+回归测试	探索式测试+回归测试	场景测试	回归测试

| B1测试策略 | 跟踪测试过程 版本质量评估 | B2测试策略 | 跟踪测试过程 版本质量评估 | B3测试策略 | 跟踪测试过程 版本质量评估 | B4测试策略 | 跟踪测试过程 版本质量评估 | B5测试策略 | 跟踪测试过程 集成测试阶段质量评估 | S1测试策略 | 跟踪测试过程 版本质量评估 | S2测试策略 | 跟踪测试过程 版本质量评估 | S3测试策略 | 跟踪测试过程 版本质量评估 | S4测试策略 | 跟踪测试过程 系统测试阶段质量评估 | A1测试策略 | 跟踪测试过程 版本质量评估 | A1测试策略 | 跟踪测试过程 产品发布质量评估 |

图 8-3　标记后的研发计划图

总的来说，软件测试架构师在测试阶段的工作，其实就是围绕图 8-4 所示的几个活动循环展开的。

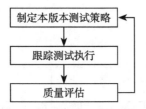

图 8-4　软件测试架构师在测试阶段的工作

并且在每个测试分层结束的时候，软件测试架构师需要评估这个测试层级的质量目标是否达到，是否可以进入下一个层级的测试。在项目结束的时候，评估产品能否发布。

8.2　第一个版本测试策略

现在软件测试架构师要开始制定第一个版本测试策略了。由于测试策略是用来指导该如何进行测试执行的，测试策略的内容会很细、很具体。但是我们依然可以按照四步测试策略制定法中目标—风险—流程—顺序的思路来制定版本测试策略。

8.2.1　测试范围以及和计划相比的偏差

在版本测试策略中，软件测试架构师首先要明确的就是测试范围。需要注意的是，这里的测试范围，不是指开发计划要合入哪些功能，而是指开发能够真正提交，并且测试可测的功能。

我们还是以俄罗斯方块心项目的 build1 为例，如图 8-5 所示。

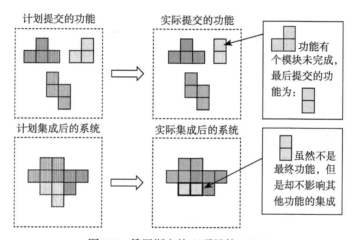

图 8-5　俄罗斯方块心项目的 build1

此时，在 build1 中实际提交的图形是 ▊ 而不是 ▊▊。对软件测试架构师来说，可以以"▊▊ 的功能和设计不符"为由，不接收测试。但是对开发人员而言，▊ 图形依然可以完成和其他两个图形的功能集成，他会很不理解测试人员的行为，而且我相信这种情况在项目中并不少见。

对此，我建议以"是否可测"来作为判断的标准：

❑ 如果 ▊ 对测试人员而言不可测，不接收测试。

❑ 如果 ▊ 对测试人员而言可测，接收进行测试。

假设在俄罗斯方块心项目的 build1 中，软件测试架构师通过评估，接收进行测试，他可以在版本测试策略中按图 8-6 所示这样描述版本的测试范围和偏差。

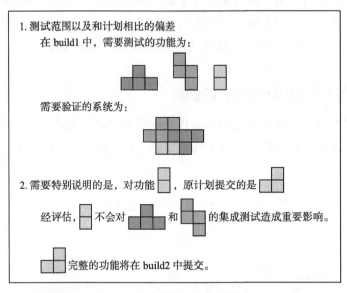

图 8-6　版本的测试范围和偏差

8.2.2　本版本的测试目标

每一个版本测试策略都需要描述版本的测试目标。

在总体测试策略中质量目标都是一些指标，这样的好处是可衡量、可评估。但是如果还是以"指标"来作为版本测试策略的测试目标，就显得干巴巴的，很生硬，试想一下：

（1）需求覆盖度达到 25%；

（2）路径覆盖度达到 20%；

（3）测试用例执行率 30%；

……

这样的测试目标无法起到指导测试执行的作用。

相对来说，比较好的描述测试目标的方式是：对某个功能（测试对象），进行哪些测试（测试方法），发现产品哪些方面的缺陷（测试结果）。

例如：

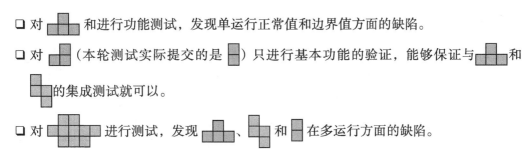

❑ 对 　 和进行功能测试，发现单运行正常值和边界值方面的缺陷。

❑ 对 　（本轮测试实际提交的是 　）只进行基本功能的验证，能够保证与 　 和 　 的集成测试就可以。

❑ 对 　 进行测试，发现 　、　 和 　 在多运行方面的缺陷。

以测试对象－测试方法－测试结果这样的方式来描述测试目标的好处是：强调了这个版本测试的要求，比数字指标更易于被测试团队理解和执行。

8.2.3　需要重点关注的内容

软件测试架构师需要在每个版本测试策略中注明哪些是需要大家重点关注的内容。

首先，在版本测试策略中，需要对提交的功能进行分析，提出需要测试团队重点关注的内容。

其次，需要确定本版本需要测试的功能的优先级表。

我们在制定总体测试策略的时候，已经根据质量目标和风险为产品的所有功能特性确定了测试优先级（见7.3.4节）。但是到了实际测试执行的时候，特别是在功能集成开发阶段，一些功能特性可能会被开发人员分为几次提交，这就需要软件测试架构师根据版本的实际情况更新功能特性的优先级，并在版本测试策略中向测试团队说明。

例如，在"俄罗斯方块心"项目的总体测试策略中功能特性的优先级列表见表8-2（为了便于后文叙述，我在列表中加入了"计划提交版本"列）。

在版本测试策略中，由于build1中的功能 　，实际提交的是 　，我们在build1中仅对它进行基本功能的验证测试，因此在build1中我们

表 8-2　功能特性的优先级列表

计划提交版本	功能	测试优先级
build1		高
		高
		中
build2		高
		中
build3		中
		中
build4		低

可以考虑降低 　 的测试优先级。这样，build1的版本测试策略，提交功能的"测试优先

级"见表 8-3。

由于总体测试策略是对产品所有功能特性进行的测试优先级排序，到了功能集成开发的时候，有可能会出现本轮提交的功能优先级差别很小或一致的情况。例如，"俄罗斯方块心"项目的 build3 中的两个功能，在总体测试策略中的测试优先级就是一样的。没有差异的优先级，等于没有优先级。因此在制定版本测试策略的时候，也可以根据实际情况对它们的测试优先级进行调整。

表 8-3　测试优先级表

功能	测试优先级
	高
	低
	中

我们在版本测试策略中确定功能特性的测试优先级，能够帮助我们确定测试执行顺序（见 8.2.5 节），也使得我们能够基于测试优先级来调配测试资源，能够基于风险进行测试。

8.2.4　测试用例的选择

软件测试架构师需要在版本测试策略中指出在本轮测试中需要如何选择测试用例。

我们把测试用例分等级（level1 ～ level 4）后，选择测试用例就变得简单多了。软件测试架构师可以根据版本的测试范围和测试目标，制定出需要选择哪些测试用例的策略，如表 8-4 所示。

表 8-4　选择测试用例

被测对象	测试用例选择策略
对 和 功能	选择 level1 中的所有测试用例和 level2 中部分测试用例
对 功能	选择 中 level1 中的部分测试用例（由于未提交完，在下一个 build 中再对其功能进行全面测试）
对	（1） 和 的功能交互：选择 中 level3 的部分测试用例； （2） 和 的功能交互：选择 中 level3 的部分测试用例； （3） 和 的功能交互：选择 中 level3 的部分测试用例； （4）、 和 的功能交互：本轮不测试，待 提交完成后再测试

8.2.5　测试执行顺序

在阶段测试策略中，我们也制定了测试执行顺序，在测试中先执行什么，再执行什么，对测试团队来说已经比较清楚了。但是对一个被测对象而言，可能就会很有多种符合阶段测试策略的测试执行顺序，如图 8-7 所示。

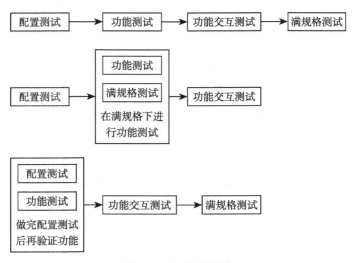

图 8-7　测试执行顺序

显然，这些测试执行顺序适合的测试阶段、被测对象都是不同的。这就需要软件测试架构师在每个版本测试策略中，确定本版本需要使用怎样的测试执行顺序。

需要特别注意的是，不同的被测对象，在同一个版本中的测试执行顺序可能会不同。这就要求软件测试架构师，对不同的被测对象当前的质量情况，有比较好的把握能力，然后根据质量情况来确定不同的测试执行顺序，可以遵循如下原则：

❑ 质量情况越好，就可以考虑将更多的测试方法组合起来执行。
❑ 对刚提交的功能，在质量情况不好或质量情况不明的情况下，不建议使用组合测试方法进行测试。

来看一个相关的示例，见表 8-5。

表 8-5　确定测试执行顺序示例

被测对象	当前质量	测试执行顺序			
功能	实际值　　目标值	配置测试 →	功能测试 →	功能交互测试 →	满规格测试

（续）

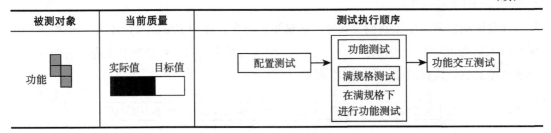

被测对象	当前质量	测试执行顺序

除此之外，在版本执行策略中再强调一下阶段测试策略中的测试执行策略也是有必要的：

- ❑ 先执行高优先级特性的测试用例，再执行中、低优先级的测试用例。
- ❑ 先执行复杂的、难的测试用例，再执行简单的测试用例。

8.2.6 试探性的测试策略——需要大家分工合作的地方

在测试的时候，我们常常会遇到一些"全局因素"。例如：

- ❑ 测试 UI 用的浏览器。
- ❑ 测试命令行用的终端工具。
- ❑ 操作系统。
- ❑ ……

这些全局因素对被测试对象究竟有多大的影响，谁都不太容易说清。如果把这些因素全面测试一遍，测试工作量会呈指数级增加，如果不测试又总让人觉得不放心。对这种情况，我们可以"策略性"地进行"试探测试"：

先将需要考虑的"全局因素"随机分给测试团队的每一位成员在测试执行时使用。

然后通过缺陷分析，分析测试成员发现的缺陷是否和这些全局因素有关，关系有多大，再来确定对这些全局因素需要怎样测试投入。

表 8-6 就是一个在测试团队中对终端工具分工的例子。

表 8-6 终端工具分工表

责任人	分工	责任人	分工
张三	使用 Xshell 进行测试	周六	使用 IPOP 进行测试
王五	使用 SecurityCRT 进行测试	……	……
刘四	使用 Putty 进行测试		

除了全局因素，被测对象的一些"全局性配置"，看起来和"功能"的关系不大的内容，也可以使用这样的策略。

例如，某系统支持两种模式（模式 A 和模式 B），这两种模式都支持"功能 1"，"功能 1"在这两种模式下的表现都是一样的，而且开发人员也建议"功能 1"只在一种模式下测试就可以了。这时软件测试架构师也可以考虑使用这种"试探性的测试策略"（不是我们不相信开发人员和设计人员，而是系统组合后的复杂性可能会远远超过我们的预期），让不同的测试责任人分别在不同的模式下测试"功能 1"，见表 8-7。

表 8-7　不同测试责任人在不同模式下测试功能 1

责任人	分工	责任人	分工
张三	在模式 A 下测试功能 1	王五	在模式 B 下测试功能 1

很多时候一个测试者要负责多个特性，这种情况下使用试探性的测试策略也是没有问题的。还是以上面的例子为例，我们可以考虑把"功能 1"拆成几个部分，一部分功能在模式 A 下执行，一部分功能在模式 B 下执行。如果这个版本的测试时间有限，我们还可以考虑将试探性的测试策略跨版本来进行，见表 8-8。

表 8-8　跨版本进行试探性测试策略

责任人	build1	build2
张三	在模式 A 下测试功能 1 的 level1+ 部分 level2 的测试用例	在模式 B 下测试功能 1 的 level1+level3 的部分测试用例

8.2.7　接收测试策略

"接收测试"是指开发人员将版本转给测试人员时（图 8-8），测试人员先对这个版本进行一次测试，确认版本没有阻塞测试的问题，能够按照测试策略完成测试。

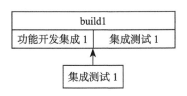

图 8-8　版本转给测试人员

接收测试有两种结果："通过"和"不通过"。判断阶段测试是否通过的标准只有一个，就是"是否会阻塞后面的测试"。接收测试"通过"意味着测试能够继续进行，而接收测试"不通过"，并非意味着一定不能继续测试——我们需要考虑是否有规避问题的方法。如果存在规避方法，还是建议继续测试。具体如图 8-9 所示。

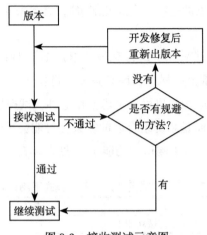

图 8-9 接收测试示意图

说明

考虑到修改缺陷、制作版本、开发自测、接收测试的成本，还是不要轻易做出接收测试失败、需要开发人员修复后重新出版本的决定。

"level1" 的测试用例比较适合作为"接收测试"的测试用例。我们可以从 level1 的测试用例中，选择测试团队 1 天或半天的工作量，来作为接收测试用例。

8.2.8 回顾

到目前为止，我们已完成了第一个版本测试策略的制定。让我们一起来回顾一下，在版本测试策略中需要考虑的主要内容：

❑ 测试范围和计划相比的偏差。
❑ 本版本的测试目标。
❑ 需要重点关注的内容。
❑ 测试用例的选择。
❑ 测试执行顺序。
❑ 试探性的测试策略。
❑ 接收测试策略。

在实际项目中，我们可以将这些内容作为版本测试策略的提纲来制定版本测试策略。不过需要先透露一下的是，这个版本测试策略还不够完整。当我们讨论到 8.5 节之后，我们将会得到一个更为完整的"版本测试策略"。

8.3 跟踪测试执行

制定好版本测试策略后，软件测试架构师接下来要做的事情就是跟踪测试执行，如图 8-10 所示。

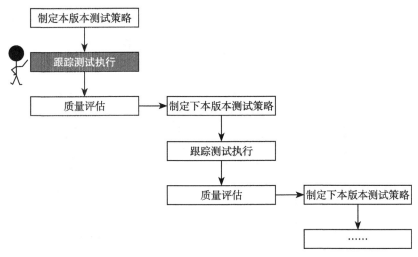

图 8-10　跟踪测试执行

软件测试架构师跟踪测试执行的目的有 3 个：

❑ 确保测试团队是按照测试策略来执行测试的。
❑ 实时关注缺陷，通过缺陷分析来确认测试策略是否合适，是否需要调整。
❑ 关注项目中的实时风险，基于风险来调整测试策略。

8.3.1 跟踪测试用例执行情况

在版本测试时，很多人都会关注测试用例的执行情况，如测试经理、项目经理等。测试用例的进度、测试用例的结果（包括测试用例执行的通过率、失败率等）是他们主要关注的内容，我们可以使用表 8-9 ～表 8-12 所示来收集和展示这些信息。

表 8-9　按照每个版本统计的测试用例的执行情况表

	build1 统计（按功能特性）					
	计划执行测试用例数	执行率	通过率	失败率	阻塞率	未执行用例
特性 1						
特性 2						
……						

表 8-10 当前所有已经执行了的版本的累积测试用例执行情况表

	累积统计（按特性）					
	测试用例总数	执行率	通过率	失败率	阻塞率	未执行用例
特性 1						
特性 2						
……						

表 8-11 当前项目的整体进度表

	测试用例总数	执行率	通过率	失败率	阻塞率	未执行用例
整体进度						

表 8-12 测试用例执行情况详表

功能	测试用例	build1	功能	测试用例	build1
特性 1	测试用例 1	通过	特性 2	测试用例 1	未执行
	测试用例 2	通过		测试用例 2	未执行
	测试用例 3	失败		测试用例 3	通过
	测试用例 4	失败		测试用例 4	失败
	测试用例 5	不执行		测试用例 5	阻塞
	测试用例 6	不执行		测试用例 6	不执行
	……	……		……	……

这些表中的信息对软件测试架构师而言同样重要，不过和测试经理、项目经理关注测试的进度与结果不同，软件测试架构师需要关注的是测试团队能否按照测试策略来执行测试。

要确保测试团队是按照测试策略来执行测试的，需要保证以下三点：

❑ 测试内容和测试策略中确定的范围、深度和广度一致。
❑ 测试执行的顺序和测试策略一致。
❑ 计划测试的内容能够被顺利执行。

只要我们选择的测试用例和测试策略是一致的，就能保证第一点。对软件测试架构师来说，需要在测试执行时保证第二点和第三点。显然这方面的信息并不能从表中的内容来直接获得，还需要软件测试架构师对表中的内容再进行一些分析和加工。

1. 测试团队的测试执行顺序是否和测试策略相符

软件测试架构师可以通过按照每个版本统计的测试用例的执行情况表和测试用例执行情况详表来分析测试团队的测试执行顺序是否和测试策略相符。

1）测试团队是否按照特性的优先级顺序来执行测试用例

我们希望测试团队能够按照版本测试策略中测试优先级，先执行高优先级功能特性的
测试用例，再执行中、低优先级特性的测试用例。

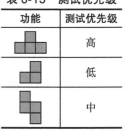

表 8-13　测试优先级

功能	测试优先级
	高
	低
	中

我们还是以"俄罗斯方块心"项目的"build1"为例。

在版本测试策略中，我们已经为这 3 个功能确定了测试优先级，
见表 8-13。

在测试执行时，我们希望按照每个版本统计的测试用例的执行
情况表，随着测试的进行，能够呈现出图 8-11 所示的测试执行趋势。

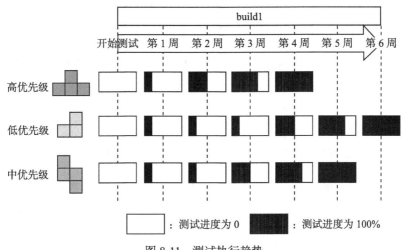

图 8-11　测试执行趋势

我们以矩形框框中的黑色部分来代表测试进度。黑色填满整个矩形框，就代表测试执
行进度为 100%。假设我们每周统计一次测试进度，build1 测试包含 6 周。

我们希望按照每个版本统计的测试用例的执行情况表中，优先级高的功能，执行的进
度更快。例如，上图中，第 2 周"高优先级"功能 ，执行进度已经达到了 50%，到
了第 4 周就已经全部执行完了。而"低优先级"的功能 在第 2 周和第 4 周的执行进度
分别为 25% 和 50%，相应的"中优先级"的功能 在第 2 周和第 4 周的执行进度分别为
25% 和 75%。

需要特别注意的是，按照优先级来执行测试用例，不是说我们一开始就只执行高优先
级的测试用例，而不去执行中、低优先级的测试用例。图 8-12 所示的测试执行趋势，并不
是我们想要的。

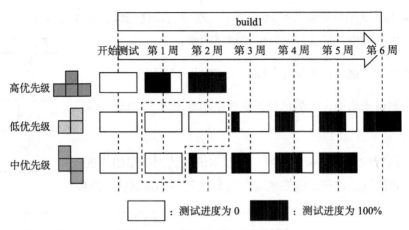

图 8-12　不想要的测试执行趋势

我们需要在测试刚开始的时候，对每个功能都执行一些基础性的测试用例，以确认这些功能基本可用，不会阻塞后续的测试。这就是在第一幅趋势图中，在测试刚刚开始的时候（第 1 周），、■ 和 ■ 都有测试进度，且在进度上没有明显的差异的原因。

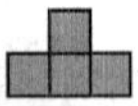

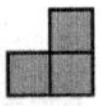

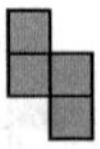

2）测试团队是否按照测试策略中的测试方法、测试顺序来执行测试用例

我们希望测试团队能够按照版本测试策略中的测试方法的执行顺序来进行测试。

例如，版本测试策略中某功能的测试执行顺序如图 8-13 所示。

配置测试 ⟶ 功能测试 ⟶ 功能交互测试 ⟶ 满规格测试

图 8-13　某功能的测试执行顺序

这些测试方法对应的测试用例等级见表 8-14。

表 8-14　测试用例等级

测试类型	优先级	测试类型	优先级
配置测试	level2	功能交互测试	level3
功能测试	level1，level2	满规格测试	level3

这样，如果测试者按照测试策略中的顺序来执行测试，测试用例按照测试用例等级统计的进度就应该如图 8-14 所示。

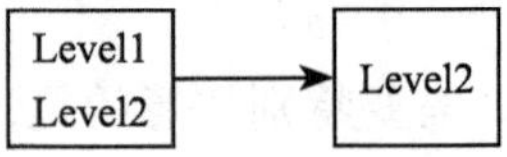

这时软件测试架构师需要对测试用例执行情况详表进行"加工"，增加一列测试用例等级（level），见表 8-15。

Level1
Level2 ⟶ Level2

图 8-14　测试用例等级统计进度

表 8-15 修改后的测试用例执行情况详表

功能	测试用例	用例等级	build1	功能	测试用例	用例等级	build1
特性 1	测试用例 1	Level1	通过	特性 2	测试用例 1	Level2	未执行
	测试用例 2	Level1	通过		测试用例 2	Level1	未执行
	测试用例 3	Level2	失败		测试用例 3	Level1	通过
	测试用例 4	Level3	失败		测试用例 4	Level2	失败
	测试用例 5	Level3	不执行		测试用例 5	Level2	阻塞
	测试用例 6	Level4	不执行		测试用例 6	Level3	不执行
	……		……		……		……

然后再以测试等级来统计测试用例的执行进度，见表 8-16。

表 8-16 以测试等级来统计测试用例的执行进度

功能	用例等级	执行进度	功能	用例等级	执行进度
特性 1	level1		特性 2	level1	
特性 1	level2		特性 2	level2	
	level3			level3	
	level4			level4	
				……	……

在实际项目中，涉及的特性会比较多，我们可以把版本测试策略中有相同测试执行顺序的特性放在一起，整体统计，见表 8-17。

表 8-17 整体统计

功能	用例等级	执行进度
特性 1，特性 2	level1	
	level2	
	level3	
	level4	

2. 被阻塞的测试用例

和测试经理、项目经理一样，测试用例执行的结果也是软件测试架构师在测试执行中需要重点关注的内容。但是对软件测试架构师而言，不应该仅关注"通过"和"失败"的情况，还应该关注测试结果为"阻塞"的测试用例。

测试用例执行结果为"阻塞"，是指测试用例因开发或者测试的原因，无法执行或者执行没有意义。这些原因主要包括：

❏ 测试人力不足。
❏ 测试时间不够。
❏ 测试环境不具备（包括测试工具、上下行配合的设备、软件等）。
❏ 由于其他缺陷导致该测试用例无法执行。

对第四种原因"由于其他缺陷导致该测试用例无法执行"，一般是系统中和中间层、底层或公用模块相关的缺陷。

例如，我们在 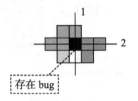 中测试功能 。假设我们已知 存在缺陷（图 8-15 中黑色的方块），会使得经过这个小黑方块的所有测试用例，执行结果均为"失败"。这时我们就可以称测试用例 1（图 8-15 中的"1"）和测试用例 2（图 8-15 中的"2"）被该 bug 阻塞了。

和测试执行结果为"失败"的测试用例不同，"阻塞"体现了一种未知性：我们并不知道这些测试用例最后执行之后的情况是什么。有的朋友可能会说，如果我们执行上例中的"测试用例 1"和"测试用例 2"，测试执行结果不就是"失败"吗？没错，但是现在的问题是 的缺陷使得"测试用例 1"和"测试用例 2"根本没有测试

图 8-15 bug 阻塞

到 中的代码，即使在这个版本中执行了"测试用例 1"和"测试用例 2"，我们也不知道 的功能是否正确，对我们来说，结果依然是未知的。

测试结果为"阻塞"意味着计划测试的内容并没有被顺利执行，换句话说就是测试策略执行失败了。如果在版本的测试执行中出现大量的"阻塞"，就需要软件测试架构师采取应对措施，调整测试策略。我们将在 8.3.3 节中，接着为大家讨论相关的内容。

8.3.2　每日缺陷跟踪

"缺陷"是测试的结果。对软件测试架构师而言，每天跟踪缺陷非常重要——因为他需要实时关注测试中的这几个问题（图 8-16）：

❑ 缺陷的趋势是否正常？
❑ 是否存在因为缺陷修改引入的缺陷？
❑ 在本版本中必须解决哪些缺陷？
❑ 在本版本中需要解决哪些缺陷？

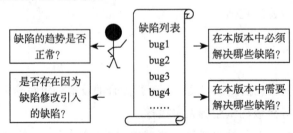

图 8-16　需要在测试中关注的问题

这些问题都会影响后续测试的执行，软件测试架构师可能也需要因此来调整测试策略。

1. 哪些缺陷必须在本版本中解决

在版本测试中，判断"哪些缺陷必须在本版本中解决"的标准只有一个，就是"会不会对后续的测试造成阻塞"。

在上一节我们已讨论过"测试用例被缺陷阻塞"的问题。这个概念并不复杂，很容易讲清楚。但是在实际项目中，需要我们按照这个标准来选择缺陷时，却很容易和"缺陷的严重性"混淆。

我们在 6.6.2 节中曾经讨论过"缺陷的严重程度"。缺陷的严重程度是指缺陷如果不修改，会对用户造成的影响。缺陷严重程度越高，修复它的优先级应该越高，但是"严重"或是"致命"的缺陷，却不一定会让测试用例发生"阻塞"，而是无法执行下去。

我们继续以 8.3.1 节中的例子为例。假设 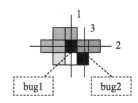 中存在两个 bug，如图 8-17 所示。

假设对用户来说，"bug1"的缺陷严重程度为"一般"，"bug2"为"严重"。但是"bug1"会造成测试用例 1 和测试用例 2"阻塞"，"bug2"却不会。

如果此时我们只能修复 1 个缺陷，你会选择修复哪个？我们需要修复"bug1"。这是因为，bug2 要到产品发布阶段了，且这个 bug 还没有被修复，才会造成"严重"的影响，而 bug1 如果不修复，下个版本还是不能测试用

图 8-17　存在两个 bug

例 1 和用例 2，功能依然无法测试，对测试而言，影响就已经是"严重"了。

对本例来说，"bug1"就是一个必须在本版本中解决的缺陷。软件测试架构师在版本测试过程中的重要工作之一，就是找出这些缺陷，然后让开发人员尽快解决这些缺陷，以保证测试能够顺利进行。

需要我们记住的是，和开发新功能相比，修复对测试有阻塞的缺陷的优先级应该更高。这是因为"对测试有阻塞的缺陷"意味着测试并没有完成本版本中功能的验证，被"阻塞"部分的功能质量是未知的。这时即便我们开发出了新的功能，集成的时候，也会像在没有打牢的地基上继续建造房子，大大增加了集成失败的风险。但遗憾的是，并不是所有的开发人员在项目中都能意识到这点，且很容易将这两者的优先级反过来。这就需要软件测试架构师和开发人员做好沟通，统一思想。

2. 哪些缺陷需要在本版本中解决

需要在本版本中解决的缺陷是指我们希望在本版本中修复的缺陷。显然需要在本版本中解决的缺陷，包含了上一节我们讨论的必须在本版本中解决的缺陷。图8-18总结了这几个概念之间的关系。

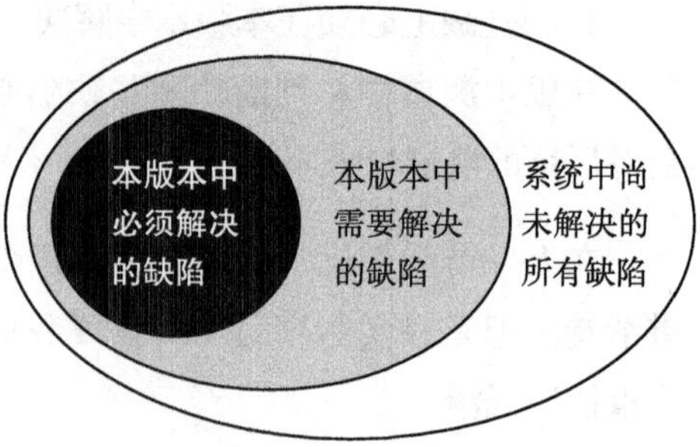

换句话说，除了那些在版本中必须解决的缺陷外，我们还需要根据缺陷的严重性和缺陷的修改情况来选择一些缺陷，在本版本中优先解决：

图 8-18　几个概念之间的关系

❏ 缺陷的改动越大，越需要尽早解决。
❏ 如果缺陷涉及需求、方案、设计，需要尽早解决。
❏ 优先解决缺陷严重程度为"致命"和"严重"的缺陷。

综合这些内容，就构成了我们需要在本版本中解决的所有缺陷。

我们还是以"俄罗斯方块心"项目为例。假设在build1中一共发现15个缺陷，这些缺陷的情况见表8-18。

表 8-18　build1 中的 15 个缺陷

	是否会阻塞测试	缺陷严重程度	缺陷修改情况		是否会阻塞测试	缺陷严重程度	缺陷修改情况
bug1	会	一般	改动一般	bug9	不会	严重	涉及需求更改
bug2	不会	致命	改动一般	bug10	不会	一般	改动一般
bug3	会	一般	改动一般	bug11	不会	一般	修改复杂
bug4	会	严重	修改复杂	bug12	不会	一般	修改复杂
bug5	不会	致命	改动一般	bug13	不会	提示	改动一般
bug6	不会	致命	修改复杂	bug14	不会	提示	改动一般
bug7	不会	严重	改动一般	bug15	不会	提示	改动一般
bug8	不会	严重	修改复杂				

假设在这个版本中，开发人员有能力可以修复10个缺陷。其中"bug1""bug3"和"bug4"会阻塞测试，为必须解决的缺陷。剩下的缺陷，我们根据缺陷的严重程度、缺陷的修改情况来排序，最后选择了"bug2""bug5""bug6""bug8"和"bug9"需要在build1中解决，如图8-19所示。

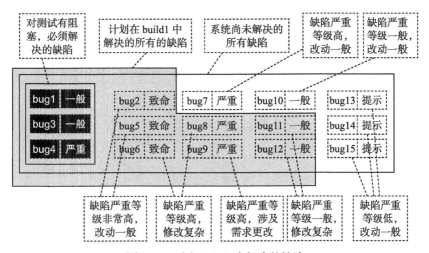

图 8-19　需在 build1 中解决的缺陷

3. 缺陷趋势是否正常

缺陷趋势是软件测试架构师在测试过程中需要关注的内容。在 6.6.3 节中，我们已经详细叙述过"缺陷趋势分析"技术，讨论过缺陷趋势曲线的凹凸性和拐点以及缺陷是否收敛。在测试过程中，需要我们主要关注的是累积发现的缺陷趋势曲线，关注缺陷的走向是否正常。

1）预估"拐点"会在哪个版本出现

在 6.6.3 节中讨论过理想的累积发现的缺陷趋势曲线（图 6-14）。在图 6-14 中，我们是以测试阶段为单位来讨论的，实际上，每个测试阶段都会包含一个或者多个测试版本，在版本测试时，预估在哪个版本会出现拐点，才比较符合我们的测试策略，是我们需要分析的第一个问题。

我们先来回顾一下"拐点"的意义。

在测试策略不变的情况下，出现拐点，说明当前的测试方法已经不能有效去除系统的缺陷，当前的测试可以按照计划结束，进入下一阶段的测试。

测试策略不变，说明测试对象和测试方法并不会发生变化，我们可以理解为：

❑ 测试策略中的测试方法不同，就不应该出现拐点。
❑ 测试方法不变，但是测试对象不同，也不应该出现拐点。
按照上述原则，我们对"俄罗斯方块心"项目，各个测试阶段和每个阶段中的测试版本（"俄罗斯方块心"的项目计划，见 8.1 节）预估缺陷趋势图，如图 8-20 所示。

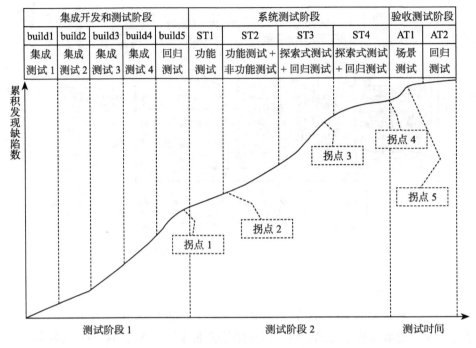

图 8-20 预估缺陷趋势图

分析：

❑ 在集成开发和测试阶段，build1 ～ build4 都会有新的功能合入，而且随着功能的不断集成，系统越来越完整和复杂，测试方法也会从单功能测试，逐步转换为单功能 + 多功能测试，所以在 build1 ～ build4 阶段，不应该出现拐点。

❑ build5 是一个回归测试版本，此时没有合入新的功能，测试方法和 build1 ～ build4 相比，也没有发生变化，所以集成开发和测试阶段的拐点（图 8-20 中的"拐点 1"）应该出现在 build5 比较合适。

❑ 在系统测试阶段，ST1 虽然也是功能测试，被测对象也没有发生变化，但是 ST1 在测试执行顺序、功能测试的复杂度上都会与集成开发和测试阶段有所不同，所以进入 ST1 阶段应该会比较快速地出现一个拐点（图 8-20 中的"拐点 2"），开始又能大量发现系统的问题。

❑ ST2 的测试方法和 ST1 的测试方法不同，不应该出现拐点。

❑ ST3 和 ST4 都是探索式测试和回归测试，下一个拐点（图 8-20 中的"拐点 3"）应该出现在 ST3 后期或者 ST4 初期比较合适。

❑ 进入验收测试阶段后，由于 AT1 的测试方法发生了变化，应该很快会出现一个新拐点（图 8-20 中的"拐点 4"），但是这种缺陷上升的趋势不应该持续太久（毕竟我们已经经过了大量的测试，如果在验收测试阶段还能发现大量的问题，是非常不符合预期的），在 AT1 后期或在 AT2 前期就应该出现拐点（图 8-20 中的"拐点 5"）。

2）判断当前版本的缺陷趋势是否正常

当我们对缺陷趋势已经做到心中有数后，判断当前版本的缺陷趋势是否正常就变得异常简单了——我们可以将其简化为"判断拐点的出现是否过早或过晚"。

我们还是以"俄罗斯方块心"项目的集成开发测试阶段为例，如图 8-21 所示

"缺陷趋势 1"（图 8-21 中加粗，并标注了"1"的那条缺陷趋势曲线）是我们期望的缺陷趋势。

和"缺陷趋势 1"相比，"缺陷趋势 2"（图 8-21 中标注了"2"的那条缺陷趋势曲线）的拐点出现得太早，从图中可以看到，如果不采取措施，整个集成开发和测试阶段发现的缺陷就会比较少，为后阶段测试的顺利开展、产品的整体质量目标完成埋下隐患。

"缺陷趋势 3"（图 8-21 中标注了"3"的那条缺陷趋势曲线）和"缺陷趋势 2"正好相

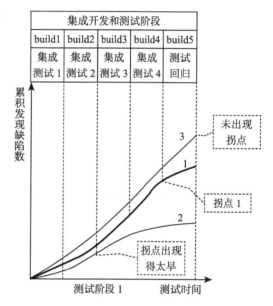

图 8-21　集成开发测试阶段

反，整个集成开发和测试阶段一直没有出现拐点，这说明产品质量可能不高，可能还有一些应该在集成开发和测试阶段发现的缺陷还没有被发现。这时如果草草地进入后阶段的测试，同样也会为后面测试的顺利开展、产品的整体质量目标完成埋下隐患。

有时候在版本测试快要结束的时候，发现的缺陷会呈现减少的趋势，也会出现拐点，这可能是因为到了版本测试后期，测试用例已经执行得差不多，测试投入减少造成的；或者是当前合入的功能确实已经不能发现缺陷，但是到了下一个版本开始，发现缺陷的趋势又会增加，又会出现拐点，出现这种情况是正常的。需要我们警惕的是出现上图中的"缺陷趋势 2"的情况：即使进入到了下一个版本的测试，发现缺陷的趋势还是无法恢复。这点需要软件测试架构师在进行缺陷趋势分析时注意。

4. 是否存在缺陷修改引入缺陷的问题

在 6.6.4 节叙述缺陷年龄分析时，我们讨论过缺陷修改引入缺陷的问题。软件测试架构师需要在版本测试中，对发现的缺陷按照 6.6.4 节中介绍的分析方法，来确定是否存在这样

的问题。如果存在这样的问题，也可以按照 6.6.4 节中介绍的方法来采取相应的措施，此处不再赘述。

8.3.3 调整测试策略

软件测试架构师在测试过程中跟踪测试执行情况，当发现测试情况和测试策略不符时，就需要调整测试策略。

由于我们会实时跟踪测试用例的执行情况，一旦发现测试执行顺序和测试策略不符，我们是可以在测试执行的过程中及时调整的，所以一般不会出现最后需要调整测试策略的情况。

如果在测试过程中出现少量的"被阻塞的测试用例"，我们只需待这些阻塞测试的问题解决后，再把这些测试用例执行就可以了。但是如果在测试过程中出现了大量的测试用例阻塞，我们就需要考虑调整测试策略了。

我们可以参考如下思路来调整测试策略：

❏ 被阻塞的测试用例是属于几个功能，还是很多功能？如果被阻塞的功能很多，需要考虑是否提前结束测试。如果涉及的功能较少，一般通过调整版本测试中需要执行的测试用例来调整测试策略即可。

❏ 对存在阻塞的功能，那些原计划不在本版本中测试的用例，是否可以调整到本版本中测试？

❏ 对没有阻塞的功能，那些原计划不在本版本中测试的用例，是否可以调整到本版本中测试？

我们还是以"俄罗斯方块心"项目为例，假设在 build1 中，功能 与 的测试用例执行情况和缺陷发现情况见表 8-19。

表 8-19　测试用例执行情况和缺陷发现情况

功能	测试用例	Build1 是否需要执行	测试结果	功能	测试用例	Build1 是否需要执行	测试结果
	测试用例 1	需要执行	通过		测试用例 7	需要执行	阻塞
	测试用例 2	需要执行	通过		测试用例 8	需要执行	阻塞
	测试用例 3	需要执行	失败（发现 bug1）		测试用例 9	需要执行	失败（发现 bug3）
	测试用例 4	需要执行	失败（发现 bug2）		测试用例 10	需要执行	通过
	测试用例 5	不执行			测试用例 11	不执行	
	测试用例 6	不执行			测试用例 12	不执行	

假设本例中的测试用例 7 和测试用例 8 被测试用例 3 发现的 bug1 阻塞。由于被阻塞的测试用例 7 和测试用例 8 只影响了功能 ，所以我们不打算提前结束测试，而是主要通

过调整测试用例的方式来调整测试策略。

接下来我们看看在功能 ▢ 中，原计划不执行的测试用例 11 和测试用例 12 能不能调整到本版本中来执行。假设通过评估，测试用例 11 和测试用例 12 无法在 build1 中执行。

我们再来看功能 ▢ 中，原计划不执行的测试用例 5 和测试用例 6 是否能够调整到本版本中来执行。假设通过评估，结果是测试用例 5 和测试用例 6 都可以在 build1 中执行，这样更新后的测试策略见表 8-20。

表 8-20　更新后的测试策略

功能	测试用例	Build1 是否需要执行	测试结果	功能	测试用例	Build1 是否需要执行	测试结果
	测试用例 1	需要执行	通过		测试用例 7	需要执行	阻塞
	测试用例 2	需要执行	通过		测试用例 8	需要执行	阻塞
	测试用例 3	需要执行	失败（发现 bug1）		测试用例 9	需要执行	失败（发现 bug3）
	测试用例 4	需要执行	失败（发现 bug2）		测试用例 10	需要执行	通过
	测试用例 5	需要执行			测试用例 11	不执行	
	测试用例 6	需要执行			测试用例 12	不执行	

如果我们在进行缺陷跟踪的时候，发现缺陷趋势不符合预期，我们还是以 8.3.2 节中图 8-21 所示为例，来进行说明：

❑ **如果拐点出现得太早**：如果缺陷趋势的拐点出现得太早（图 8-21 中的曲线 2），这说明当前的测试方法已经不能有效地发现缺陷了。这时我们需要先分析是否是"测试阻塞"造成的。如果是"测试阻塞"的原因，我们可以按照前面叙述的调整测试用例的方法，达到让缺陷趋势变"凹"的效果。如果不是"测试阻塞"造成的，我们可以通过改变测试方法、增加探索测试等方式来调整测试策略。

❑ **如果一直未出现拐点**：如果缺陷趋势一直未出现拐点（图 8-21 中的曲线 3），这说明按照当前的测试方法还能有效发现缺陷。尽管按照计划，我们需要进入下一个阶段的测试，但是缺陷趋势却"暗示"我们现在可能还不是时候。在这种情况下，一种测试策略调整的方法是，再增加 1～2 轮回归测试＋探索式测试，在进入下一阶段之前再去除一下系统中的缺陷，使得拐点出现。不过这种方法看起来增加了测试的时间，延长了项目周期，项目经理可能不会轻易同意，所以大多数情况下我们可能会采取比较折中的办法，还是进入下一阶段，但要在下一阶段开始的 1～2 个版本中，增加一些和上一阶段测试相关的探索式测试。

除此之外，需求、设计、组织和人、流程等因素，包括一些突发情况，都有可能会影响测试执行，这就需要我们在测试过程中进行风险识别（可以参考 6.7.1 节中的"风险识别清单"来进行风险识别），然后根据进行风险来调整测试策略。

图 8-22 总结了在测试过程中调整测试策略的整体思路。

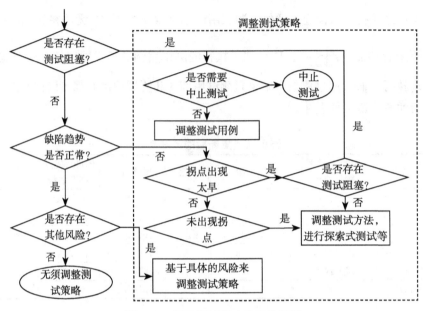

图 8-22　调整测试策略的整体思路

8.4　版本质量评估

版本测试结束后，在进行下个版本测试之前，软件测试架构师需要停一下，对版本的测试情况进行总结回顾，对版本进行质量评估，如图 8-23 所示。

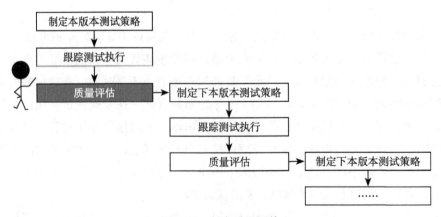

图 8-23　版本质量评估

　　如果我们把质量评估看成是一把衡量产品质量的尺子，版本质量评估就是在每轮版本测试结束的时候都来量一量产品的质量，看看产品当前的质量如何，看看能不能在计划测试结束的时候达到产品的质量目标，如图 8-24 所示。

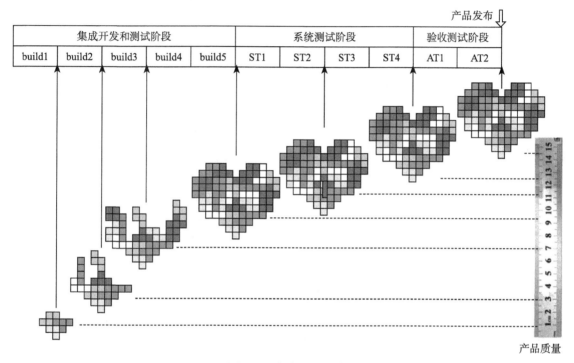

集成开发和测试阶段					系统测试阶段				验收测试阶段	
build1	build2	build3	build4	build5	ST1	ST2	ST3	ST4	AT1	AT2

产品质量

图 8-24　版本质量评估

　　以"俄罗斯方块心"项目来说，假如我们希望它在发布的时候，"质量"能够到"产品质量尺"的 15 厘米处的高度，那么我们在每个版本结束的时候，我们都去"量"一下它当前的"质量高度"达到了多少厘米（如在 build2 的时候达到了 3 厘米，在 build3 的时候达到了 7 厘米），判断当前的"质量高度"是否达到了我们的预期，如果没有达到预期，就需要我们及时调整测试策略。

8.4.1　使用软件产品质量评估模型来进行质量评估

　　此时软件测试架构师可以使用前面介绍过的软件产品质量评估模型（详见 6.3.2 节）来进行版本质量评估。为了便于下文叙述，我们对这个质量评估模型进行复制，如图 8-25 所示。

　　但由于版本质量评估的评估对象是版本，我们的评估方法和关注重点还是会与阶段的质量评估或发布时的质量评估有所不同。

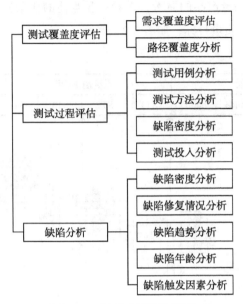

图 8-25 复制质量评估模型

1. 在版本质量评估中记录需求和实现的偏差

对版本质量评估而言，可能我们还无法进行全面测试覆盖度方面的评估。但在版本质量评估时，整理、记录该版本的需求实现情况，特别是需求和实现的偏差是很有必要的。

在 8.2.1 节中，我们曾经提过要注意开发实际提交的功能和计划提交的功能有偏差的情况，如图 8-26 所示。

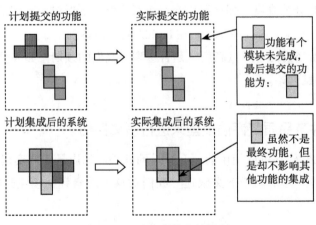

图 8-26 功能有偏差的情况

我们往往会发现，除了这些在测试之前就能发现的偏差之外，还有很多偏差是在测试过程才能逐渐被发现的，如：

（1）需求理解方的错误导致功能实现上的错误。例如，需求文档中对应的功能 ，在开发过程中被开发为 ，如图 8-27 所示。

我们很难在测试之前就知道系统中存在这样的错误——事实上，出现这样的问题，往往是开发人员对需求的理解出现了偏差；或是需求文档在描述这部分的时候没有说清楚，导致开发人员的实现和测试人员理解的需求存在了分歧。

（2）因为种种原因，该功能对应的需求并没有提交完，如图 8-28 所示。

图 8-27　功能实现错误　　　　　　图 8-28　需求未提交完

未提交完的原因可能就是开发人员忘记开发某些模块了；或是需求描述得不够细致，开发人员认为开发完了，但实际上出现了遗漏。

无论是上述哪种情况，这些问题都只有在测试过程中才会被逐渐发现。当然，这些问题在测试过程中都可以算作缺陷，一旦发现可以通过 bug 报告来记录和跟踪。但即使我们对这类问题都提交了缺陷报告，这些缺陷往往由于不是当前版最紧急、必须解决的缺陷，而很容易被搁置下来，然后就被大家遗忘了。直到这些问题变得严重影响后续功能的集成，或是到了产品要发布的时候，我们才发现一些看起来"细枝末节"的功能模块还没有被开发。我们才去解决它们，这时很容易让项目变得不可控，增加项目延期或者质量不能达标的风险。

因此，对软件测试架构师而言，在版本质量评估时对这类问题再进行梳理是非常有必要的——如果我们已经要求我们的团队成员在出现这类问题的时候，提交 bug 报告，我们就只需要将这类问题从 bug 报告中筛选出来，并定期跟踪这些 bug，关注它们的修复计划就可以了。对那些开发人员和测试人员争议较大、需要 SE 再进行澄清的需求，我们也需要进行记录（至少需要记录当前的进展），以便我们在结论确定后，第一时间知道该如何进行下一步的处理。

总的来说，在版本质量评估时，需求实现情况应该包含的内容如图 8-29 所示。

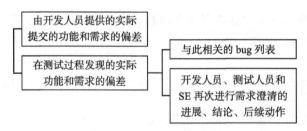

图 8-29 需求实现情况包含的内容

举例："俄罗斯方块心"项目 build1 版本质量评估示例

在"俄罗斯方块心"build1 中，需求和功能实现的偏差为：

（1）功能 在 build1 提交时为 ，完整的功能将在 build2 中提交。

（2）功能 的需求未完全开发完，详见 bug00032、bug00035。

（3）开发人员和测试人员对 的需求实现存在争议（开发人员实际开发的功能为 ），经过 SE 对此功能需求进行再次澄清后，发现是开发人员在需求理解上存在一些误解，需要在 build2 中更新此功能，详见 bug00047。

注意，例子中的 bug 编号均为示意。

---

2. 在版本质量评估中进行测试过程评估

实际上，我们在跟踪测试执行的过程中，已经对测试过程，包括测试用例、测试方法和测试投入进行了跟踪分析，在版本质量评估时，我们可以对版本的"测试过程"再进行回顾，总结经验教训。除此之外，在版本质量评估中，还有一项重要工作，就是对多个版本的测试用例执行情况进行分析。整个测试过程分析如图 8-30 所示。

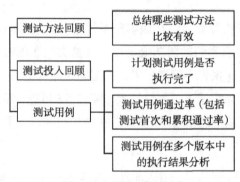

图 8-30 测试过程分析

1）测试用例的通过率

在版本质量评估时，我们可以对测试用例首次执行通过率、累积执行通过率和累积执行率进行统计，见表 8-21。

表 8-21　测试用例通过率统计结果

特性	测试用例数	测试用例首次执行通过率	测试用例累积执行通过率	测试用例累积执行率
特性 1	50	70%	90%	120%
特性 2	35	80%	90%	110%
特性 3	40	65%	95%	150%
……	……	……	……	……

测试用例首次执行通过率、累积执行通过率和累积执行率都是我们质量目标中的质量指标。但很多朋友并不认为质量指标能够对质量进行有效的评估。

对此，我的观点是质量指标是否有效，和我们在何时进行评估、评估对象的粒度、评估的目的息息相关。如果我们只是在版本发布的时候、在系统的层面来统计各种质量指标，据此给出产品能否发布的结论，确实不能让人信服。但如果我们能够在每个版本都统计相关的质量指标，评估对象的粒度也细化到功能特性，将"质量指标"作为"质量之尺"，让大家知道我们当前的质量离我们的目标还有多远，我们还需要做怎样努力，进行怎样调整，才能达到我们最终的质量目标，这样进行质量评估，才真正有用，并且能够被大家信服。

让我们回到测试用例首次执行通过率和测试用例累积通过率中来。

通过第 6 章的叙述，我们知道测试用例首次执行通过率可以帮助我们评估开发版本的质量——测试用例首次执行通过率高，说明开发的版本质量不错（当然也有可能是测试用例设计太差，不能有效发现问题）；相反，如果开发需要多次修复，最后才能使得测试用例执行通过，说明版本质量可能不高，产品在设计、编码方面可能存在一些问题，即便是修复bug，在修复时引入新 bug 的风险也会更大一些。

如果我们在版本质量评估中，发现某个功能特性的测试用例首次执行通过率不高（低于质量目标中的目标值），说明这个功能特性的质量可能不高，需要开发人员进行根因分析，提出改进措施，测试也需要适当调整测试策略，增加这方面的测试投入。

在项目的前期，特别是在功能未完全集成完的情况下，我们更需要关注测试用例首次执行通过率；随着项目的进行，越到项目后期我们越需要关注测试用例累积通过率——我们希望在版本发布的时候，达到预期的测试用例累积通过率的目标。这就需要在测试过程中及时解决那些会阻塞测试的用例并提高缺陷的修复率。

2）测试用例在多个版本中的测试结果

我们在进行测试用例累积通过率的统计时，并不能只关注 50%、70% 这样的统计数字，还需要注意分析测试用例在多个版本中的测试结果。

以 ▦ 为例，假定这个功能在不同版本（build1、build2 和 build3）中的测试执行结果见表 8-22。

表 8-22　测试执行结果

功能	测试用例	build1	build2	build3	build4
	测试用例 1	通过	不执行	不执行	？
	测试用例 2	通过	不执行	不执行	？
	测试用例 3	失败	失败	通过	
	测试用例 4	失败	通过	失败	
	测试用例 5	不执行	阻塞	失败	
	测试用例 6	不执行	通过	不执行	？
统计	测试用例累积执行通过率	33.3%	66.6%	66.6%	

我们对每个 build 的测试策略说明如下：

❑ 在 build1 中，我们的测试策略为执行"测试用例 1"～"测试用例 4"，不执行"测试用例 5"和"测试用例 6"。

❑ 在 build2 中，我们的测试策略为执行 build1 中测试结果为"失败"和"不执行"的测试用例，选择了"测试用例 3"～"测试用例 6"。

❑ 在 build3 中，我们的测试策略为执行 build1 和 build2 中测试结果为"失败"和"不执行"的测试用例，选择"测试用例 3"和"测试用例 5"。另外，我们还选择部分测试结果为"通过"的测试用例来进行"功能回归测试"，因此选择了"测试用例 4"。

从测试用例累积通过率来看，build2 和 build3 都为 66.6%，但"测试用例 4"的测试结果，在 build2 中为"通过"，在 build3 中为"失败"，出现了反复。

对软件测试架构师而言，需要特别注意这种测试用例在多个版本中的测试结果出现反复的情况，因为这种反复，往往暗示了研发项目中的一些问题，提示我们在产品质量方面可能存在隐患，需要进行根因分析：

❑ 是什么原因导致测试用例的执行结果出现了反复？

比较常见的原因有新功能的合入对旧功能造成了影响或缺陷修改引入。

对这两种情况，软件测试架构师都可以从"开发修改"和"功能交互"的角度来有针对性地选择测试范围，由此来确定build4的回归测试策略：对已经执行"通过"的"测试用例1""测试用例2"和"测试用例6"，在build4中是否需要再进行回归测试。

3. 在版本质量评估中进行缺陷分析

在软件产品质量评估模型中，缺陷分析包括的内容如图8-31所示。

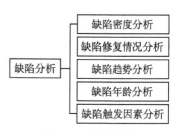

图 8-31 缺陷分析

软件测试架构师在进行每日缺陷跟踪的时候，对缺陷修复情况（哪些缺陷必须在本版本中解决，哪些缺陷需要在本版本中解决）、缺陷趋势（缺陷拐点和缺陷趋势）和缺陷年龄（主要针对是否存在缺陷修改引入的缺陷方面）进行了分析，并根据分析情况及时调整了测试策略。

对每日缺陷跟踪已经分析过的内容，在进行版本缺陷分析的时候，我们只进行简单的总结回顾即可。

对每日缺陷跟踪没有分析过的内容，我们需要在版本质量评估中进行分析。

8.4.2 版本质量评估中的缺陷分析

每日缺陷跟踪没有分析过的内容包括缺陷密度、缺陷年龄（在每日缺陷跟踪中只关注了缺陷修改引入方面）和缺陷触发因素分析。

软件测试架构师在版本质量评估中进行缺陷分析，需要重点关注如下几个问题（图8-32）：

❑ 功能特性的缺陷密度是否正常？

❑ 缺陷年龄分析是否正常？

❑ 缺陷触发因素分析是否正常？

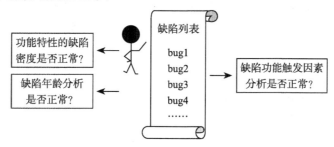

图 8-32 版本质量评估中的缺陷测试

1. 版本缺陷密度评估

通过第 6 章的介绍，我们知道缺陷密度是对系统中可能包含多少缺陷的预估，可以帮助我们评估当前系统已经发现的缺陷总数是否足够多。为了达到最终对系统的缺陷情况进行评估的效果，在每个版本测试结束的时候我们都需要对每个功能特性发现的缺陷密度进行统计，见表 8-23。

然后我们可以根据特性的优先级、测试的投入来分析特性的缺陷密度是否合理。如果发现有不合理的地方，需要对根因进行分析，确定改进措施，判断是否需要更新测试策略。

表 8-23　统计缺陷密度

特性	已经发现的缺陷总数	缺陷密度
A		
B		
……		

随着版本测试执行的进行，我们还要分析判断实际的缺陷密度和质量目标的偏差是否在可以接受的范围内，是否需要更新质量目标，示意图参见图 6-11。

当我们发现实际的缺陷密度和目标出现较大偏差时，可以按照 6.6.1 节中介绍的方法来进行处理。

2. 版本缺陷年龄分析

我们可以按照 6.6.4 节中介绍的缺陷年龄分析三步法，来进行版本缺陷年龄分析（摘抄如下）。

第一步：确定缺陷的缺陷年龄。

第二步：统计出各类缺陷年龄的数量，绘制缺陷年龄分析图。

第三步：进行缺陷年龄分析。

在进行缺陷年龄分析时，我们的期望为：

❏ 在缺陷的引入的阶段就能及时发现该类缺陷，缺陷不会遗留到下个阶段。
❏ 在特定的测试分层发现该层的问题。例如，在集成测试和系统测试阶段发现的缺陷，主要是在编码阶段引入的和设计阶段引入的。在验收测试阶段发现的缺陷主要是在设计阶段引入的。
❏ 没有继承或历史遗留引入的缺陷。
❏ 没有新需求或变更引入的缺陷。
❏ 没有缺陷修改引入的缺陷。

当我们发现分析结果不符合预期时，可以参考 6.6.4 节中介绍的方法来进行处理。

3. 版本缺陷触发因素分析

我们可以按照 6.6.5 节中介绍的缺陷触发因素分析三步法，来进行版本缺陷触发因素分析（摘抄如下）：

第一步：确定缺陷的测试方法和测试类型。

第二步：统计出各种测试方法发现的缺陷数目，绘制缺陷触发因素分析图。

第三步：进行缺陷触发因素分析。

并参考 6.6.5 节中提供的方法来对实际情况进行处理。

8.4.3　调整测试策略

我们进行版本质量评估，是希望能够在测试过程中看到当前的质量如何，有没有问题，看看能不能在测试结束的时候，达到产品的质量目标。如果我们在版本质量评估中发现了可能会影响到产品最终发布的质量问题，就需要采取相应的措施。所有和测试活动相关的措施，如调整测试用例的选择、调整测试用例执行的顺序、调整测试用例执行的方法、调整测试投入等都可以统称为调整测试策略。

在 8.3.3 节中我们讨论了针对每日缺陷跟踪，如何调整测试策略。现在我们可以继续在此基础上讨论增加版本质量评估，需要调整测试策略的内容和思路，如图 8-33 所示。

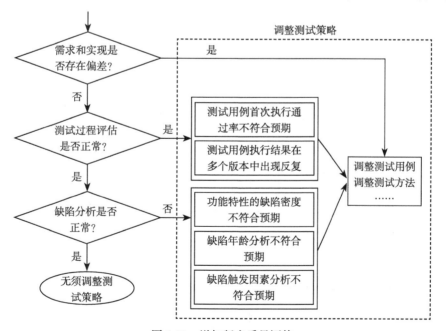

图 8-33　增加版本质量评估

8.4.4 建立特性版本质量档案

一个产品可能会有很多功能特性，对软件测试架构师而言，可能无法保证对每个功能特性都按照上述过程进行质量评估。所以对一个测试团队而言，各个测试负责人一起来建立一个特性版本质量档案，在档案中记录各个功能特性在每个版本中的质量情况，是一个不错的选择。

产品的特性版本质量档案，至少需要包含如下内容：

❏ 对当前测试覆盖度方面的记录，包括需求和实现的偏差。
❏ 对测试过程的分析和记录。
❏ 缺陷分析。

最后测试责任人还可以根据上面的情况，对产品功能特性当前的质量进行评估，评估其是否达到质量要求，以及和质量要求的主要差距在哪里，并据此总结出后续的测试建议。

在实际操作时，测试责任人可以直接在之前制定的总体测试策略的基础之上来建立特性版本质量档案，见表 8-24。

表 8-24　特性版本质量档案

特性	质量目标（期望值）	目标分解（期望值）	分类	优先级	build1			
					当前质量	覆盖度	测试过程	缺陷分析
特性 1	完全商用	测试覆盖度 测试过程 缺陷	老特性变化	高				
特性 2	完全商用	测试覆盖度 测试过程 缺陷	全新特性	高				
特性 3	受限商用	测试覆盖度 测试过程 缺陷	老特性加强	中				
特性 4	测试、演示或 小范围试用	测试覆盖度 测试过程 缺陷	全新特性	中				
……	……	……	……	……				

8.5　后面的版本测试策略

到目前为止，我们的软件测试架构师已经完成了制定测试策略—跟踪测试执行—质量评估这样的一个完整循环。但是测试项目还没有结束，紧接着我们又会进入到下一个循环，如图 8-34 所示。

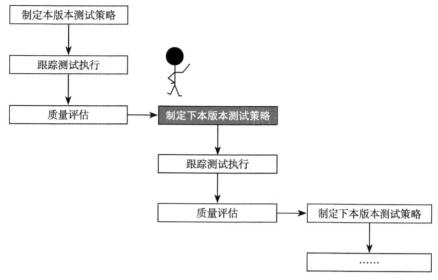

图 8-34　版本测试策略的下一个循环

如果我们将刚开始测试的那个版本（如本文中的"build1"）的测试策略，称为"第一个版本测试策略"，那么对后面需要测试的那些版本（如"build2""build3"等）的测试策略，我们可以称它们为"后面版本的测试策略"。

和第一个版本相比，后面的版本会考虑到实际的产品研发情况和测试情况，而对测试策略进行调整，因此，后面版本的测试策略除了考虑我们在 8.2.8 节中总结的内容外，还需要增加回归测试策略和探索式测试策略的内容——本章我们将来详细讨论需要如何制定它们。

8.5.1　回归测试策略

回归测试是一种"确认"性质的测试，测试目标有：

❏ 缺陷回归：确认测试中发现的缺陷被开发人员正确修复了。
❏ 功能回归：确认老功能不会因为新合入的功能而失效。
❏ 阶段回归：确认产品当前的质量达到该阶段的质量目标。

在项目不同的阶段，回归测试的目标会有所侧重，以"俄罗斯方块心"项目为例，回归测试在不同阶段的重点如图 8-35 所示。

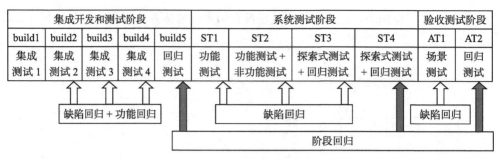

图 8-35　回归测试的重点

说明：

❑ 在集成开发和测试阶段，由于功能还会不断地添加进来，所以此时回归测试的重点为"缺陷回归"和"功能回归"。

❑ 在系统测试阶段，这时已经不会再添加新的功能了，所以回归测试的重点为"缺陷回归"。

❑ 在每个阶段结束的时候，会产生一个专门的回归测试版本，我们会在这个版本中对这个测试阶段进行整体的回归，确认是否达到该阶段的目标。

1. 缺陷验证策略

我们进行"缺陷回归"是为了确认缺陷被开发人员正确修复了。

我们将缺陷按照功能和非功能、是否有"用户可见的输入输出接口"分为三类，如图 8-36 所示。

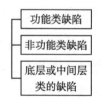

对"功能类缺陷"，验证起来是比较明确的：我们需要对缺陷本身进行验证再加上和该功能相关的功能交互的验证即可。在进行"功能交互"的验证时，我们可以从该功能的"level3"用例中选择部分用例来执行即可（关于测试用例的分级，请参考 7.4.1 节中的内容）。

图 8-36　缺陷的三类

对"非功能类缺陷"，验证起来也是比较明确的：我们需要对缺陷本身进行验证，同时分析缺陷的修改是否会对功能造成影响。如果分析结果会对功能造成影响，再选择受影响功能的 level1、level2 用例进行验证即可。

比较难于验证的是那些"底层或中间层类的缺陷"。由于它们位于系统的底层或中间层，很多功能都可能会调用它们，修改它们往往会影响较多的功能，还可能会影响系统的性能、可靠性等非功能。对这类问题，可以使用如下策略：

❑ 控制这类缺陷在设计修改和编码上的质量。例如，要求开发人员对修改方案进行讨论和评审，对修改代码进行走读，等等。

❑ 软件测试架构师（或由软件测试架构师指定专门人员）根据缺陷的修改方案来确定需
要进行回归测试的内容，如图 8-37 所示。

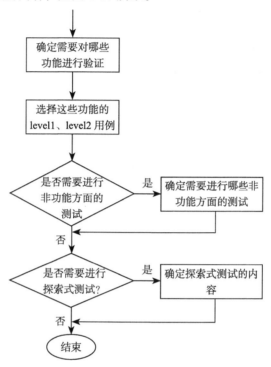

图 8-37　确定需要进行回归测试的内容

2. 功能回归策略

功能回归的目的是确认老功能不会因为新合入的功能而失效。

功能回归按照"功能特性"在系统中合入的时间，又分为新开发功能在合入版本后的
回归测试和老功能的回归测试。

例如，×× 产品 V1.0 已经完成了"功能 A"和"功能 B"开发，并已经成功发布。目
前在 V1.0 的基础上开发 V1.1，V1.1 中包含"功能 C"和"功能 D"。"功能 C"在第一个
集成版本中提交，"功能 D"在第二个集成版本中提交。我们在测试"功能 D"时，对"功
能 C"进行回归测试，叫新开发功能在合入版本后的回归测试；对"功能 A"和"功能 B"
进行回归测试，叫老功能的回归测试。

1）新开发功能在合入版本后的回归测试

对新开发功能在合入版本后的回归测试，我们可以先回归它们 level1 的测试用例集，

然后再逐渐加入 level2 测试用例集。

我们还是以"俄罗斯方块心"项目为例。按照项目计划，我们在 build1 中提交的功能为 、 和 ，那么在 build2 中，我们就可以选择这 3 个功能的 level1 用例来进行功能回归测试，如图 8-38 所示。

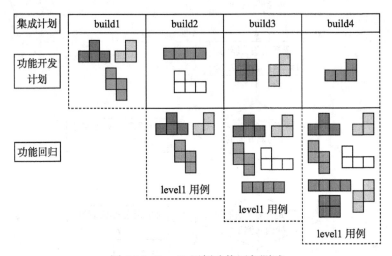

图 8-38　level1 用例功能回归测试

且随着项目的进行，还需要逐渐增加一些"level2"用例的功能回归测试，如图 8-39 所示。

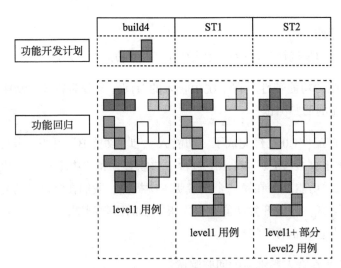

图 8-39　level 2 用例功能回归测试

2）老功能回归测试

对系统中的历史老功能，最理想的情况是每个版本都能对这些功能的 level 用例集合回归测试一遍；在每个阶段都能够挑选一些"level2"和"level3"的测试用例集合来进行回归测试。

虽然这样的功能回归策略能够很好地保证功能的正确性，但这也使得需要进行功能回归测试的用例变得越来越多，单靠手工测试进行这样大量、重复的确认工作，无疑会成为项目中的不可承受之重，所以这样的功能回归策略，更适合通过自动化测试的方式来进行，而不太适合主要依靠手工执行的测试团队。我们将在后续"自动化测试策略"（8.5.3 节）中再继续讨论。

对主要依靠手工执行的测试团队来说，可以对每个版本合入的新功能、代码的修改进行分析，找出那些已经合入的功能，或者最有可能会失效的历史老功能，然后对它们进行功能回归。

3. 阶段回归策略

阶段回归的目的是确认产品当前的质量达到该阶段的质量目标。

进行阶段回归测试，最简单的方法就是从当前阶段执行的测试用例中选择部分测试用例来进行。我们以按照集成测试、系统测试和验收测试来划分的测试项目为例。

1）集成测试阶段的回归测试

集成测试阶段的测试目的为验证功能集成后的系统的正确性（对集成测试阶段的测试目标的叙述，可以参见 7.4.2 节）。对集成测试阶段的最后一个版本，我们需要对当前系统合入的功能合集再进行确认，确认当前系统满足集成测试的出口条件（对集成测试阶段的出口条件的叙述，可以参见 7.4.2 节），符合下一阶段测试，即系统测试的入口条件。

在测试用例的选择上，可以对当前所有功能合集的"level1"的测试用例进行回归测试。

2）系统测试阶段的回归测试

系统测试阶段的测试目标是对系统从"功能"和"非功能"方面进行测试验证（对系统测试阶段的测试目标的叙述，可以参见 7.4.3 节）。

根据第 7 章的叙述，我们在系统测试阶段重点执行的是"level3"和"level4"的测试用例，在系统测试阶段计划的最后一个版本进行回归测试时，我们可以对重点功能的"level3"的测试用例进行回归测试。

3）验收测试阶段的回归测试

验收测试本来就是一种"确认"性质的测试，在验收测试阶段，我们会基于用户场景进行 Alpha 测试或 Beta 测试，对验收测试阶段的回归测试，我们可以考虑选择最重要的那些"典型场景"来进行回归测试。

当然，对于系统测试阶段和验收测试阶段的回归测试，对当前所有功能的 level1 测试用例集合再进行回归测试也是不可避免的。

表 8-25 总结了不同阶段回归测试用例选择。

表 8-25　不同阶段回归测试用例选择

阶段回归	测试用例选择
集成测试阶段的回归测试	（1）当前所有功能的 level1 测试用例； （2）挑选部分 level2 测试用例
系统测试阶段的回归测试	（1）当前所有功能的 level1 测试用例； （2）挑选当前重点功能的 level3 用例
验收测试阶段的回归测试	（1）当前所有功能的 level1 测试用例； （2）典型场景

8.5.2　探索式测试策略

在 4.5 节中，我们介绍了探索式测试的思想、方法和如何开展探索式测试。在本章中，我们将和大家一起来讨论探索式测试策略。

虽然我们很推崇探索式测试中重视测试者的测试思维和测试方法，是快速学习和及时反馈的测试模式，但从策略的角度，我们并不会将探索式测试作用在整个测试项目，而是将它和我们的传统式测试结合起来。

1. 将探索式测试和传统式测试结合起来

我们的测试策略为：在项目中，先进行传统式测试，待测试用例执行完成后，再进行探索式测试。我们的模拟项目"俄罗斯方块心"，就是使用这样的策略，如图 8-40 所示。

这个策略最大的好处是测试范围和测试重点可控，即能够保证产品基本的、重要的，但是不一定有 bug 的测试点（可以理解为失效影响度大，但失效概率低的部分）不会被忽视。这个策略最大的坏处是缺陷可能会在探索测试阶段再集中爆发一次，使得缺陷迟迟不能收敛，造成测试项目延期。

集成开发和测试阶段					系统测试阶段				验收测试阶段	
build1	build2	build3	build4	build5	ST1	ST2	ST3	ST4	AT1	AT2
集成测试1	集成测试2	集成测试3	集成测试4	回归测试	功能测试	功能测试+非功能测试	探索式测试+回归测试	探索式测试+回归测试	场景测试	回归测试
传统式测试						探索式测试				

图 8-40 "俄罗斯方块心"项目的测试

这个策略的一个"改进版"是把探索式测试提前，根据项目当前的实际情况和测试结果（如 bug 分析结果），一般从集成测试阶段中后期开始，逐渐进行探索式测试，如图 8-41 所示。

集成开发和测试阶段					系统测试阶段				验收测试阶段	
build1	build2	build3	build4	build5	ST1	ST2	ST3	ST4	AT1	AT2
集成测试1	集成测试2	集成测试3	集成测试4	回归测试	功能测试	功能测试+非功能测试	探索式测试+回归测试	探索式测试+回归测试	场景测试	回归测试
传统式测试						探索式测试				

图 8-41 探索式测试

对这个改进版的测试策略，我们必须理解的是，探索式测试是有一定工作量的，把探索式测试提前，会消耗测试资源和测试时间。在传统式测试的测试内容（在这里我们可以理解为需要执行的测试用例）不变少的情况下，探索式测试会使得集成测试阶段变长。在改进版策略下，这样的项目计划可能会更合理（图 8-42 中的"黑色框"表示与图 8-41 相比有变化的地方）。

集成开发和测试阶段						系统测试阶段			验收测试阶段	
build1	build2	build3	build4	build5	build6	ST1	ST2	ST3	AT1	AT2
集成测试1	集成测试2	集成测试3	集成测试4+探索式测试	功能测试+探索式测试	回归测试+探索式测试	非功能测试+探索式测试	探索式测试+回归测试	探索式测试+回归测试	场景测试	回归测试
传统式测试						探索式测试				

图 8-42 与图 8-41 相比的结果

2. 探索式测试方法的选择策略

在 4.5 节中为大家介绍了很多探索式测试方法。我们可以大致按照如下顺序来选择探索式测试方法：

❑ 在集成测试时，先使用商业区测试法和娱乐区测试法，再使用历史区测试法和破旧区测试法。

❑ 在系统测试时，先使用历史区测试法和破旧区测试法，再使用商业区测试法和娱乐区测试法，最后使用旅馆区测试法和旅游区测试法。

这样考虑的原因是：

商业区测试法和娱乐区测试法是针对重点特性和辅助特性进行的。历史区测试法和破旧区测试法针对的是老特性和历史问题。

集成测试阶段，先使用商业区测试法和娱乐区测试法，对合入的新功能进行探索，以便尽早发现新功能中的问题；再使用历史区测试法和破旧区测试法对旧功能进行测试。和回归测试不同的是，虽然两者都是针对老功能的测试，但是回归测试是"证实"的测试，我们有必要分析新功能对老功能，特别是历史 bug 重灾区部分的影响，然后有针对性地进行探索式测试。

系统测试阶段，先使用历史区测试法和破旧区测试法，是考虑到集成测试阶段只会考虑与新合入功能相关的老功能和历史重灾区，而到了系统测试阶段，可以再从整个系统的角度，扩大范围，正好作为集成测试阶段探索式测试的衔接。然后再使用商业区测试法和娱乐区测试法，对整个系统的重点特性和辅助特性进行深入测试，挖掘缺陷。最后使用旅馆区测试法和旅游区测试法，是因为这两个方法分别针对的是平台或维护特性和噱头特性。前者出现问题的风险可能较小，后者用户实际使用可能不多，优先级并没有那么高，所以放在最后进行。

3. 探索式测试策略在版本测试策略中

在 4.5.3 节中，我们讲到可以通过图 4-70 所示的 3 个步骤来开展探索式测试。

在版本测试策略中，软件测试架构师需要明确"Step1"中的内容。图 8-43 所示的流程图可以帮助软件测试架构师来明确探索测试任务。

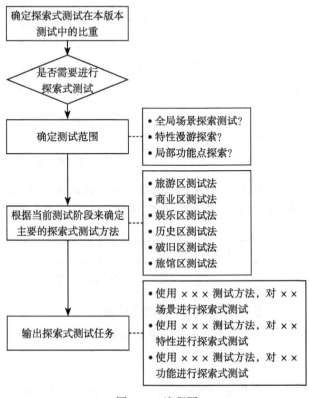

图 8-43 流程图

8.5.3 自动化测试策略

在 4.6 节里，我们简单地讨论了自动化测试，并没有介绍具体的自动化技术，如自动化框架、关键的实现技术、自动化脚本开发语言等，而是本着客观的精神去讨论自动化背后的真相，讨论如何去评估自动化的收益。显然，好的自动化测试策略，就是既能够符合测试的需求，又能让自动化收益最大化的策略。

尽管自动化测试可以用于新功能的测试，但是大多数公司还是将自动化定位于回归测试，如功能回归和 bug 回归。仔细分析原因，就会发现其实并不是自动化测试技术的问题，而是自动化测试根本就不是单靠技术能搞定的事情——需求、开发接口和测试用例都会对新功能的自动化测试造成影响（可以参考前面 4.6.1 节的叙述）。为了让这些环节能够很好地配合起来，我们甚至需要制定出新的研发流程来适应自动化，这绝对不是一件简单的事情。综上，本节讨论的自动化测试策略，主要还是使用自动化测试来进行回归测试，这就需要我们：

❏ 先对需要多次执行的测试用例进行自动化。
❏ 优先自动化简单的、可靠的功能。

1. 确定自动化脚本编写的优先级

如何从众多的测试用例中，选择那些需要重复执行的测试用例优先进行自动化呢？

首先我们可以根据阶段测试策略中确定的测试用例等级（测试用例等级的确定，请参见7.4.1 节），优先自动化"level1"的测试用例，再自动化"level2"的测试用例，然后自动化"level3"的测试用例，最后自动化"level4"的测试用例。

对测试用例等级相同的测试用例，优先对总体测试策略中，确定的特性"优先级高"的测试用例进行自动化。

对优先级相同的测试用例，可以从自动化技术的角度入手，优先实现自动化简单的、可靠性更高的测试用例。

2. 自动化开发和测试如何与测试项目配合

自动化要想发挥到最大的作用，就必须将自动化脚本的开发、自动化脚本的测试和实际研发项目结合起来。

我们还是以"俄罗斯方块心"项目为例（为了简化描述，我们省略了 build3 和 build4，以及 ST1 以后的所有版本）。此时我们将自动化测试定位为回归测试，根据 8.5 节中叙述的回归测试策略，在这个项目的版本开发计划下，自动化脚本开发计划和自动化脚本的测试计划如图 8-44 所示。

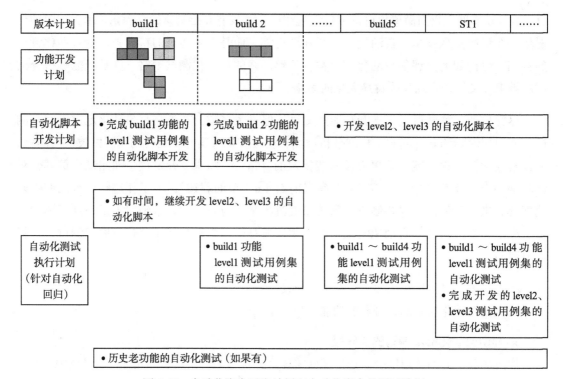

图 8-44　自动化脚本开发计划和自动化脚本的测试计划

对上图简要说明如下：

❏ 在功能开发阶段，优先对新合入功能的 level1 测试用例进行自动化脚本开发。如果
有时间，再进行 level2、level3 测试用例的自动化脚本开发。

❏ 在本版本中对之前版本合入的所有功能的 level1 测试用例集进行自动化测试执行。
例如，在 build2 中需要自动化执行 build1 中 level1 的测试用例，在 build3 中需要执
行 build1、build2 中 level1 的自动化测试用例。

❏ 在开发完成新功能提交后，再集中对 level2 和 level3 的测试用例进行自动化脚本开发。

❏ 持续执行历史老功能的自动化测试脚本。

3. 关于自动化率

对自动化率，我的建议是，自动化率需要与自动化工具、自动化技术和自动化平台以
及研发能力匹配，不要盲目追求自动化率。

举一个例子。在《H3C 软件测试经验与实践》一书中（H3C 测试中心出版，刘宇编著），
作者将自动化测试总结为以下三代，见表 8-26。

表 8-26　自动化测试总结

	第一代	第二代	第三代
定义	以捕捉／回（Capture/Playback）工具为中心的自动化	以脚本（Script）为中心的自动化	以自动化测试平台为中心的自动化
特点	（1）以捕获和回放作为主要的自动化手段，主要用于 CUI 系统测试。 （2）提供简单的脚本自动生成和开发功能；脚本语言简单，编程要素少；脚本可维护性差。 （3）对被测系统变更的容忍度基本为零，被测系统的细微改动都可能导致脚本无法运行	（1）整个团队采用了统一的适合本技术领域的完备的脚本语言。 （2）测试工程师基于自己的测试环境编写自动化脚本，可移植性差，质量也参差不齐。 （3）测试工程师的自动化成果工作不能形成合力，难以持续有效积累	（1）统一的自动化平台框架，统一的脚本架构和风格，统一的脚本质量。 （2）对测试操作进行了高度的抽象概括，形成了完备的 Action Word 通用 lib。 （3）脚本的重用性、可维护性、鲁棒性有了保障
示例	QaRun 测试工具，SNMP Tester 工具	tcl 早期 VRP 测试组工程师完成的测试脚本	基于 ATF 自动化平台开发的 TestBlade V1、V2 的脚本

如果我们当前的自动化测试能力，只位于"第一代"的水平，追求自动化率是没有意义的。因为产品细微的变化，都会导致脚本变得不能使用，虚高的自动化率不会给项目带来任何好处，反而会让自动化测试者感到沮丧，对自动化测试失去信心。

如果当前的自动化测试能力能够达到"第二代"的水平，那么根据我的经验，30% ~ 40% 的自动化率会是一个比较合适的值，当然，这是我的看法，仅供参考。

到了"第三代"及其以上，就可以追求高自动化率，经过持续的积累，自动化的优势会变得愈发明显。

4. 鼓励通过脚本来解决测试中的实际问题

根据我的了解，大多数公司的自动化水平并不理想，按照上一章中介绍的标准，大部分位于"第一代"或"第二代"的水平。在这种情况下，我们不要去追求自动化率，但是可以鼓励大家把工作中那些大量重复的操作，写成脚本，达到简化测试的目的。例如：

❑ ×× 功能满规格的配置脚本（如 1000 条策略的配置，1000 个用户的配置）。
❑ 反复执行某些操作（如反复提交配置，反复添加、删除某条命令，等等）。
❑ 一些需要对某个功能的参数进行"正交遍历"的测试项目。

举例

当我们需要对某个功能的参数进行正交遍历测试时，不仅测试量很大，测试过程也是非常枯燥乏味的。

例如，对数通类产品，需要测试接口在不同协商模式和速率下与其他设备的接口是否能够正确对接。以1000M的接口为例，它能够支持的速率配置参数为"auto""1000M""100M"和"10M"；支持的模式有"auto""双工"和"半双工"。这时我们需要将这些配置参数组合起来，再和对接设备进行全正交测试。表8-27是这项测试的具体内容（该表只做示意，并非完整的测试项目）。

表8-27　测试的具体内容

对接设备 ＼ 被测设备		auto	1000M
		auto	full
双工模式：auto；速率：auto	数据传输显示灯	黄色，有数据时闪烁，无数据时不灭	黄色，有数据时闪烁，无数据时不灭
	连接状态显示灯	黄色	黄色
双工模式：full；速率：1000M	数据传输显示灯	黄色，有数据时闪烁，无数据时不灭	黄色，有数据时闪烁，无数据时不灭
	连接状态显示灯	黄色	黄色
双工模式：full；速率：100M	数据传输显示灯	黄色，有数据时闪烁，无数据时不灭	
	连接状态显示灯	绿色	

这是一项非常烦琐的测试，在测试过程中，测试者需要不断配置被测设备和对接设备的双工模式与速率，然后查看接口的协商情况。对这类的测试，我们就可以想办法写一些自动化测试脚本，来自动配置被测设备和对接设备接口的参数，然后将结果记录下来。

俗话说，"不积跬步，无以至千里"。这些脚本可能很简单，可移植性也不好，但是可以培养团队的自动化意识，为团队在自动化测试方面打下良好的基础。

8.5.4　回顾

现在，软件测试架构师已经投入在版本测试中了，忙着制定测试策略，跟踪测试执行情况和进行版本质量评估，如图8-45所示。

我们也终于可以在8.2.8节的基础上，总结出版本测试策略需要关注的所有内容了：

❑ 测试范围和计划相比的偏差。
❑ 本版本的测试目标。
❑ 需要重点关注的内容。
❑ 测试用例的选择。
❑ 测试执行顺序。

❑ 试探性的测试策略。

❑ 接收测试策略。

❑ 回归测试策略。

❑ 探索式测试策略。

❑ 自动化测试策略。

在实际项目中，我们可以将这些作为版本测试策略的提纲来制定版本测试策略。

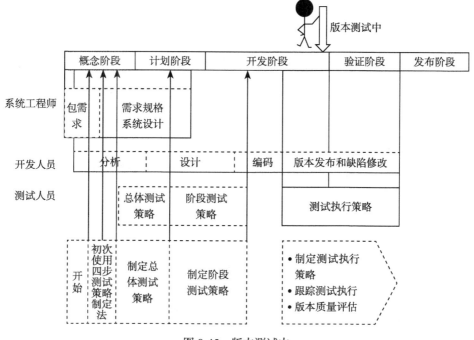

图 8-45　版本测试中

8.6　阶段质量评估（包括发布质量评估）

阶段质量评估是在每个测试阶段即将完成的时候，对当前系统的质量再进行一轮整体性的评估，判断当前系统是否达到该测试阶段的出口标准，可以进入到下一个阶段的测试，或是产品发布。

以我们的虚拟项目"俄罗斯方块心"为例，不同的测试阶段对应的阶段质量评估分别为集成测试阶段质量评估、系统测试阶段质量评估和产品发布质量评估，如图 8-46 所示。

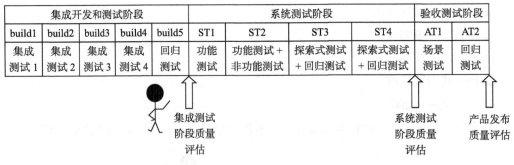

集成开发和测试阶段					系统测试阶段				验收测试阶段	
build1	build2	build3	build4	build5	ST1	ST2	ST3	ST4	AT1	AT2
集成测试1	集成测试2	集成测试3	集成测试4	回归测试	功能测试	功能测试＋非功能测试	探索式测试＋回归测试	探索式测试＋回归测试	场景测试	回归测试

集成测试阶段质量评估　　　　　　　　　　系统测试阶段质量评估　　产品发布质量评估

图 8-46　三个质量评估阶段

8.6.1　阶段质量评估项目

阶段质量评估需要按照质量评估模型，对系统进行全面的质量评估，并给出当前产品质量的结论。

给出结论总是一件很难的事情，质量评估也不例外。虽然我们可以按照产品质量评估模型来对产品质量进行评估，但如果我们分析出了问题，得到了"不能发布"的结论，则让我们感到有些违背了我们的测试初衷：产品能够保质保量按时发布才是我们真正想要的结果。

如果大家是按 8.3 节、8.4 节这样顺序阅读下来的，就会发现我们在跟踪测试执行和版本质量评估中一直在进行质量评估。这使得质量评估从一个阶段性的测试活动（很多测试团队可能只在版本快要发布的时候才开始进行质量评估），变成了每天、每个版本都在进行的活动，一旦发现了质量问题，就能在过程中实时调整测试策略，使得最后产品能够达到发布的质量目标。

虽然跟踪测试执行、版本质量评估和阶段质量评估都是根据质量评估模型在进行质量评估，但是它们各自的侧重点还是有所不同的。

❑ 跟踪测试执行关注测试过程，通过过程来保证质量，是使我们最终能够达到测试目标的基础。评估项目也主要是一些定性的分析。

❑ 版本质量评估关注的是每个版本的质量是否符合预期。评估项目包含定性分析和定量指标，但定性分析偏多。

❑ 阶段质量评估关注的是每个阶段的质量目标是否完成。评估项目包含定性分析和定量指标，但主要是定量指标。

表 8-28 对跟踪测试执行、版本质量评估和阶段质量评估分别需要重点关注的质量评估项目进行了总结。

表 8-28 质量评估项目总结

质量评估模型		跟踪测试执行	版本质量评估	阶段质量评估
测试覆盖度评估	需求覆盖度评估		记录需求和实现的偏差	需求覆盖度评估（质量目标）
	路径覆盖度评估			路径覆盖度评估（质量目标）
	测试用例分析	被阻塞的测试用例分析	（1）测试用例首次执行通过率和累积执行通过率；（2）测试结果分析	（1）测试用例执行率、首次执行通过率和累积执行通过率（质量目标）；（2）测试用例和非测试用例发现缺陷比（质量目标）
测试过程分析	测试方法分析	测试团队是否按照测试策略中的测试方法、测试顺序来执行测试用例		
	测试投入分析	测试团队是否按照特性的优先级来执行测试用例		
缺陷分析	缺陷密度分析		特性缺陷密度评估	系统缺陷密度评估（质量目标）
	缺陷修复情况分析	（1）哪些缺陷必须在本版本中解决；（2）哪些缺陷需要在本版本中解决		缺陷修复率（质量目标）
	缺陷趋势分析	判断当前版本的缺陷趋势是否正常		缺陷趋势分析
	缺陷年龄分析	是否存在缺陷修改引入缺陷？	特性缺陷年龄分析	系统缺陷年龄分析
	缺陷触发因素分析		特性触发因素分析	系统触发因素分析

1. 确认总体测试策略中的质量目标是否完成

我们在制定总体测试策略时，会对产品总体的质量目标进行分解，并为每个测试分层（测试阶段）确定质量目标（表 8-29，详见 7.3.1 节）。

表 8-29　总体测试策略中的产品质量目标

产品质量评估模型	产品质量评估项目	完全商用（目标）集成测试阶段结束	完全商用（目标）系统测试阶段结束	完全商用（目标）发布
测试覆盖度	需求覆盖度	60%	100%	100%
	路径覆盖度	≥ 40%	≥ 75%	≥ 75%
测试过程	测试用例执行率	100%（集成测试阶段计划完成的测试用例）	100%（系统测试阶段计划完成的测试用例）	100%
	测试用例首次执行通过率	≥ 75%	≥ 75%	≥ 75%
	测试用例累积执行通过率	≥ 75%	≥ 85%	≥ 95%
	测试用例和非测试用例发现缺陷比	4∶1	4∶1	4∶1
缺陷	缺陷密度	10/ 千行代码	15/ 千行代码	15/ 千行代码
	缺陷修复率	≥ 75%	≥ 85%	≥ 90%

阶段质量评估就是回顾这些质量目标是否完成。使用第 6 章中提供的方法，就可以得到产品实际的质量值。但是更让人头痛的问题是，对测试人员来说，该如何根据这些数据，在质量评估报告中给出产品"能否进入下一阶段"或"发布"的结论呢？（虽然最后的决策者不是测试人员，但是这份质量评估报告也会成为决策者的重要参考。）

一个思路是，将质量目标划分为重要的、必须达成的质量目标和一般性的质量目标（后文我们统一称那些重要的、必须达成的质量目标为质量红线）。

❏ 如果在质量评估中发现"质量红线"没有达到目标，就不能进入下一阶段的测试或发布。

❏ 如果在质量评估中发现一般性质量目标没有达到，需要我们能够给出应对措施，如果无法给出应对措施，也不能进入下一阶段的测试或发布。

整体思路如图 8-47 所示。

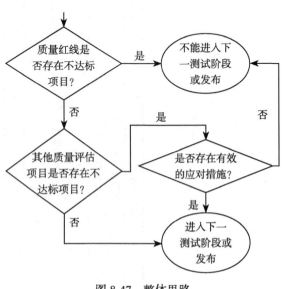

图 8-47　整体思路

2. 重要的质量目标（质量红线）

"质量红线"是指那些不达标就不能进入下一阶段测试或发布的质量目标。不同的类型产品的"质量红线"可能会有所不同，表8-30是某产品的"质量红线"，供大家参考。

表 8-30　某产品质量红线

产品质量评估模型	产品质量评估项目	质量目标的重要性
测试覆盖度	需求覆盖度	质量红线
	路径覆盖度	
测试过程	测试用例执行率	质量红线
	测试用例首次执行通过率	
	测试用例累积执行通过率	质量红线
	测试用例和非测试用例发现缺陷比	
缺陷	缺陷密度	
	缺陷修复率	质量红线

3. 对未达到的一般性质量目标制订应对措施

对那些未达到的一般性质量目标，需要制订应对措施。下面这些分析将有助于我们做好应对工作。

1）非测试用例发现缺陷的原因分析

针对"测试用例和非测试用例发现缺陷比"这项质量目标进行。通过此项分析，能够帮助我们找到当前测试设计问题最严重的地方，便于我们根据测试结果来增加、减少测试用例，进行探索式测试，改进测试设计，等等。

2）组合缺陷分析

对缺陷分析来说，每种缺陷分析方法都能对产品质量的某些方面进行评估（表8-31，详见6.6.6节）。

表 8-31　缺陷分析方法与产品质量评估

缺陷分析方法	产品质量评估
缺陷密度	（1）预测产品可能会有多少缺陷； （2）评估当前发现的缺陷总数是否足够多
缺陷修复率	发现的缺陷是否已经被有效修复
缺陷趋势分析	系统是否还能继续发现缺陷
缺陷年龄分析	每个可能引入缺陷环节，可能引入的缺陷是否都已经被有效去除
缺陷触发因素分析	测试是否已经足够全面

如果我们孤立地看待每一项，独立对其中的问题进行分析，给出应对措施，很难从根本上解决问题。这就需要我们将这些缺陷分析方法组合起来进行分析，从系统整体的角度给出应对措施。

我们在 6.6.6 节中也曾讨论过组合缺陷分析，还给出了一个处理思路图，如图 6-26 所示。

但是图 6-26 所示还没有考虑"质量红线"，没有细化那些不符合预期的情况。后面我们将对组合缺陷分析进行更为详细的讨论。

需要特别说明的是，"非测试用例发现缺陷的原因分析"和"组合缺陷分析"本来都是很棒的测试质量分析方法，无须限制在对"未达到"的质量目标制订应对措施上。

4. 遗留缺陷分析

在实际项目中，我们不会要求缺陷修复率为 100%，而是允许系统带一些已知缺陷发布。遗留缺陷分析，包括我们如何选择哪些缺陷可以遗留和如何为缺陷制订规避措施。

最后，按照上面的叙述，我们将阶段质量评估的思路完善，如图 8-48 所示。

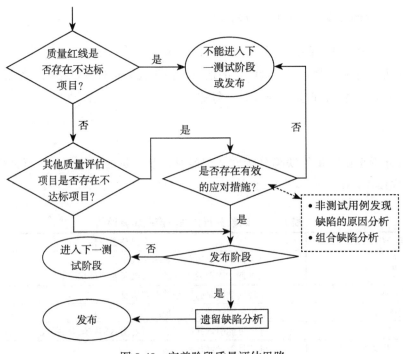

图 8-48 完善阶段质量评估思路

8.6.2 非测试用例发现缺陷的原因分析

正如 6.5.1 节中描述的那样，我们希望测试人员在测试过程中，在执行测试用例的时候能够进行一些"发散测试"，但是我们也希望通过测试用例发现的缺陷和非测试用例发现的缺陷的比值能够在一个合理的范围内。比值过高或过低都不是我们希望看到的结果，如果出现偏差，就需要对这部分缺陷进行分析。

我们在 6.5.1 节中，对出现偏差的原因进行了概述。如果发散测试发现的缺陷较多，就需要对这些缺陷的原因进行分析。

非测试用例发现缺陷的原因分析可以在整个测试团队中进行。为了便于后续对分析结果再进行分类统计，在分析之前，软件测试架构师最好对可能原因进行分类，然后让大家按照这个分类来对 bug 进行归类，再分析具体原因。

表 8-32 所示是一个分类的参考。

表 8-32 分类参考

大类	小类
测试策略遗漏	
测试设计遗漏	产品实现细节未考虑此测试点
	功能交互方面未考虑到此测试点
	边界值或异常分支未考虑此测试点
	测试场景未考虑此测试点
测试设计错误	

表 8-33 是一个让测试团队进行分析的参考模板。

表 8-33 测试团队分析参考模板

缺陷 ID	缺陷描述	缺陷分类—大类	缺陷分类—小类	具体原因分析	责任人

软件测试架构师可以对收集的分析结果进行汇总分析，找到问题最严重、最集中的地方——显然这些也是当前测试团队在测试能力上急需改进的地方。不过对当前的项目来说，更重要的是，软件测试架构师还需要根据统计结果来调整测试策略。

下面举一个实例。

举例：XX 产品系统测试阶段非测试用例发现缺陷的原因分析

对系统测试阶段，62 个非测试用例发现缺陷的原因统计如图 8-49 所示。

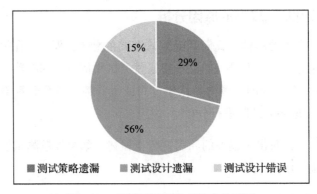

图 8-49 非测试用例发现缺陷的原因

对造成测试设计遗漏的原因，进一步统计如图 8-50 所示。

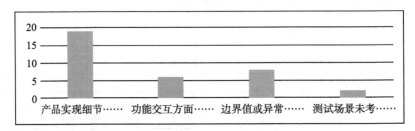

图 8-50 测试设计遗漏的原因

该阶段非测试用例发现的缺陷，大部分属于测试设计遗漏。

在测试设计遗漏中，大部分又属于产品实现细节方面的内容。

例如：bug ×××，中文用户名被 php 页面转换后，编码中如果有"+"号，VPN 用户就无法接入。

造成该问题的原因是，中文名在经过 php 编码后，一些用户名碰巧会出现特殊字符"+"，而 http 协议并不认识"+"。

对于这个问题，除了确认 bug 是否被正确修复外，还需要分析：

（1）其他语言的编码转换是否会存在类似的问题。

（2）其他类型的用户（如系统管理用户、审计用户等）是否会存在类似的问题。

分析责任人：×××（需要在 × 月 × 日给出分析结果，再进一步确定是否需要在系统管理、审计等功能中进行这类探索式测试。）

8.6.3 组合缺陷分析

缺陷分析从来都是质量评估的重头戏，从 8.6.1 节中的质量评估项目的分解表中就会发现，其实我们每天都在进行缺陷分析。阶段质量评估和跟踪测试执行、版本质量评估相比，跟踪测试执行和版本质量评估只关心模型中的某些缺陷分析项，而阶段质量评估需要对所有缺陷，组合使用这些缺陷分析方法来进行分析。

我们还是先来看 6.6.6 节中曾讨论过的图 6-26。

如果缺陷分析的结果都是"符合预期"，我们的分析结论就理应为"可以进入下一阶段的测试或发布"，而没有异议。

回忆一下，我们在版本质量评估中，也会进行缺陷分析。这时如果出现分析结果"不符合预期"的情况，我们通常会采取'进入下一版本的测试＋更新测试策略'的方式，这时我们的缺陷分析可以是"串行"的（图 8-51）。并且在 8.4.3 节中，我们也详细讨论了在版本质量评估中该如何调整测试策略。

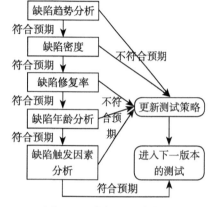

图 8-51 串行的缺陷分析

在阶段质量评估中，首先我们需要区分是"质量红线"还是一般性的质量目标。如果是"质量红线"的问题，评估结果就应该是"继续本阶段的测试＋更新测试策略"。

如果是一般性质量目标的问题，并不能由单个评估项目"不符合预期"来得出能否"进入下一阶段的测试"或"发布"的结论，需要对问题进行组合分析，从系统的角度来整体评估问题的影响，根据问题来决定最后的评估结果是继续本阶段的测试、进入下一阶段的测试还是发布，如图 8-52 所示。

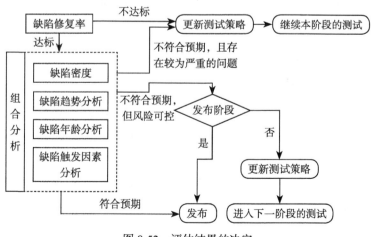

图 8-52 评估结果的决定

在 6.6 节曾经对缺陷分析中出现的那些常见的不符合预期的情况进行了分析和讨论，见表 8-34。

表 8-34　不符合预期的情况

缺陷分析项	不符合预期的情况
缺陷密度	缺陷密度过高（参见 6.6.1 节）
	缺陷密度过低（参见 6.6.1 节）
缺陷修复率	缺陷修复率偏低
缺陷趋势分析	累积发现的缺陷趋势的拐点出现得过早（参见 6.6.3 节）
	累积发现的缺陷趋势的拐点未出现（参见 6.6.3 节）
	两条曲线未出现越靠越近的趋势（参见 6.6.3 节）
	累积发现的缺陷趋势为凹函数（参见 6.6.3 节）
缺陷年龄分析	没有在特定的测试层次发现该层的缺陷（参见 6.6.4 节）
	继承或历史遗留引入的缺陷过多（参见 6.6.4 节）
	新需求或变更引入的缺陷过多（参见 6.6.4 节）
	缺陷修改引入的缺陷过多（参见 6.6.4 节）
缺陷触发因素分析	有些测试方法没能发现缺陷或者发现的缺陷很少（参见 6.6.5 节）
	有些测试方法发现的缺陷特别多（参见 6.6.4 节）

接下来让我们从缺陷密度开始，对这些不符合预期的情况进行组合分析。

如果我们发现实际项目中的缺陷密度过高，通过 6.6.1 节中的分析，我们知道缺陷密度应该在一个合理的范围内，缺陷密度过高，说明发现的缺陷多，是不是缺陷发现得多就不能进入下一阶段的测试或者发布呢？这就需要进一步分析。

我们可以先分析一下缺陷触发因素，看看和之前相比，是否使用了更多的测试方法。如果答案是肯定的，说明有可能是因为测试投入或是测试能力提升而发现了系统更隐蔽、更深入的问题。缺陷年龄分析可以进一步印证这个问题，如果是，此时应该有比较多的继承或历史遗留的缺陷。

如果此时缺陷趋势为收敛，并且缺陷修复率达标，则可以"进入下一阶段的测试"或"发布"。如果缺陷趋势不收敛，不建议"进入下一阶段的测试"或"发布"。

如果缺陷触发因素分析和之前的测试情况无异，说明造成缺陷密度过高，更可能的原因是"产品质量不高"。如果此时缺陷年龄分析显示出系统有较多的新需求或变更，或缺陷修改引入的缺陷，说明系统还存在较多未发现的缺陷的风险，即使现在缺陷趋势为收敛，缺陷修复率达标，也不应该"进入下一阶段的测试"或"发布"。

如果此时的缺陷密度过低，我们也可以先分析一下缺陷触发因素，如果和之前的测试情况并无差异，说明可能是系统的质量确实较好，当然，缺陷年龄分析也可以进一步印证此时的缺陷年龄分析图应该是比较理想的。如果此时缺陷趋势为收敛，并且缺陷修复率达标，则可以"进入下一阶段的测试"或"发布"。

如果缺陷触发因素分析的结果为"有些测试方法没能发现缺陷或发现的缺陷比较少"，需要进一步确认原因是测试阻塞，还是测试人员的能力问题，然后针对实际问题来制订措施。此时也不应该"进入下一阶段的测试"或"发布"。

大家也可以参考上述分析思路，对其他情况进行组合分析。

8.6.4 遗留缺陷分析

遗留缺陷分析是指那些在版本发布时不准备修复的缺陷。

遗留缺陷分析最好在版本计划发布前的几个版本就开始进行，这是因为遗留缺陷需要项目中所有参与人员，如市场人员、服务人员等，都达成一致。不同岗位的人员角度不同、意见不同是很正常的，沟通交流、协调缺陷的修改都需要时间。

进行遗留缺陷分析需要考虑的主要内容包括：

❑ 缺陷对用户的影响程度。
❑ 缺陷发生的概率。
❑ 缺陷风险评估和规避措施。
接下来我们就来分别进行讨论。

1. 缺陷对用户的影响程度

缺陷对用户的影响程度是指缺陷在用户环境发生后会对用户造成怎样的影响。缺陷对用户的影响程度可以使用问题的严重级别来定义（具体定义，请参见 6.6.2 节）

2. 缺陷发生的概率

缺陷发生的概率是指缺陷在用户环境中发生的概率。不过在实际项目中，缺陷发生的概率往往是缺陷在测试环境中不容易出现的概率。

缺陷发生的概率可以分为表 8-35 所示的几类。

表 8-35 缺陷发生概率的分类

缺陷发生概率	定义和描述
有条件必然重现	缺陷在测试环境中每次都必然出现

（续）

缺陷发生概率	定义和描述
有条件概率重现	缺陷在测试环境中不会每次都出现，但按照一些特定的操作出现的概率很大
无规律重现	测试人员不知道可以复现这些缺陷的条件，但是这个缺陷却可以在测试环境中无规律地出现
无法重现	测试人员不知道可以复现这些缺陷的条件，并且这个缺陷无法出现

3. 缺陷风险评估和规避措施

判断缺陷是否可以遗留，其实就是对缺陷进行风险评估。我们可以使用 6.7.1 节中的风险评估方法，来初步筛选出哪些缺陷可以遗留。

对那些初步确认是可以遗留的缺陷，需要制订缺陷的规避措施。

所谓规避措施，其实就是指一种风险应对措施。6.7.2 节中介绍的风险应对措施，对缺陷的规避措施依然有效，下面是一些可供参考的思路：

❏ 系统提供了其他可替代的功能。

❏ 系统在配置上给出限制，避免用户触发 bug。

❏ 系统给出了明确的提示（包括资料手册等）。

4. 不能遗留的缺陷

原则上，满足下述条件的缺陷不应该成为遗留缺陷：

❏ "致命"缺陷不应该作为遗留缺陷。

❏ 没有"规避措施"的"严重缺陷"不应该遗留。

5. 遗留缺陷列表

最后，我们用一张表来记录遗留缺陷，作为讨论和发布的材料，见表 8-36。

表 8-36　遗留缺陷表

缺陷编号	产品遗留缺陷列表	缺陷对用户的影响程度	缺陷发生的概率	复现说明	规避方法
1	遗留缺陷 1	严重	有条件必然重现		在配置上做出限制
2	遗留缺陷 2	一般	有条件概率重现		提供其他可替代的配置方案
3	遗留缺陷 3	一般	无规律重现	使用 ×× 方法进行复现，经过 ××× 时间，×× 次复现，未能有效复现出问题	在资料中给出提示
……	……	……	……	……	……

需要特别注意的是，对"无规律重现"和"无法重现"的缺陷，需要给出"复现说明"，如使用了怎样的方法、复现了多少次、复现的时间有多久等。

8.6.5 临近发布时的缺陷修复策略

我们在确定遗留缺陷的过程中，一方面，由于不同人员对缺陷遗留的标准可能会有差别，难免又会临时决定要修改合入一些缺陷。另一方面，越到临近发布的时候，越需要控制缺陷修复的数量。

8.6.6 非必然重现 bug 的处理

在进行遗留缺陷分析时，我们讨论了缺陷发生的概率，对那些非必然重现的 bug（指"无规律重现"和"无法重现"的 bug），也需要定期进行跟踪和处理。

在实际项目中，我们常常发现一些开发人员和测试人员对非必然重现 bug 的处理存在问题，如：

❏ 一些开发人员认为问题不能复现，即使测试提交了 bug 也无法修改，提出来也没用，需要测试人员找到复现的条件后才能提 bug。
❏ 一些测试人员遇到非必然重现问题时，认为出现概率很小，可以不提 bug。
❏ 一些开发人员认为非必然重现问题如果经过一两个测试版本都没有出现，就可以关闭。

上面的这些处理方式都是错误的。这就需要软件测试架构师和测试经理、开发代表等在测试团队、开发团队中对非必然重现的问题达成共识：

❏ 测试人员发现非必然重现的 bug，也需要提 bug。但是需要特别做好问题的记录，并在问题出现的第一时间找开发人员定位。
❏ Bug 复现不仅仅是测试人员的工作，开发人员和测试人员可以一起复现 bug。
❏ 未复现的 bug 不应该随便关闭。

对最后一点，那些一直未能复现的 bug，需要软件测试架构师定期将这些 bug 汇总，选择优先级高的缺陷，组织开发人员和测试人员专门投入到复现问题，如果经过这样的专门复现依然不能复现，可以降低问题的优先级，直到 bug 的优先级降至最低，该 bug 才可以关闭。

在项目前期，对非必然重现 bug 的跟踪周期可以稍长一些，越到项目后期，越要加强对非必然重现 bug 的跟踪、复现工作。

8.6.7 总结

我们一步一步走过了各个测试阶段，最后终于迎来了"发布"（图 8-53）。对软件测试架构师来说，质量评估并给出评估结论是一项重要的工作。

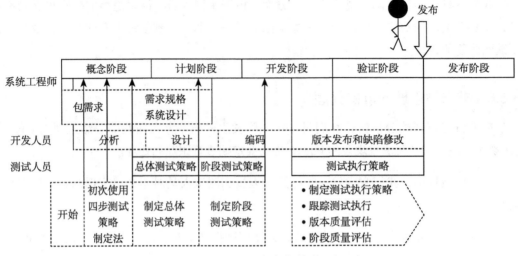

图 8-53 发布阶段

我们进行质量评估的目的不是在项目快要结束的时候给出质量不达标的结论，而是保证产品能够按时、保质保量发布。因此，质量评估应该是一个贯穿测试项目始终的活动，每天、每个版本、每个阶段都需要进行质量评估，这样即便发现了质量问题，也可以通过调整测试策略，来使得问题、风险可控。

跟踪测试执行、版本质量评估和阶段质量评估虽然都是使用产品质量评估模型来进行评估，但是重点有所不同。总的来说，都是从过程到指标。具体的评估项目，可以参考8.6.1 节中的总结。

由于阶段质量评估需要给出结论，判断标准就变得很重要。图 8-48 所示总结了阶段质量评估的评估思路和判断标准。

在阶段质量评估中进行缺陷分析时，不应该对单个项目做出结论，需要进行组合分析。

除此之外，我们还需要特别注意那些非必然重现的缺陷。对那些特别难于复现的缺陷，进行技术攻关是有必要的。

对发布时的质量评估来说，一般会在计划发布的前几个版本中就开始进行发布质量评估，来确定遗留缺陷，确定规避措施。越到临近发布时，越需要减少缺陷的合入，控制代码的改动。

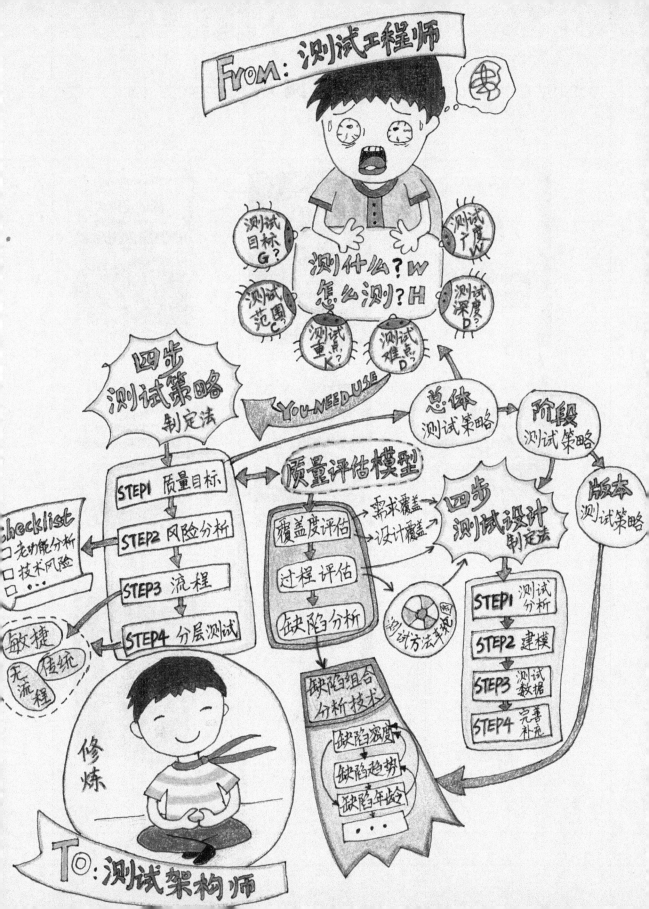

推荐阅读